110kV变电站建筑物

施工图设计图集

国网河北省电力有限公司经济技术研究院
河北汇智电力工程设计有限公司
组编

中国电力出版社
CHINA ELECTRIC POWER PRESS

内容提要

为解决变电站设计过程中土建工作量大、变电站建筑物标准化程度不高等问题，特编写《110kV 变电站建筑物施工图设计图集》。

本书共分为 3 部分，第 1 部分为总述，包括概述、主要设计依据、适用范围；第 2 部分为技术导则，包括建筑技术导则、结构技术导则；第 3 部分为技术方案，包括各方案施工图设计说明、主要图纸。

本书可供电力系统各设计单位以及从事电力建设工程规划、管理、施工、安装、生产运行、设备制造等专业人员使用。

图书在版编目（CIP）数据

110kV 变电站建筑物施工图设计图集 / 国网河北省电力有限公司经济技术研究院，河北汇智电力工程设计有限公司组编. —北京：中国电力出版社，2024.7

ISBN 978-7-5198-8783-4

Ⅰ. ①1…　Ⅱ. ①国…②河…　Ⅲ. ①变电所－建筑工程－工程施工－图集　Ⅳ. ①TM63-64

中国国家版本馆 CIP 数据核字（2024）第 070302 号

出版发行：中国电力出版社
地　　址：北京市东城区北京站西街 19 号
邮政编码：100005
网　　址：http://www.cepp.sgcc.com.cn
责任编辑：孙　芳（010-63412381）
责任校对：黄　蓓　王海南
装帧设计：张俊霞
责任印制：吴　迪

印　　刷：固安县铭成印刷有限公司
版　　次：2024 年 7 月第一版
印　　次：2024 年 7 月北京第一次印刷
开　　本：880 毫米×1230 毫米　横 16 开本
印　　张：8.75
字　　数：314 千字
印　　数：0001—1000 册
定　　价：80.00 元

《110kV 变电站建筑物施工图设计图集》

编 委 会

主　任　冯喜春　陈志永

副主任　葛朝晖　康　勇

委　员　邵　华　杨宏伟　柴林杰　孙轶良　武　坤　段　剑　苏　轶　赵　杰　霍春燕　贺春光　张元波　霸文杰

主　编　邢　琳　吴海亮

副主编　陈　明　张戊晨

参　编　王亚敏　李明富　程　楠　苏佶智　王子刚　贡佳伟　冯　杰　辛　磊　张金玲　杨　钊　皮文浩　邢　瑶　李思佳　张　骥

李军阔　葛海涛　吴　鹏　张红梅　张　帅　李亮玉　李　燕　胡　源　王　朔　路　宇　赵彭辉　高　铭　高星乐　钱永娟

王丽欢　刘　建　郭计元　任　雨　任亚宁　郜　帆　马　聪　李　渊　宫世杰　李　楚　刘　钟　王　良　王中亮　申永鹏

李　腾

前　言

随着国家电网有限公司全面推进模块化变电站的建设，变电站建筑物推广采用钢结构建设方案。为全面提升电网建设水平，按照智能变电站工业化定位，深化标准化建设，推进模块化建设要求，落实《国网河北电力建设部关于发布变电站模块化建设标准化设计成果的通知》(建设〔2022〕52号）等文件要求，编制了《110kV变电站建筑物施工图设计图集》(以下简称《图集》)。

《图集》以国网河北省电力有限公司常用110kV变电站通用设计方案为基础，本着技术先进、标准统一；提高效率、控制造价的原则，对变电站配电装置室、辅助用房和消防泵房进行了标准化研究，明确了建筑物的轴网尺寸、梁柱尺寸，统一和归并了梁柱节点、梁梁节点、柱脚节点等做法，形成了标准化的施工图设计方案。

《图集》共涉及2个110kV变电站通用设计方案施工图、2种类型的单元式辅助用房通用施工图和消防泵房施工图，适用于河北公司110kV变电站钢结构建筑物和单元式辅助用房的施工图设计，设计成果均达到施工图深度，不仅提高了设计效率，还从设计源头提高变电站建设的安全可靠性。

《图集》在编写及审查、校对过程中得到国网河北省电力有限公司、石家庄电业设计研究院有限公司、保定吉达电力设计有限公司、国网石家庄供电公司有关专家及专业人员的帮助和指导，在此深表感谢。

由于编者水平有限，不妥之处在所难免，敬请同行批评指正。

编　者

2024年6月

目　录

第1部分　总　　述

1　概　　述

为全面提升电网建设水平，按照智能变电站工业化定位，深化标准化建设，推进模块化建设，解决变电站设计过程中土建工作量大、建设中施工进度慢、变电站标准化程度不高等问题，在国网河北省电力有限公司 HE－110－A2－4 和 HE－110－A3－3 两个通用设计实施方案基础上，落实《国网河北省电力有限公司关于发布变电站模块化建设标准化设计成果的通知》（建设〔2022〕19 号），编制形成《110kV 变电站钢结构建筑物施工图设计图集》。

2　主要设计依据

1.《声环境质量标准》（GB 3096）
2.《工业企业厂界噪声排放标准》（GB 12348）
3.《建筑结构荷载规范》（GB 50009）
4.《建筑抗震设计规范（附条文说明）》（GB 50011）
5.《建筑设计防火规范》（GB 50016）
6.《钢结构设计标准》（GB 50017）
7.《35kV～110kV 变电站设计规范》（GB 50059）
8.《建筑结构可靠度设计统一标准》（GB 50068）
9.《建筑内部装修设计防火规范》（GB 50222）
10.《建筑工程抗震设防分类标准》（GB 50223）
11.《屋面工程技术规范》（GB 50345）
12.《工程结构通用规范》（GB 55001）
13.《钢结构通用规范》（GB 55006）
14.《建筑与市政工程防水通用规范》（GB 55030）
15.《建筑防火通用规范》（GB 55037）
16.《低合金高强度合金钢》（GB/T 1591）
17.《厂房建筑模数协调标准》（GB/T 50006）
18.《变电站总体布置设计技术规程》（DL/T 5056）
19.《变电站建筑结构设计技术规程》（DL/T 5457）
20.《变电工程施工图设计内容深度规定》（DL/T 5458）
21.《钢筋桁架楼承板》（JG/T 368）
22.《110（66）kV～220kV 智能变电站设计规范》（Q/GDW 393）

3　适　用　范　围

站址基本条件按以下规定执行：海拔高度 $h\leqslant 1000m$，设计基本地震加速度 0.15g，场地类别按照Ⅲ类考虑；设计基准期为 50 年，基本风速 $v_0=30m/s$；天然地基，地基承载力特征值 $f_{ak}=110kPa$，场地同一标高，无地下水影响。

第2部分　技术导则

4　建筑技术导则

4.1　建筑物布置

（1）建筑物应按无人值班有人值守运行设计，设置生产用房、辅助用房及消防泵房。辅助用房设警卫室、备餐间、保电值班室和男女卫生间。

全户内变电站生产用房设有：主变压器室、110kV GIS 配电装置室、10kV 配电装置室、站用变室、接地变压器消弧线圈室、电容器室、二次设备室、蓄电池室、安全工具间、资料室（兼应急操作室）等。

半户内变电站生产用房除主变压器室外，其余生产用房同户内变电站。

（2）柱距、层高、跨度、模数宜按《厂房建筑模数协调标准》（GB/T 50006）执行。

1）变电站配电装置室柱距宜为 6～7.5m。

2）变电站主变压器室和 110kV GIS 室柱距宜采用 6.0～7.5m。110kV GIS 室净高 7m，跨度 10m，主变压器室层高 7.5m，跨度 10m。

4.2　墙　　体

（1）建筑物外墙板及其接缝设计满足结构、热工、防水、防火及建筑装饰等要求，内墙板设计满足结构、隔声及防火要求，本图集采用两种墙板技术：一体化铝镁锰复合墙板技术和纤维水泥复合墙板技术。

（2）一体化铝镁锰复合墙板技术。

1）建筑外墙。

建筑外墙由外墙板和内墙板组成。外墙板采用一体化铝镁锰复合板，为三层结构，工厂一体化加工，外层采用 0.8mm 厚铝镁锰板，中间保温层采用 50～150mm 厚岩棉，内层采用 0.6mm 厚镀锌钢板。内墙板采用 15mm 厚纤维水泥饰面板；用于防火墙时，内墙板采用两侧双层 9mm 厚纤维增强硅酸钙板，内部填充 100mm 厚岩棉，室内侧贴 6mm 厚纤维水泥饰面板，耐火极限 3h。具体方案见下：

建筑外墙（普通）：建筑外墙采用一体化铝镁锰复合板（外墙板）+墙檩系统+75mm 钢龙骨+15mm 纤维水泥饰面板（内墙板）组成。

建筑外墙（防火墙）：采用一体化铝镁锰复合板（外墙板）+墙檩系统+2×9mm 纤维增强硅酸钙板+100mm 钢龙骨（中间填 100mm 岩棉）+2×9mm 纤维增强硅酸钙板（室内侧做 6mm 纤维水泥饰面板）（内墙板）组成，耐火极限 3.0h。

2）建筑内隔墙。

建筑内隔墙由两侧内墙板+中间保温层组成。内墙板采用 6mm 厚纤维水泥饰面板。中间保温层采用 9mm 厚纤维水泥硅酸钙板内部填充 50～100mm 厚岩棉；用于防火墙时，采用两侧双层 9mm 厚纤维增强硅酸钙板内部填充 100mm 厚岩棉，耐火极限 3h。具体方案见下：

建筑内隔墙（普通）：6mm 厚纤维水泥饰面板+9mm 纤维增强硅酸钙板+轻钢龙骨（中间填 50～100mm 岩棉）+9mm 纤维增强硅酸钙板+6mm 厚纤维水泥饰面板。

建筑内隔墙（防火墙）：6mm 厚纤维水泥饰面板+2×9mm 纤维增强硅酸钙板+100mm 轻钢龙骨（中间填 100mm 岩棉）+2×9mm 纤维增强硅酸钙板+6mm 厚纤维水泥饰面板，耐火极限 3.00h。

（3）纤维水泥复合墙板技术。

1）建筑外墙。

建筑外墙由外墙板+中间保温层+内墙板组成。外墙板采用 26mm 厚纤维水泥饰面板，中间采用 150mm 厚轻质条板，内墙板采用 6mm 纤维水泥板。轻质条板采用纤维水泥板或纤维增强硅酸钙板等作为面板与夹心层材料复合制成，夹心层材为聚苯颗粒和水泥，耐火极限 3h。

2）建筑内隔墙。

建筑内隔墙由两侧内墙板 + 中间保温层组成。内墙板采用 6mm 厚纤维水泥饰面板，中间保温层采用 150mm 厚轻质条板。

4.3 屋　面

（1）屋面板采用钢筋桁架楼承板。屋面设计为结构找坡或建筑找坡，结构找坡不得小于 5%，建筑找坡不得小于 3%；天沟、沿沟纵向找坡不得小于 1%；寒冷地区可采用坡面屋。坡屋面坡度应符合设计规范要求。

（2）屋面采用有组织防水，配电装置室屋面防水等级为Ⅰ级，辅助用房、消防泵房屋面防水等级为Ⅰ级。具体要求见《建筑与市政工程防水通用规范》（GB 55030）、《屋面工程技术规范》（GB 50345）。

（3）屋面基层与突出屋面结构（女儿墙，墙身）的转角处水泥砂浆粉刷均做成圆弧或钝角。

（4）凡管道穿屋面等屋面留孔位置须检查核实后再做防水材料，避免做防水材料后再凿洞。

4.4 室内外装饰装修

（1）采用非金属外墙板时，建筑外装饰色彩与周围景观相协调。卫生间采用瓷砖墙面，当采用坡屋面时，宜设吊顶。

（2）变电站内房间内部装修材料应符合《建筑内部装修设计防火规范》（GB 50222）要求。

4.5 门　窗

（1）门窗为规整矩形，不采用异性窗，尽量避免跨板布置。

（2）外门窗采用断桥铝合金门窗或塑钢门窗，外门窗玻璃采用中空玻璃；蓄电池室、卫生间的窗采用磨砂玻璃。

（3）建筑外门窗抗风压性能分级不得低于 4 级，气密性能分级不得低于 3 级，水密性能分级不得低于 3 级，保温性能分级为 7 级，隔音性能分级为 4 级，外门窗采光性能等级不低于 3 级。

4.6 坡道、台阶和散水

散水采用预制混凝土散水或细石混凝土散水，散水宽度为 0.80m；辅助用房预制混凝土散水宽度为 0.6m；散水与建筑物外墙间应留置沉降缝，缝宽 20～25mm，纵向 6m 左右设分隔缝一道。

4.7 消 防 设 计

（1）钢结构防火。

1）丙类钢结构厂房主变压器室的耐火等级为一级，钢柱的耐火极限为 3h，主变压器室、侧钢梁耐火极限为 3h，其他侧钢梁的耐火极限为 2h。

2）防火板。钢结构建筑物内的钢柱和钢梁选用防火板外包防火构造。板材采用防火石膏板，板材的耐火性能应经国家检测机构认定。外包板的厚度和层数根据外包板的板材形式和结构的耐火极限进行计算选定。

3）防火涂料。建筑物的承重钢柱和钢梁宜选用非膨胀型防火涂料，防火涂料的厚度应满足表 4－1 的要求。防火涂料的黏结强度大于 0.05MPa；钢结构节点部位的防火涂料适当加厚。

表 4－1　　防火涂料的耐火极限

涂层厚度（mm）	20	30	40	50
耐火极限（h）	1.5	2.0	2.5	3.0

4）采用防火涂层作耐火防护时，防火涂料的材料必须选用经当地消防管理部门鉴定认可的，并有质量保证材料；选用的防火涂料应与底漆、面漆相适应，并有良好的结合能力。

5）涂料作业的施工、检验与验收必须严格按《钢结构防火涂料应用技术规范》的规定进行。

6）不得将饰面型防火涂料（适用于木结构）用于钢结构的防火涂料。

（2）防火封堵设计。

1）电缆构筑物中电缆引至电气柜、盘或控制屏、台的开孔部位，电缆贯穿隔墙、等均应实施阻火封堵。

2）在公共主沟分支处；多段配电装置对应的沟道适当分段处；长距离沟道中相隔约 60m 或通风区段处；至二次设备室或配电装置的沟道入口、厂区围墙处均应实施阻火封堵。

（3）消火栓系统。

1）变电站内建筑物满足耐火等级不低于二级，体积不超过 $3000m^3$，且火灾危险性为戊类时，可不设消防给水。

2）电气设备房间内不应布置室内消火栓和消防管道。

3）室外消火栓应配置消防水带和消防水枪，带电设施附近的室外消火栓应配备直流喷雾两用水枪。

4.8 节 能 设 计

建筑应按工业建筑标准设计，统一标准、统一模数布置、方便生产运行。应做好建筑“四节”（节能、节地、节水、节材）工作。建筑材料选用因地制宜，选择节能、环保、经济、合理的材料。

4.9 噪 声 防 治

变电站噪声对周围环境的影响必须符合《工业企业厂界噪声排放标准》（GB 12348）和《声环境质量标准》（GB 3096）的规定。

5 结 构 技 术 导 则

5.1 基 本 设 计 规 定

（1）配电装置室和辅助用房采用钢框架结构，消防泵房地上部分采用钢框架结构，地下部分采用钢筋混凝土结构。

（2）根据《建筑结构可靠度设计统一标准》（GB 50068），建筑结构安全等级取为二级；根据《建筑抗震设计规范（附条文说明）》（GB 50011），建筑抗震设防类别取为丙类；荷载标准值、荷载分项系数、荷载组合值系数等，应满足《建筑结构荷载规范》（GB 50009）和《变电站建筑结构设计技术规程》（DL/T 5457）的规定。结构的重要性系数宜取 1.0。

（3）承重结构应按承载力极限状态和正常使用极限状态进行设计，按承载能力极限状态设计时，采用荷载效应的基本组合，按正常使用极限状态设计时，采用荷载效应的标准组合。

5.2 材 料

（1）钢结构梁柱等主要承重构件宜采用 Q235、Q355 热轧 H 型钢；轻型维护板材（压型钢板等）的檩条、墙梁等次构件，宜采用 Q235 冷弯薄壁型钢（如 C 型钢、Z 型钢等）。钢材的强屈比不宜小于 1.2，钢材应有明显的屈服台阶，且延伸率宜大于 20%。

（2）承重构件用的钢材应保证抗拉强度、伸长率、屈服点、冷弯试验、冲击韧性合格和硫、磷及碳含量符合《低合金高强度合金钢》（GB/T 1591）规定的限值。

（3）钢结构的传力螺栓连接宜选用高强度螺栓连接，高强度螺栓宜选用 8.8 级、10.9 级，高强度螺栓的预拉应力应满足表 5－1 的要求，钢结构构件上螺栓钻孔直径宜比螺栓直径大 1.5～2.0mm。

表 5－1　　高强度螺栓的预拉应力值

螺栓公称直径（mm）	M16	M20	M22	M24	M27	M30
螺栓预拉力（kN）	100	155	190	225	290	355

（4）Q355 与 Q355 钢之间焊接宜采用 E50 型焊条，Q235 与 Q235 钢之间焊接宜采用 E43 型焊条，Q235 与 Q355 钢之间焊接宜采用 E43 型焊条，焊缝的质量等级不小于二级。

5.3 结 构 布 置

结构柱网尺寸按照模块化建设通用设计要求进行布置，厂房柱宜采用 H 型截面；框架梁宜采用 H 型截面；梁柱宜采用刚性连接。次梁的布置应综合考虑设备布置和工艺要求，宜使次梁传递至这个区域柱上的楼面荷载均匀，次梁宜与主梁铰接，并与楼板组成简支组合梁。

5.4 钢结构计算的基本原则

（1）钢结构的计算宜采用空间结构计算方法，对结构在竖向荷载、风荷载及地震荷载作用下的位移和内力进行分析。

（2）进行构件的截面设计时，应分别对每种荷载组合工况进行验算，取其中最不利的情况作为构件的设计内力。荷载及荷载效应组合应满足《建筑结构荷载规范》（GB 50009）的规定。

（3）框架柱在压力和弯矩共同作用下，应进行强度计算、强轴平面内稳定计算和弱轴平面内稳定计算。在验算柱的稳定性时，框架柱的计算长度应根据有无支撑情况按照《钢结构设计标准》（GB 50017）进行计算。

（4）柱与梁连接处，柱在与梁上翼缘对应位置宜设置水平加劲肋，以形成柱节点域，节点域腹板的厚度应满足节点域的屈服承载力要求和抗剪强度要求。

（5）柱与基础的连接采用锚栓连接，锚栓宜采用 Q355 钢材，钢柱脚宜设置钢抗剪件，抗剪件的选择应根据计算确定。

5.5 钢结构节点设计与构造

（1）梁与柱的连接要求。

1）梁与柱刚性连接节点应具有足够的刚性，梁的上下翼缘用坡口全熔透焊缝与柱翼缘连接，腹板用 8.8 级或 10.9 级高强度螺栓与柱翼缘上的剪力板连接。梁与柱的连接应验算其在弹性阶段的连接强度、弹塑性阶段的极限承载力、在梁翼缘拉力和压力作用下腹板的受压承载力和柱翼缘板刚度、节点域的抗剪承载力。

2）梁腹板与柱的连接螺栓不宜小于两列，且螺栓总数不宜小于计算值的 1.5 倍。

3）H 型截面柱在弱轴方向与主梁刚性连接时，应在主梁翼缘对应位置设置柱水平加劲肋，其厚度分别与梁翼缘和腹板厚度相同。柱水平加劲肋与柱翼缘和腹板均为全熔透坡口焊缝，竖向连接板柱腹板连接为角焊缝。

（2）柱与柱的连接要求。

1）钢框架宜采用 H 型截面，由三块钢板组成焊接的 H 型截面柱，腹板与翼缘的组合焊缝可采用角焊缝或部分熔透焊的 K 型坡口焊缝。

2）柱的工字接头应位于框架节点塑性区以外，宜在框架梁上方 1.3m 附近，柱接头上下各 100mm 范围内，工字型截面柱翼缘与腹板间的组合焊缝，宜采用全熔透坡口焊缝：柱的工字接头处应设置安装耳板，厚度宜大于 10mm。

3）钢柱的上下层截面应保持一致，当需要变截面时，柱的截面尺寸宜保持不变，仅改变翼缘厚度。

（3）梁与梁的连接要求。

1）主梁的翼缘和腹板均宜采用高强度螺栓连接。

2）次梁与主梁的连接宜为铰接，次梁与主梁的竖向加劲板宜采用高强度螺栓连接；当次梁跨数较多、跨距较大且荷载较大时，次梁与主梁可采用刚性连接。

（4）梁腹板开孔补强要求。

为满足电气工艺要求，梁腹板上需开孔时应满足以下要求：

1）当圆孔尺寸不大于梁高的 1/3，孔洞的间距大于 3 倍的孔径，且在梁增 1/8 跨度范围内无开孔时，可不予补强。

2）当开孔需要补强时，在梁腹板上加焊 V 型加劲肋，且纵向加劲板伸过洞口的长度不小于矩形孔的高度，加劲肋的宽度为梁翼缘宽度的 1/2，厚度与腹板同。

（5）钢筋桁架楼承板构造要求。

楼盖底模的压型钢板满足建筑防水、保温、耐腐蚀性能和结构承载等功能。压型钢板钢材选用 Q235 镀锌钢板，钢板厚度不小于 0.5mm，屋面板的连接设置在波峰上采用圆柱头栓钉将压型钢板与钢梁焊接固定，栓钉设置在端支座的钢筋桁架楼承板凹肋处，栓钉穿透钢筋桁架楼承板焊于钢梁翼缘上。栓钉的直径不大于 19mm，栓钉顶面的混凝土保护层厚度不小于 20mm。

5.6 钢 结 构 防 锈

（1）钢结构建筑物梁柱均应进行防锈处理，钢结构的防锈和涂装设计综合考虑结构的重要性、环境条件、维护条件及使用寿命，防锈等级宜 Sa2.5 级。

（2）钢结构防锈涂层由底漆、中间漆和面漆组成，即无机富锌底漆 2 遍（60μm），环氧中间漆 2 遍（140μm），脂肪族聚氨酯面漆 2 遍（80μm）。

（3）钢柱脚埋入地下部分应采用比基础或连接处混凝土等级高一级的混凝土包裹，包裹厚度不宜小于 50mm。

第3部分 技 术 方 案

6 HE－110－A2－4配电装置室技术方案

6.1 建筑设计说明

一、项目概况

建筑名称：配电装置室	建设地点：×××
建设单位：×××	建筑工程等级：二级
建筑面积：1075m²	建筑基底面积：1075m²
建筑层数：单层	建筑总高度：8.95m
耐火等级：一级	屋面防水等级：Ⅰ级
抗震设防烈度：7度	设计使用年限：50年

二、设计依据

（1）××××110kV变电站新建工程合同书。

（2）当地规划部门提供的规划红线图和设计要点以及业主提供的设计要求。

（3）现行国家有关建筑设计规范、规程和规定。

三、标高及单位

（1）本工程设计标高±0.00mm相当于1985国家高程基准××.××mm，总平面定位详见土建总平面布置图。

（2）建筑图中所注各层标高为完成面标高，屋面标高为结构面标高。

（3）本工程施工图纸标高以米（m）为单位，尺寸以毫米（mm）为单位。

四、建筑主要用材及构造要求

1. 墙体

（1）本工程砌体施工质量控制等级为B级。0.300以下采用MU15混凝土实心砖、M10水泥砂浆砌筑。

（2）外墙：0.500以上采用铝镁锰复合外墙板，外层采用0.8mm厚铝镁锰板，内层采用0.6mm厚镀锌钢板，夹芯层添加150厚防火岩棉，非防火墙耐火极限不小于1.0h，厂家出具检测报告。除主变室以外其他房间外墙内侧采用75mm钢龙骨＋15mm纤维水泥饰面板（内墙板）。卫生间处采用耐水纸面石膏板。

主变压器室与配电室、散热器室、GIS设备室外墙内侧防火墙：0.300以上采用2×9纤维增强硅酸钙板＋100mm钢龙骨＋2×9纤维增强硅酸钙板＋6厚纤维水泥板＋防噪声吸音板，龙骨内添100mm厚岩棉，容重100kg/m³（耐火极限3h，用于靠主变压器侧外墙）。主变压器室与其他房间共用的三面墙设置吸音板，吸音板做法采用标准工艺（六）：0101010103－1消音墙墙面。内隔墙：两侧内墙板＋中间保温层。内隔墙排板方式为6mm厚纤维水泥饰面板＋2×9纤维增强硅酸钙板＋100mm轻钢龙骨＋2×9纤维增强硅酸钙板＋6mm厚纤维水泥饰面板，龙骨内添100mm厚岩棉，容重100kg/m³（耐火极限3h）。卫生间处由石膏板为耐水纸面石膏板。卫生间底部做C30细石混凝土墙垫并在石膏板的下端嵌密封膏，缝宽不小于5mm。卫生间内墙墙板贴瓷砖。

（3）墙体容重要求、构造、砌筑方法、龙骨的设置，洞口加强和设置的过梁均参见结构说明和《轻钢龙骨内隔墙》（03J111－1）。

（4）泛水，电穿墙管线，固定管线，插头，门窗框连接等构造及技术要求由制作厂家提供，或参见相应的技术规程。

（5）凡不同墙体交接处以及墙体中嵌有设备箱、柜等同墙体等宽时，粉刷前在交接处及箱体背面加铺钉一层纺织钢丝网，周边宽出300mm，以保证粉刷质量。

2. 楼地面

（1）本工程楼地面做法详见材料作法表和房间装修用料表。

（2）除特殊注明外，门外踏步，坡道，混凝土垫层厚度做法同相邻室内地面。

（3）凡室内经常有水房间，楼地面应找不小于 1%排水坡坡向地漏，地漏应比本房间楼地面低 20mm。常有水的房间贴瓷砖前在找平层上刷 2 厚水泥基弹性聚合物防水涂膜，高度 1800mm，以防墙面和地面渗水。

（4）卫生设备包括洗面盆，污水池，便器均为优质成品，由业主自理，凡管道穿过楼板须预埋套管，高出地面 20mm，预留洞边做混凝土坎边，高 50mm。

3. 屋面

（1）本工程屋面防水等级为Ⅰ级。具体要求见《建筑与市政工程防水通用规范》（GB 55030）。

（2）屋面基层与突出屋面结构（女儿墙，墙身）的转角处水泥砂浆粉刷均做成圆弧或钝角。

（3）凡管道穿屋面等屋面留孔位置须检查核实后再做防水材料，避免做防水材料后再凿洞。

（4）屋面排水雨水斗选用 PVC 雨水斗，穿女儿墙处雨水斗选用标准图制作，屋面找坡坡向雨水口，雨水口位置及坡向详见屋面排水图。

（5）屋面设施基座与结构层相连时，防水层应包裹设施基座的上部，并在地脚螺栓周围做密封处理。在防水层上设置设施时，设施下部的防水层应做卷材增强层，必要时应在其上筑女儿墙压顶。需经常维护的设施周围和屋面出入口至设施之间的人行道应铺设刚性保护层。本施工图未表示的防水构造参见国家标准图集中与本工程防水等级相符的构造节点，严防有渗漏。

（6）本施工图未表示的防水构造参见国家标准图集中与本工程防水等级相符的构造节点，严防有渗漏。

4. 室外装修

（1）外墙饰面材料部位、分格及颜色均参见本设计立面图。

（2）外装修采用的各项材料采用的规格、颜色等，均由施工单位提供样板，经建设方，监理方和设计单位确认后进行封样，并据此验收。

（3）本建筑立面采用铝镁锰复合外墙板，具体做法可根据厂家和甲方要求进行调整。

5. 室内装修

一般装修见材料做法表及房间装修用料表。

6. 门窗

（1）门窗选用见门窗表，断桥铝合金门窗、外门窗玻璃采用中空玻璃；卫生间的窗采用磨砂玻璃。门窗可加板材门窗套。门加闭门器。

（2）建筑外门窗抗风压性能分级不得低于 4 级，气密性能分级不得低于 3 级，水密性能分级不得低于 3 级，保温性能分级为 7 级，隔音性能分级为 4 级，外门窗采光性能等级不低于 3 级。技术要求达到国家现行有关规程规范的规定，其设计、制作、安装应由有资质的专业公司承担。玻璃门应采用安全玻璃，并应采用保护措施（须设行醒目标志）。

（3）本图所有门窗立面均为外视立面图，所注门窗尺寸均为洞口尺寸，细部尺寸由加工制作厂按装修要求确定。立面图仅表示分樘，门及开启窗的位置与形式以及相关尺寸，复杂者应现场放样无误后再行制作，经与设计院协商后可作局部调整，技术要求、断面构造由生产厂家提供加工图纸，并按设计要求配齐五金零件，经设计单位及使用单位认可后方能施工。

（4）门窗玻璃的选用应遵照《建筑玻璃应用技术规程》（JGJ 113）和《建筑安全玻璃管理规定》（发改运行（2003）2116 号）及地方主管部门的有关规定。

（5）门窗立樘位置均与外墙装饰面平，窗户均须增加护栏。设备房间朝西窗户加防晒模。

（6）防火门均装闭门器，双扇防火门均装顺序器；防火门均为钢门，门轴为不锈钢材料，门内应装不用钥匙即可开启的弹簧锁，严禁使用门闩。

（7）设备间外窗及设备管井，风井百页应内衬金属防虫网。

（8）门窗预埋在墙或柱内的木，铁构件，应做防腐，防锈处理。当窗固定在非承重墙砌块上时，应在固定位置设置砼块，加强锚固强度。

7. 防水、防潮

（1）屋面防水：本工程屋面防水等级为Ⅰ级，三道防水设防，柔性防水层采用 3.0 厚 SBS 改性沥青防水卷材两道，涂膜防水层采用 2.0 厚高聚物改性沥青防水涂料。

屋面落水管采用 PVC 管 ϕ110，屋面落水口采用 65 型铸铁落水头。雨篷排水为有组织排水，雨篷落水管采用 PVC 管 ϕ50。

（2）卫生间防水：

1）隔墙根部加 150mm 高 C30 混凝土基带，宽度 200mm。

2）凡有水房间，楼面找坡 1%，坡向地漏或排水口；凡管道穿越房间，须预埋套管，高出地面 30mm。

（3）外墙防水：外墙粉刷时，窗及穿墙套管预留孔洞上口均做滴水线，下口须做斜坡。有水房间隔墙在根部浇注 250 高 C30 混凝土，厚度与墙同。腰线、雨篷、阳台等部位必须粉出不小于 2%的排水坡度，且靠墙体根部处应粉成圆角；滴水线宽度应为 10～20mm，厚度不小于 12mm，且应粉成鹰嘴式（有钢筋混凝土框架梁或圈梁者除外）。

（4）墙身防潮（砌体墙）：在室内地面以下标高－0.06m 处做防潮层，防潮层做法为 20mm 厚 1:2 水泥砂浆加 3%防水剂。

（5）屋面等浸水部位的钢筋混凝土楼板沿墙体翻起 300mm，厚同墙。

五、消防设计

1. 建筑类别和耐火等级

本工程属于丙类一级工业建筑，建筑高度为 8.95m（女儿墙顶至室外地坪）。建筑耐火等级一级。

2. 总平面

本工程与周围建筑的间距符合规范要求的防火间距，建筑周边道路形成可环通消防通道或回车道，消防车道净宽等于或大于 4m。

3. 防火分区

本工程共分 1 个防火分区，每个防火分区均有直通室外的安全出口。

4. 安全疏散

每个防火分区均满足至少有两个安全出口。所有房间门到安全出口的距离、大厅或房间内最远一点到门口的距离，均满足规范要求。

5. 建筑防火构造

（1）所有土建及设备装修材料均需满足相应防火规范要求，施工时必须按工程消防要求进行施工，各项防火措施均应符合有关规范的规定。二次装修应符合《建筑内部装修设计防火规范》（GB 50222），不得任意改变本施工图各项防火设计要求。

（2）甲级防火门窗耐火极限 1.5h，乙级防火门窗 1.0h，丙级防火门窗 0.5h。防火门的设置应符合以下规定：① 设置在建筑内经常有人通行处的防火门宜采用常开防火门。常开防火门应能在火灾时自行关闭，并应具有信号反馈的功能。② 除允许设置常开防火门的位置外，其他位置的防火门均应采用常闭防火门。常闭防火门应在其明显位置设置“保持防火门关闭”等提示标识。③ 除管井检修门和住宅的户门外，防火门应具有自行关闭功能。双扇防火门应具有按顺序自行关闭的功能。④ 除③款规定外，防火门应能在其内外两侧手动开启。⑤ 设置在建筑变形缝附近时，防火门应设置在楼层较多的一侧，并应保证防火门开启时门扇不跨越变形缝。⑥ 防火门关闭后应具有防烟性能。⑦ 甲、乙、丙级防火门应符合现行国家标准《防火门》（GB 12955）的规定。

（3）室内所有隔墙无论吊顶与否均需至梁、板底部，且不宜留有缝隙。

6. 钢结构防火

（1）主变室钢柱的耐火极限不应低于 3.0h，钢梁的耐火极限不应低于 2.0h。

（2）采用防火涂层作耐火防护时，防火涂料的材料必须选用经当地消防管理部门鉴定认可的，并有质量保证材料。选用的防火涂料应与底漆、面漆相适应，并有良好的结合能力。

（3）涂料作业的施工、检验与验收必须严格按《钢结构防火涂料应用技术规范》的规定进行。

（4）不得将饰面型防火涂料（适用于木结构）用于钢结构的防火涂料。

7. 防火封堵设计

（1）电缆构筑物中电缆引至电气柜、盘或控制屏、台的开孔部位，电缆贯穿隔墙、等均应实施阻火封堵。

（2）在公共主沟分支处；多段配电装置对应的沟道适当分段处；长距离沟道中相隔约 60m 或通风区段处；至二次设备室或配电装置的沟道入口、厂区围墙处均应实施阻火封堵。

8. 室内消火栓灭火系统

本建筑物为高度不大于 24m，体积大于 3000m^3 的丙类建筑，根据规范，需要设室内外消防给水系统。

六、噪声防治

变电站噪声对周围环境的影响必须符合《工业企业厂界噪声排放标准》（GB 12348）和《声环境质量标准》（GB 3096）的规定。

七、其他

（1）室外工程如雨水沟、管井盖板、道路、铺地覆土等参见总平面施工图。

（2）预埋木砖均须做防腐处理，露明铁件均须做防锈处理。

（3）凡涉及颜色、规格等的材料，均应在施工前提供样品或样板，经建设单位和设计单位认可后，方可订货加工、施工。

（4）电缆沟出口处，在电缆敷设后用新型防火堵料堵塞严密，施工详见电气图。

（5）本设计台阶、散水均应待主体完工后再行施工，台阶向外做 1%坡度，散水向外做 5%坡度，散水每隔 4m 做 20mm 宽伸缩缝一道，内填沥青砂浆，并注意避开雨水管出口处且需满足《国家电网有限公司输变电工程标准工艺 变电工程土建分册》（2022 年）第十八节　散水相关要求。

（6）本工程施工图应与各专业设计图密切配合施工，如预留孔洞及预埋电气管道线等。设计未尽事项，在施工中各方应及时沟通，共同商定。遇有图纸矛盾时，请与各专业主设人及工程负责人联系。

（7）本建筑物根据《建筑变形测量规范》（JGJ 8）的相关规定在建筑物四角、转角等处设置沉降观测点。观测点做法参照《国家电网有限公司输变电工程标准工艺　变电工程土建分册》（2022 年）第二节　沉降观测点、位移监测点。

（8）预埋件：当为手工电弧焊时，HPB300（Φ）级钢筋用 E43 型，HRB400（Φ）级钢筋用 E55 型。

（9）使用本图施工时，应与国家有关规范，标准、国标、省标图集以及国网公司质量通病防治要求、国网公司标准工艺配合使用，本工程除注明者外均应严格遵照国家现行的施工及验收规范进行施工。

（10）本图须经报政府相关部门审批后方能施工。

八、使用通用图及标准图集

1.《建筑设计防火规范》（GB 50016）
2.《35kV～110kV 变电站设计规范》（GB 50059）
3.《火力发电厂与变电站设计防火标准》（GB 50229）
4.《屋面工程技术规范》（GB 50345）
5.《变电站建筑结构设计技术规程》（DL/T 5457）
6.《12 系列建筑设计图集》（DBJT19－07）
7.《轻钢龙骨内隔墙》（03J111－1）
8.《防火门窗》（12J609）
9.《外装修（一）》（06J505－1）
10.《钢雨篷（一）－玻璃面板》（07J501－1）
11.《木门窗》（04J601－1）
12.《铝合金门窗》（02J603－1）
13.《坡屋面建筑构造（一）》（09J202－1）
14.《彩色涂层钢板门窗》（09J602－2）
15.《内隔墙建筑构造》（J111－114）
16.《压型钢板、夹芯板屋面及墙体建筑构造（二）》（06J925－2）
17.《钢梯》（02J401）
18.《工程建设标准强制性条文》（设计部分）
19.《压型金属板设计施工规程》（YBJ216－88）

九、建筑节能设计专篇

1. 设计依据

《公共建筑节能设计标准》（GB 50189）、《民用建筑热工设计规范》（GB 50176）、《全国民用建筑工程设计技术措施（节能专篇）》。

2. 建筑节能设计

工业建筑不作节能设计仅在屋面和外墙设计。

本工程外门窗玻璃为浅冷灰色，门窗框为浅冷灰色氟碳涂层。门窗和玻璃幕具有良好的遮阳功能。

外窗的气密性不应低于《建筑外窗气密性能分级及其检测方法》（GB 7107—2008）规定的 4 级。

外门窗的抗风压性能不低于 4 级，水密性能不低于 3 级。其性能等级划分同时应符合 GB/T 7106（7107，7108）的规定。

外门窗保温性能等级不低于 7 级，外门窗隔声性能等级不低于 4 级，外门窗采光性能等级不低于 3 级。

表 6－1　　工程做法及标准工艺一览表

序号	装修部位		工程做法	标准工艺名称	标准工艺编号	备注
1	屋面防水		12J1 屋 105－1F1－80B1	卷材防水	0101011201	
2	资料室、工具间	地面	BDTJ 1/13	贴通体砖地面	0101010302	
		踢脚	BDTJ 3/11	面砖踢脚板	0101010300－1	
		内墙	BDTJ 3/6	内墙涂料墙面	0101010102	
3	10kV 配电装置室及接地变室、电容器室、110kV GIS 室二次设备室	地面	BDTJ 1/19	环氧树脂漆地坪	0101010308	
4		踢脚	BDTJ 3/11	面砖踢脚板	0101010300－1	
5		预埋件	BDTJ —/83	普通预埋件	0101020301	
6		轴流风机	BDTJ —/68	墙体轴流风机	0101011402	
7		百叶窗	BDTJ —/69	通风百叶窗	0101011403	
8		内墙	BDTJ 3/6	内墙涂料墙面	0101010102	

续表

序号	装修部位		工程做法	标准工艺名称	标准工艺编号	备注
9	主变室	地面	BDTJ 1/13	环氧树脂漆地坪	0101010308	
10		踢脚	BDTJ 1/11	面砖踢脚板	0101010300－1	
11		预埋件	BDTJ —/83	普通预埋件	0101020301	
12		轴流风机	BDTJ —/68	墙体轴流风机	0101011402	
13		百叶窗	BDTJ —/69	通风百叶窗	0101011403	
14		内墙	BDTJ 2/9	消音墙墙面	0101010103－1	
15	户外	台阶	BDTJ —/32	板材踏步	0101010801	
16		坡道	BDTJ —/34	细石混凝土坡道（板材饰面）	0101010901	
17		散水	BDTJ —/37	成品混凝土散水	0101011002	宽1000mm
18	散热器室	地面	BDTJ 1/12	细石混凝土地面	0101010301	
19		踢脚	BDTJ 1/11	面砖踢脚板	0101010300－1	
20		预埋件	BDTJ —/83	普通预埋件	0101020301	
21		轴流风机	BDTJ —/68	墙体轴流风机	0101011402	
22		百叶窗	BDTJ —/69	通风百叶窗	0101011403	
23		内墙	BDTJ 2/9	消音墙墙面	0101010103－1	
24	其他	防鼠门槛		预留孔洞业主自理		
25		防蚊蝇措施		业主自理		
26		外墙贴砖墙面（深灰色蘑菇石）			参 0101010701	

注：标准工艺图号选自《国家电网公司输变电工程标准工艺（六）标准工艺设计图集》（变电工程部分）。

表 6－2　　标准工艺应用清单

标准工艺名称	工艺编号	标准工艺名称	工艺编号
墙面抹灰	0101010101	预制混凝土散水	0101011001
内墙涂料墙面	0101010102	室外钢梯护笼	0101011100－1
内墙贴瓷砖墙面	0101010103	卷材防水	0101011201
人造石材窗台	0101010201	建筑物雨篷（有组织排水）	0101011203
外窗台	0101010202	墙体轴流风机	0101011402
踢脚	0101010300	通风百叶窗	0101011403
细石混凝土地面	0101010301	空调室内机布置	0101011501

续表

标准工艺名称	工艺编号	标准工艺名称	工艺编号
贴通体地砖地面	0101010302	空调室外机布置	0101011502
自流平地面	0101010304	空调冷凝水	0101011503
吊顶顶棚（铝扣板）	0101010403	空调机室内外机连接及电气部分	0101011504
木门	0101010501	预留套管	0101011601
钢板门、防火门	0101010502	室内给水管道	0101011602
塑钢、铝合金门窗	0101010505	给水设备	0101011603
外墙贴砖墙面	0101010701	室内排水管道布置	0101011701
外墙保温装饰一体板	0101010705	雨水管敷设	0101011702
板材踏步	0101010801	地漏	0101011703
细石混凝土坡道（板材饰面）	0101010901	建筑物沉降观测点	0101011801
泄压墙（板）	0101010706	屋面避雷带	0101011307

表 6－3　　门　窗　表

类型	设计编号	洞口尺寸（mm）	数量	图集名称	选用型号	备注
普通门	M0921	900×2200	1	09J602－2	PM47/48	灰色钢质彩板门，市场订购
	M1524	1500×2400	2	09J602－2	PM47/48	灰色钢质彩板门，市场订购
防火门	M2732	2700×3200	2	12J609	GFM－2732	灰色钢质彩板门，市场订购
	M1021	1000×2400	2	12J609	GFM－1021	灰色钢质彩板门，市场订购
	M1527	1500×2700	1	12J609	GFM－1527	灰色钢质彩板门，市场订购
	FM 乙 1827	1800×2700	3	12J609	GFM－1827	乙级防火门（灰色），市场订购
	FM 甲 1021	1000×2100	7	12J609	GFM－1021	甲级防火门（灰色），市场订购
防火卷帘	FJLM3342	3300×4200	1	12J609	参 GFJ1－3033	灰色钢质电动防火卷帘门
普通窗	C1515	1500×1500	3	12J4－1	TC2－1215	灰色窗框、透明中空玻璃参详图、断桥铝合金窗
百叶窗	BYC1	4400×1900	3	—	—	详见暖通图纸

注：1. 所有门窗均应复核现场尺寸和数量后制作。
2. 外窗均采用 6+12A+6 中空玻璃，玻璃除注明外均为无色透明玻璃，卫生间采用磨砂玻璃。
3. 一层门窗均需采取可靠的防盗措施。
4. 防火门须选择经当地消防部门认可，有相应资质的专业厂家产品。
5. 铝合金窗型材壁厚不得小于 1.4mm，门的型材壁厚不得小于 2mm。
6. 以下部位应使用易碎安全玻璃：① 玻璃每块面积大于 1.5m；② 凡距最终装修楼地面高度 900mm 以内；③ 玻璃门每块面积大于 $0.5m^2$。
7. 所有窗户应设置钢纱窗。

6.2 建筑设计图纸

施工图图纸目录

110kV变电站建筑物施工图设计图集

卷册名称　配电装置室建筑施工图

图纸____张　　说明____本　　清册____本

序号	图号	图名	张数	套用原工程名称及卷册检索号，图号
1	HE－110－A2－4－T0201－01	配电装置室平面布置图	1	
2	HE－110－A2－4－T0201－02	配电装置室屋面布置图	1	
3	HE－110－A2－4－T0201－03	立面图（一）	1	
4	HE－110－A2－4－T0201－04	立面图（二）及剖面图	1	

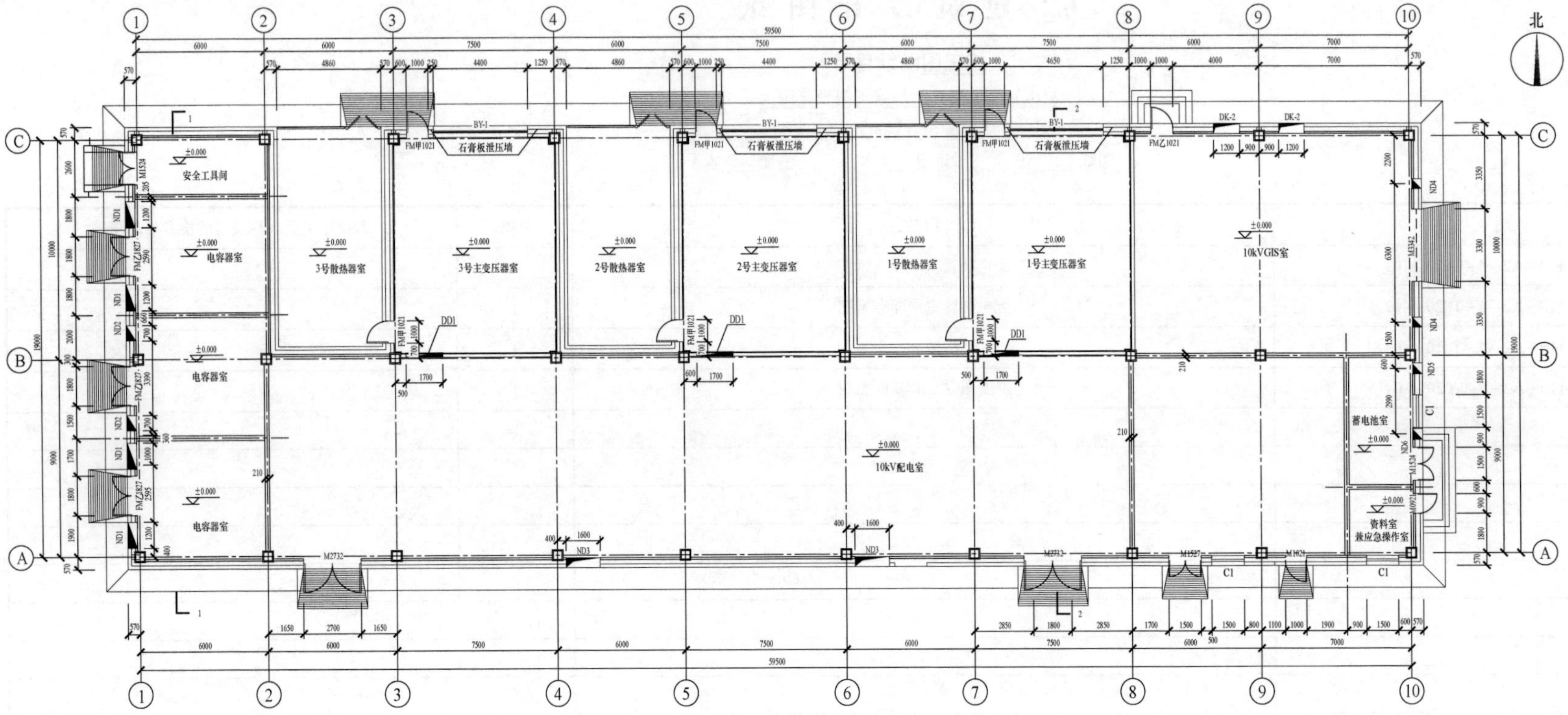

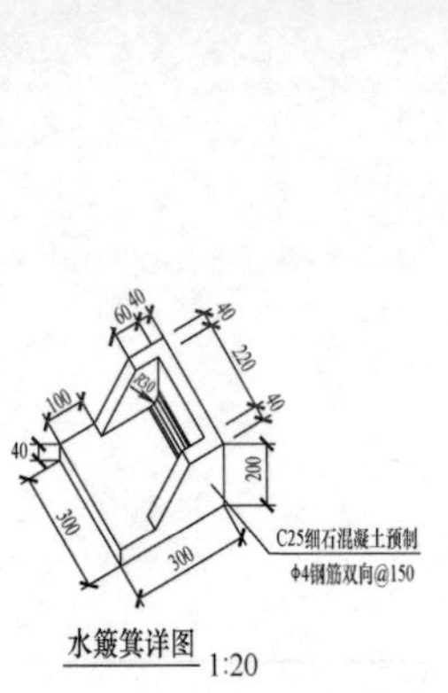

水篦箕详图 1:20

本层设备专业留洞明细表			本层设备专业留洞明细表			本层设备专业留洞明细表		
洞口编号	洞口尺寸（mm）（宽×高×厚）	洞底距相应楼地面（或相应楼梯平台）（m）	洞口编号	洞口尺寸（mm）（宽×高×厚）	洞底距相应楼地面（或相应楼梯平台）（m）	洞口编号	洞口尺寸（mm）（宽×高×厚）	洞底距相应楼地面（或相应楼梯平台）（m）
ND1	1200×600×墙厚	洞底标高 0.500	ND5	500×400×墙厚	洞底标高 3.200	DD2	（圆洞）600×墙厚	洞中标高 0.620
ND2	700×600×墙厚	洞底标高 0.500	ND6	500×400×墙厚	洞底标高 0.500	DD3	（圆洞）600×墙厚	洞中标高 2.970
ND3	1600×800×墙厚	洞底标高 2.650	ND7		洞中标高 6.000	DD4	（圆洞）400×墙厚	洞中标高 3.730
ND4	圆形 500×墙厚	中心标高：0.750（下部） 中心标高：6.700（上部）	DD1	方洞 1700×700×墙厚	洞中标高 3.200	备注：该列电洞穿管完成后，缝隙均需用耐候密封胶及岩棉封堵严实		

说明：1. 室内各箱体的留洞处暗敷接地扁钢就近与主地网可靠连接,作为箱体外壳接地用，规格见电气专业图纸。
2. 埋管的弯曲半径为 $10d$（d 为埋管直径），所有埋管除注明外均为镀锌钢管，各埋管应预穿铁丝。
3. 火灾报警及监视（控）系统埋管及留孔详见相关图纸，施工时切勿遗漏。
4. 施工前应与电气、结构、暖通、水工、通信专业图纸核对，无误后方可施工。
5. 所有配电箱留洞内埋管及埋管走向详见电气专业图纸。
6. 室外台阶及坡道与建筑物、平台间设缝 20mm，采用沥青麻丝塞填， 沥青油膏封口。
7. 内、外墙位置均见图纸位置，居轴线中或与柱边齐。
8. 沉降观测点应可靠固定于钢框架柱上，从钢结构紧固完成以后即应开始观测。
9. 图中外墙厚仅为示意，以实际施工为准，未注明的内墙均以轴线居中布置。
10. 安装墙板时，配电箱洞孔根据电气专业图纸现场确定。
11. 空调室外机基础做法详见 $\frac{BDTJ}{}$(—/70)，位置详见暖通图纸。
12. 泄压墙厂家二次设计，每平方米重量不大于 60kg。

图 6-1 HE-110-A2-4-T0201-01 配电装置室平面布置图

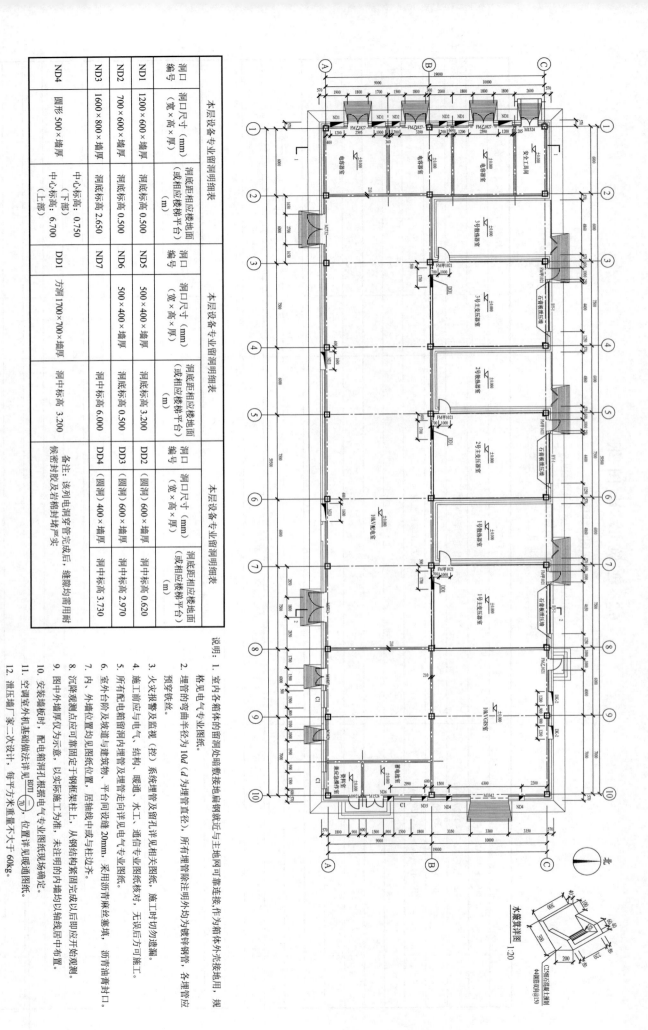

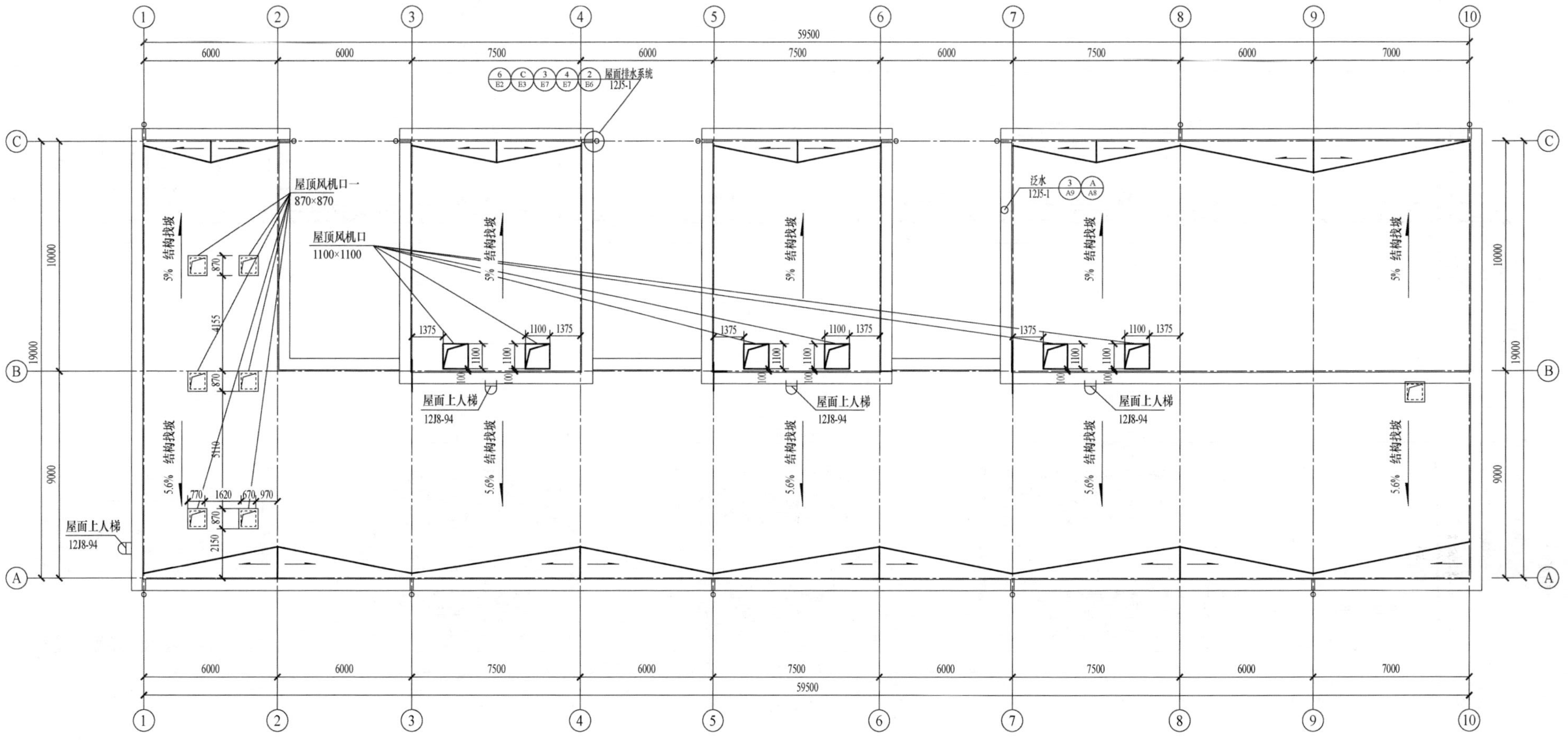

图 6-2 HE-110-A2-4-T0201-02 配电装置室屋面平面图

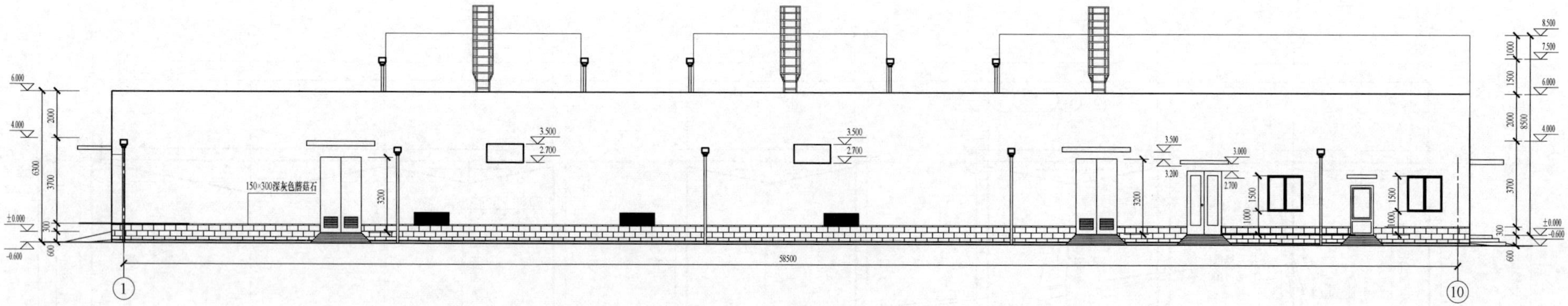

①~⑩轴立面图 1:100

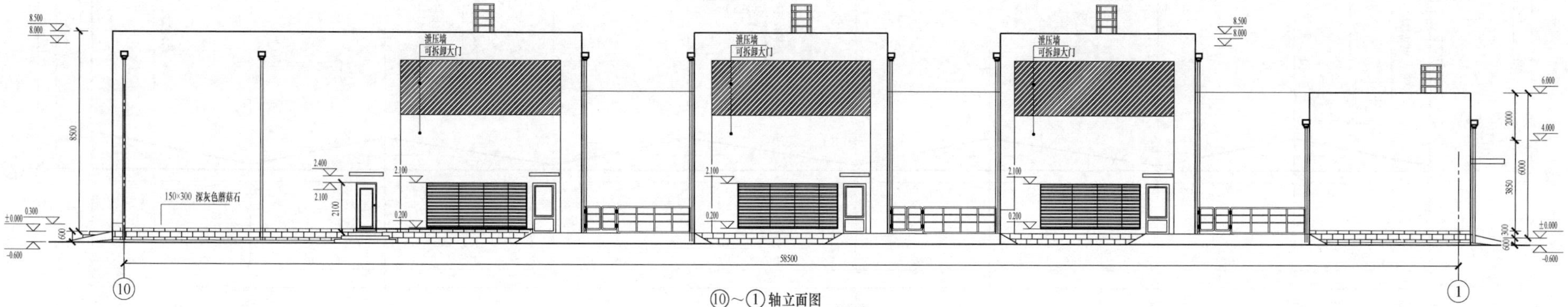

⑩~①轴立面图 1:100

图 6-3 HE-110-A2-4-T0201-03 立面图（一）

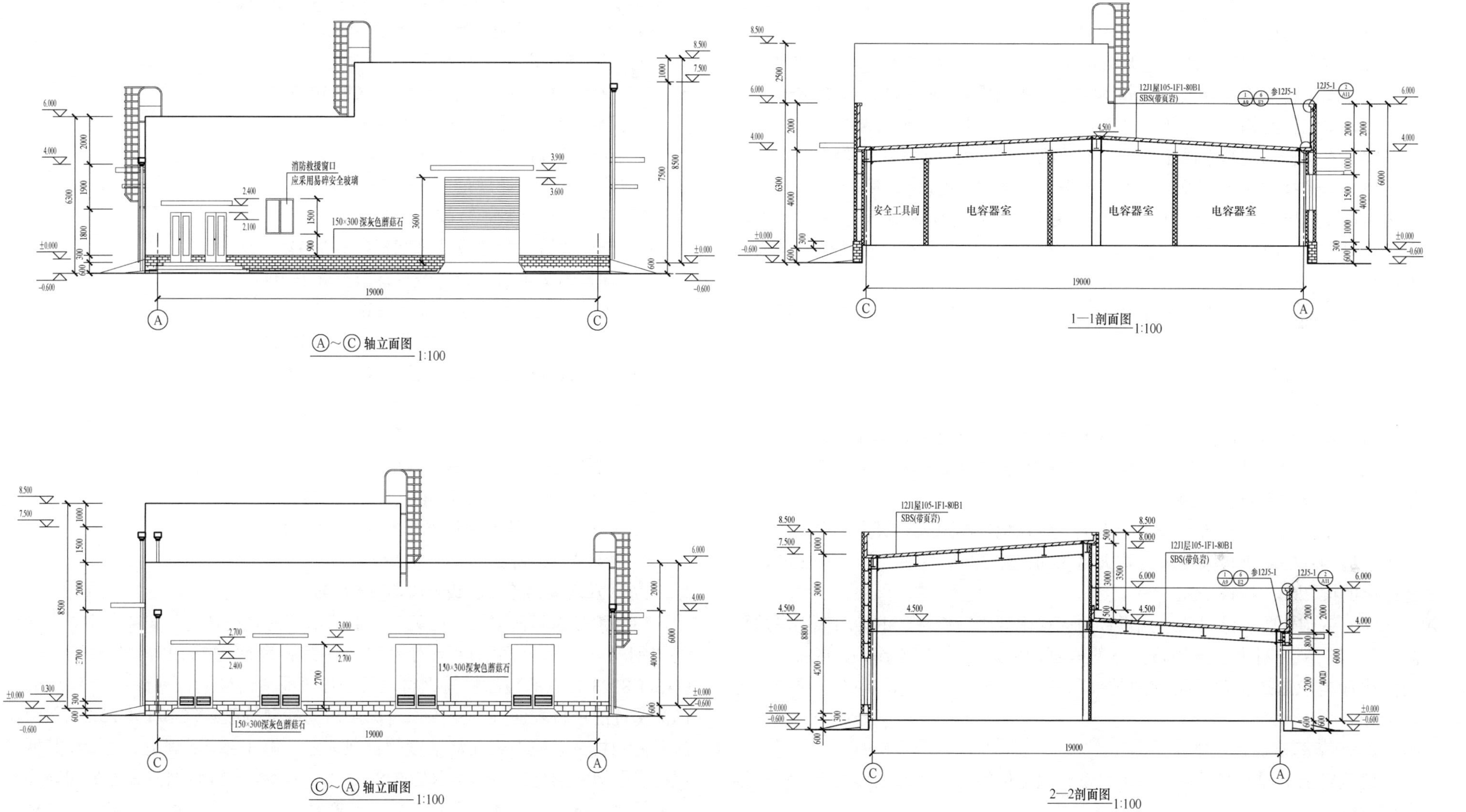

图 6-4　HE-110-A2-4-T0201-04　立面图（二）及剖面图

6.3 结构设计说明

一、一般说明

（1）本卷册全部尺寸均以毫米（mm）为单位，标高以米（m）为单位。

（2）本工程室内地坪±0.000m 相当于 1985 国家高程基准××.××m。

（3）本工程结构安全等级为二级；对应结构重要性系数为 1.0。

（4）本工程的地基基础工程与上部结构主体工程设计使用年限为 50 年。

（5）未经技术鉴定或设计许可，不得改变结构的用途和使用环境。在本钢结构建筑使用周期间，应进行正常的定期检查并进行防锈处理等维护工作。未经设计许可与安全鉴定不得改变、损伤结构主体，不得增设结构设计未考虑的荷载。

（6）墙檩条、檩托板、螺栓等相关附件图纸由厂家出具，相关工程量厂家报价。

二、工程概况

1. 简介

（1）本工程地上部分 1 层；室外地面到主屋面高度为 8.30m。

（2）结构设计使用年限 50 年。建筑主体结构的安全等级为二级；对应的结构设计重要性系数$\gamma_0=1.00$。

（3）生产的火灾危险性分类为丙类，建筑构件的耐火等级为一级。钢筋混凝土结构构件的耐火极限要求，防火墙 3.0h，柱 3.0h，主变室四周梁 3.0h，其他范围的梁 2.0h，楼板 1.5h。

（4）钢构件防火涂料须达到设计耐火极限要求；钢柱、钢梁均选用厚涂型防火涂料，满足耐火极限的防火涂料厚度应能满足建筑装修厚度要求。采用的防火涂料应通过检验并得到消防部门认可。防火及防锈涂料须按规定作定期维护。

2. 地基基础设计依据

建筑岩土工程勘察报告－×××设计院提供的《×××工程岩土工程详细勘察报告》。

三、抗震设计

（1）本工程抗震设计的抗震设防烈度为 7 度。设计地震基本加速度为 0.15*g*。

（2）建筑场地类别为Ⅲ类；设计地震分组为第二组。建筑的抗震设防类别为丙类（GB 50260）。

（3）本工程钢框架抗震构造措施抗震等级为四级。

四、执行规范规程、行业标准及国家标准图

（一）中华人民共和国国家标准

1.《电弧螺柱焊用圆柱头焊钉》（GB 10433）

2.《钢结构防火涂料》（GB 14907）

3.《建筑结构荷载规范》（GB 50009）

4.《建筑抗震设计规范》（GB 50011）

5.《钢结构设计规范》（GB 50017）

6.《工业建筑防腐蚀设计规范》（GB 50046）

7.《建筑结构可靠度设计统一标准》（GB 50068）

8.《钢结构工程施工质量验收规范》（GB 50205）

9.《建筑工程抗震设防分类标准》（GB 50223）

10.《电力设施抗震设计规范》（GB 50260）

11.《钢结构焊接规范》（GB 50661）

12.《钢结构工程施工规范》（GB 50755）

13.《碳素结构钢》（GB/T 700）

14.《低合金高强度合金钢》（GB/T 1591）

15.《非合金钢及细晶粒钢焊条》（GB/T 5117）

16.《热强钢焊条》（GB/T 5118）

17.《六角头螺栓　C 级》（GB/T 5780）

18.《涂覆涂料前钢材表面处理表面清洁度的目视评定　第 1 部分：未涂覆过的钢材表面和全面清除原有涂层后的钢材表面的锈蚀等级和处理等级》（GB/T 8923.1）、《涂覆涂料前钢材表面处理表面清洁度的目视评定　第 2 部分：已涂覆过的钢材表面局部清除原有涂层后的处理等级》（GB/T 8923.2）、《涂覆涂料前钢材表面处理表面清洁度的目视评定　第 3 部分：焊缝、边缘和其他区域的表面缺陷的处理等级》（GB/T 8923.3）、《涂覆涂料前钢材表面处理表面清洁度的目视评定　第 4 部分：与高压水喷射处理有关的初始表面状态、处理等级和闪锈等级》（GB/T 8923.4）

19.《厚度方向性能钢板》（GB/T 5313）

20.《熔化焊用钢丝》（GB/T 14957）

21.《热扎 H 型钢和剖分 T 形钢》（GB/T 11263）

22.《钢结构高强度大六角头螺栓、大六角螺母、垫圈与技术条件》（GB/T 1231）

23.《钢结构防护涂装通用技术条件》（GB/T 28699）

24.《钢结构高强度螺栓连接技术规程》（JGJ 82）

（二）中华人民共和国行业标准

1.《轻骨料混凝土结构设计规程》（JGJ 12）

2.《钢结构高强度螺栓连接技术规程》（JGJ 82）

3.《型钢混凝土组合结构技术规程》（JGJ 138）

4.《钢结构、管道涂装工程技术规范》（YB 9256）

（三）中国工程建设标准化协会标准

《钢结构防火涂料应用技术规范》（CECS 24）

五、材料

（1）本工程中承重钢构件的钢材均采用 Q235B 和 Q355B 结构钢，其质量标准应分别符合《碳素结构钢》（GB 700）和《低合金高强度合金钢》（GB/T 1591）。当采用其他牌号的钢材时须经设计同意。

（2）承重构件用的钢材应保证抗拉强度、伸长率、屈服点、冷弯试验、冲击韧性合格和硫、磷及碳含量符合《低合金高强度合金钢》（GB/T 1591）中的限值。

（3）本工程结构钢材的抗拉强度实测值与屈服强度实测值的比值不应小于 1.2；应有明显的屈服台阶；伸长率应大于 20%；应有良好的可焊性和合格的冲击韧性。

（4）当钢板厚大于等于 40mm 时应按《厚度方向性能钢板》（GB 5313）的规定，附加板厚方向的截面收缩率，并不得小于该标准 Z15 级规定的允许值。

（5）当钢板厚大于等于 40mm 时建议钢材订货时规定硫、磷含量控制在 0.01%；当有可靠的焊接经验时可以放宽这项指标。

（6）焊接材料。所有的焊条、焊丝、焊剂均应与主体金属相适应，应符合《钢结构焊接规程》（GB 50661）规定。

1）手工焊：Q235B 钢之间以及 Q355B 和 Q235B 之间的焊接用焊条选用符合《非合金钢及细晶粒钢焊条》（GB 5117）的 E43××型焊条。Q355B 钢之间的焊接用焊条选用符合《热强钢焊条》（GB 5118）的 E50××型焊条。

2）自动焊接或半自动焊接：自动焊接或半自动焊接采用的焊丝和焊剂，应与主体金属强度相适应，焊丝应符合《熔化焊用钢丝》（GB/T 14957）或《气体保护电弧焊用碳钢、低合金钢焊丝》（GB 8110）的规定。

自动焊接或半自动焊接采用的焊丝和焊剂，其熔敷金属的抗拉强度不应小于相应手工焊焊条的抗拉强度。

3）焊条、焊剂及焊丝焊（见表 6－4）。

表 6－4　　钢材焊接的焊材选用

钢材牌号	手工焊	埋弧自动焊		CO_2 气体保护
	焊条型号	焊剂	焊丝	焊丝
Q235B	E43××焊条	F4A×	H08A 或 H08MA	ER49－1
Q355B	E50××焊条	F50××	H10MnSi 或 H10Mn	2 ER50－3

（7）安装螺栓采用 Q355B 钢，应符合《六角头螺栓　C 级》（GB 5780）。

（8）图中未注明地脚锚栓采用普通螺栓（配双螺母），螺栓、螺母和垫圈采用《低合金高强度合金钢》（GB/T 1591）规定的 Q355 钢。

（9）受力螺栓均采用性能等级 10.9 级扭剪型高强度螺栓，其热处理的制作和技术要求应符合《钢结构用扭剪型高强度螺栓连接副》（GB 3632）的规定。

（10）圆柱头栓钉性能应符合《电弧螺柱焊用圆柱头焊钉》（GB 10433）的规定。

六、制作与安装基本要求

（1）钢结构在制作前，应按本设计要求编制施工详图的深化设计方案，修改设计应取得我院同意；并编制制作工艺和安装施工组织设计，经论证通过后方可正式制作与施工。

（2）钢结构的制作和安装须根据施工详图进行。

（3）钢结构的材料、放样、号料和切割、矫正、弯曲和边缘加工、制作摩擦面的加工、除锈、编号和发运应遵照《钢结构工程施工质量验收标准》（GB 50205）。

（4）钢结构制作、安装和质量检查所用的量具、仪器、仪表等，均应具有相同的精度、并应定期送计量部门检定，合格后方可使用。

（5）高强螺栓连接的施工应遵守《钢结构高强度螺栓连接技术规程》（JGJ 82）的规定，有关焊接连接应遵守《钢结构焊接规程》（GB 50661）的规定。

（6）加工单位所订购的钢材及连接材料必须符合设计的要求，当确有必要代用时应经设计认可。所有材料均应有质量合格证明，必要时尚应提供材质、抗滑系数的复验合格证明。

（7）重要接头或构件，应在出厂前进行自由状态的预拼装，其允许偏差应符合《钢结构工程施工质量验收标准》（GB 50205—2020）附录D的规定。

（8）焊接用的焊条、焊丝及焊剂应严格按设计要求匹配选用，对重要结构或新材料的焊接应进行焊接工艺评定，编制专门的焊接工艺指导书。

（9）焊件的坡口尺寸、焊接垫板等应符合设计图纸规定的要求。

（10）全焊透焊缝应进行超声波探伤检查，要求按《钢结构工程施工质量验收标准》（GB 50205—2020）第5.2.4条。

（11）当焊件厚度较大（大于36mm）时，宜按接头的约束条件考虑焊接的预热措施，对重要构件手工焊时，不宜在低于－5℃的环境温度中施焊。

（12）钢结构的冷矫正和冷弯加工的最小曲率半径（r）及最大弯曲矢高（f）应符合《钢结构工程施工质量验收标准》（GB 50205—2020）表7.3.4的规定。

（13）钢结构构件的运输及存放应有可靠的支垫及定位，包挎捆绑及临时支撑加固等，均不得造成杆件的变形及损伤。已安装就位的钢构件不允许以钢绳捆绑作为起重吊装的附加支点。

（14）当钢梁跨度$L \geqslant 9m$时，要求制作时预起拱$L/500$。

（15）各类钢构件的外形尺寸允许偏差见《钢结构工程施工质量验收标准》（GB 50205—2020）附录C的表C.0.1～C.0.9；安装的允许偏差见附录E。

（16）对接接头、T型接头和要求全熔透的角部焊缝，应在焊缝两端配置引弧板和引出板，其材质应与焊件相同。手工焊引板长度不应小于60mm，埋弧自动焊引板长度不应小于150mm，引焊到引板上的焊缝不得小于引板长度的2/3。

（17）对30mm以上厚板焊接、为防止在厚度方向出现层状撕裂、建议采取以下措施：

1）对母材焊道中心线两侧各2倍板厚加30mm的区域内进行超声波探伤检查。母材中不得有裂纹、夹层及分层等缺陷存在。

2）严格控制焊接顺序，尽可能减少板厚方向的约束。

3）采用低氢焊条或超低氢焊条。在满足设计强度要求的前提下，尽可能采用屈服强度低的焊条。

4）根据母材的碳当量及焊接裂纹敏感性系数值选择正确的预热措施和后热处理。

（18）栓钉焊接采用瓷环保护。栓钉在支座的压型钢板凹肋处，穿透压型钢板并将栓钉、钢板均焊牢在钢梁上。

（19）高强度螺栓孔的精度应为H15级。

（20）型钢拼接前及栓钉焊接前应将构件焊接面的油、锈清除。

（21）当钢骨梁贯通，其上或梁下有混凝土墙或混凝土柱时，钢骨梁翼缘应根据墙、柱配筋预留穿筋孔。穿筋孔的大小当为螺纹钢时为钢筋直径加8mm；当为光圆钢筋时为钢筋直径＋3mm。

（22）制孔。

1）除地脚螺栓外，钢结构构件上螺栓钻孔直径比螺栓直径大1.5～2.0mm。

2）高强度螺栓应采用钻成孔。

3）若现场需制孔，应优先采用钻孔，也可用火焰割小孔，再扩孔至设计要求，孔径壁需磨光。

（23）钢梁及柱上预留孔洞及附设连接件按照钢结构设计图所示尺寸及位置，在加工厂制孔，并按设计要求补强，在现场不得应任何方面的要求以任何方法制孔或焊接连接件。

（24）墙体与钢结构（梁、柱）连接节点，必须在工厂预先做好，严禁在受力构件上现场施焊。

七、除锈及防锈

（1）钢构件的除锈和涂装应在制作质量检验合格后进行。

（2）构件表面采用喷砂除锈，除锈等级Sa2.5，并宜涂（富锌底涂料）底漆2遍（90μm）＋环氧云铁中间漆2遍（125μm）＋脂肪族聚氨酯面漆2遍；其质量要求应符合《涂覆涂料前钢材表面处理表面清洁度的目视评定　第1部分：未涂覆过的钢材表面和全面清除原有涂层后的钢材表面的锈蚀等级和处理等级》（GB 8923.1）。

（3）高强度螺栓摩擦面不得涂装，安装焊缝处涂剖口焊保护漆一道，其他部位除锈后表面涂装采用冷喷锌防腐措施。

八、钢结构防火

（1）承重钢柱、钢梁及其他钢构件均采用非膨胀型防火涂料，耐火极限要求为不小于3.0h，防火涂料厚度不小于50mm；楼板耐火极限要求为不小于1.5h，其他为1.0h，防火涂料厚度不小于20mm。

（2）采用防火涂层作耐火防护时，防火涂料的材料必须选用经当地消防管理部门鉴定认可的，并有质量保证材料。选用的防火涂料应与底漆、面漆相适应，并有良好的结合能力。

（3）涂料作业的施工、检验与验收必须严格按《钢结构防火涂料应用技术规程》（T/CECS 24）的规定进行。

（4）不得将饰面型防火涂料（适用于木结构）用于钢结构的防火涂料。

九、连接节点（详见设计图，设计图未说明时按如下形式连接）

（1）梁柱拼接连接节点采用全栓接。

（2）梁与梁的连接节点：铰接时，用连接板及 10.9s 高强螺栓与次梁腹板连接；刚接时，梁翼缘采用全溶透等强焊缝连接；腹板采用 10.9s 高强螺栓连接型式。

（3）焊接：选择的焊丝和焊剂型号应与主体金属强度相匹配：

1）焊接时应选择合理的焊接工艺及焊接顺序，以减小钢结构中产生的焊接应力和焊接变形；

2）组合 H 型钢的腹板与翼缘的焊接应采用自动埋弧焊机焊或气体保护焊；

3）组合 H 型钢因焊接产生的变形应以机械或火焰矫正调直；

4）焊接 H 型钢梁柱如需工厂拼接，须按图 6－5 错缝拼接。

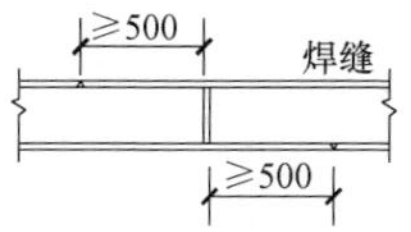

图 6－5　错缝拼接

（4）角焊缝的尺寸。除图 6－5 中注明者外，角焊缝的焊脚尺寸 S 按表 6－5 采用（见本图右下角附图）。

表 6－5　　角焊缝的焊脚尺寸　　mm

T	4	5	6	8	10	12	16	20
S	4	4	5	6	8	10	12	14

注：$T<6$mm，可采用单面角焊缝，焊角尺寸同 T，单面熔深>3mm。

十、构件连接

（1）框架梁和框架柱之间的连接采用刚接（特殊注明者除外）。

连接时，需预先在工厂进行柱与悬臂钢梁段的焊接，然后，在工地进行梁的拼接，梁拼接结点处翼缘 为全熔透坡口焊接，而腹板为高强度螺栓连接（按摩擦型连接设计）。

（2）主梁和次梁的连接采用铰接。在工地，采用高强度螺栓连接（按摩擦型连接设计）。

（3）连接于框架梁、柱上的支撑，其两端部分在工厂与柱和梁焊接（详见本工程施工图），中段部分在工地与两端部分采用高强度螺栓拼接。详见支撑节点图。

（4）上下翼缘和腹板的拼接缝应错开，并避免与加劲肋板重合，腹板拼接缝与它平行的加劲板至少相距 200mm，腹板拼缝与上下翼缘至少相距 200mm。对接焊缝应符合《钢结构工程施工质量验收标准》（GB 50205）要求，且不低于一级。

（5）所有钢梁横向加劲板与上翼缘板连接处，加劲板上端要求刨平顶紧后施焊。

（6）柱脚处柱翼、腹板和加劲板，梁支座支承板下端要求刨平顶紧后施焊。

（7）焊缝施工的质量等级应符合设计图纸规定的要求，凡要求与母材等强的对接全熔透焊缝其质量等级为二级；角焊缝质量等级为三级，其外观缺陷的等级检查应符合《钢结构工程施工质量验收标准》（GB 50205—2020）附录 A 二级焊缝外观质量标准。

（8）直角角焊缝的焊角尺寸除注明外，不宜大于较薄焊件厚度的 1.2 倍，长度均为满焊。

（9）钢梁预留孔洞，按照设计图纸所示尺寸，位置，在工厂制孔，并按设计要求进行。

十一、高强度螺栓的连接要求

（1）本工程采用 10.9 级摩擦型高度螺栓，所连接的构件连接接触面，经喷砂处理后，其摩擦面的抗滑移系数：Q235B 钢为 0.40；Q355B 钢为 0.40；在施工前应做抗滑移系数试验，用于高强螺栓连接的金属表面喷砂处理应该经过专门的工艺评定。

（2）构件的加工、运输、存放需保证摩擦面喷砂效果符合设计要求，安装前需检查合格后，方能进行高强螺栓组装。

（3）高强度螺栓连接的孔径按表 6－6 匹配。

表 6－6　　孔　径　尺　寸　　mm

螺栓公称直径	M20	M22	M24	M27
标准圆孔直径	22	24	26	30

（4）高强螺栓的施工及质量验收按照《钢结构高强度螺栓连接技术规程》（JGJ 826）、7 章相关要求进行。

十二、焊缝检查及检测

（1）焊接施工单位在施工过程中，必须做好记录，施工结束时，应准备一切必要的资料以备检查。

（2）焊缝表面缺陷及焊缝内部缺陷应严格按照现行《钢结构工程施工质量验收规范》表 5.2.4 及相关要求要求进行。所有超声波检查方法遵照《钢焊缝手工超声波探伤方法和探伤结构分类》（GB 11345）及有关的规定和要求进行焊接质量检查。

十三、施工安装要求

（1）楼层标高采用设计标高控制，由柱拼接焊接引起钢柱的收缩变形或其他压缩变形，需在构件制作时逐节进行考虑确定柱的实际长度。

（2）柱安装时，每一节柱的定位轴线不应使用下根柱子的定位轴线，应将地面控制轴线引到高空，以保证每节柱安装正确无误。

（3）对于多构件汇交复杂节点，重复安装接头和工地拼装接头，宜在工厂中进行预拼装。

（4）钢柱柱脚锚栓埋设误差要求：每一柱脚锚栓之间埋设误差需小于 2mm。

（5）钢结构施工时，宜设置可靠的支护体系体系以保证结构在各种荷载作用下结构的稳定性和安全性。

（6）钢构件在运输吊装过程中应采取措施防止过大变形和失稳。

十四、施工中应注意的问题

（1）本设计中考虑的施工荷载系指与楼面荷载性质相同的竖向均布荷载，钢框架梁在未浇灌楼板之前，不得施加其他性质方向的荷载，不得用钢梁的下翼缘支撑混凝土模板或其他集中力。柱身上不得施加设计以外的任何侧向荷载。

（2）本工程设计没有考虑冬季、雨雪、高温等特殊的施工措施，施工单位应根据相关施工规程规范采取相应的措施。

十五、荷载取值（钢结构部分）

1. 屋面荷载

（1）恒荷载：5.0kN/m^2；

（2）活荷载：0.5kN/m^2。

2. 风、雪压荷载

（1）基本风压：0.35kN/m^2；

（2）雪压：0.30kN/m^2。

十六、构件变形控制值

（1）檩条挠度：$L/200$；

（2）屋面主梁挠度：$L/400$；

（3）屋面次梁挠度：$L/250$。

十七、制图有关说明

（1）未注明长度单位为：mm；未注明高度单位为：m。

（2）图 6－6 中梁、柱加劲肋均须成对设置。加劲肋未注明尺寸见表 6－7 制作。

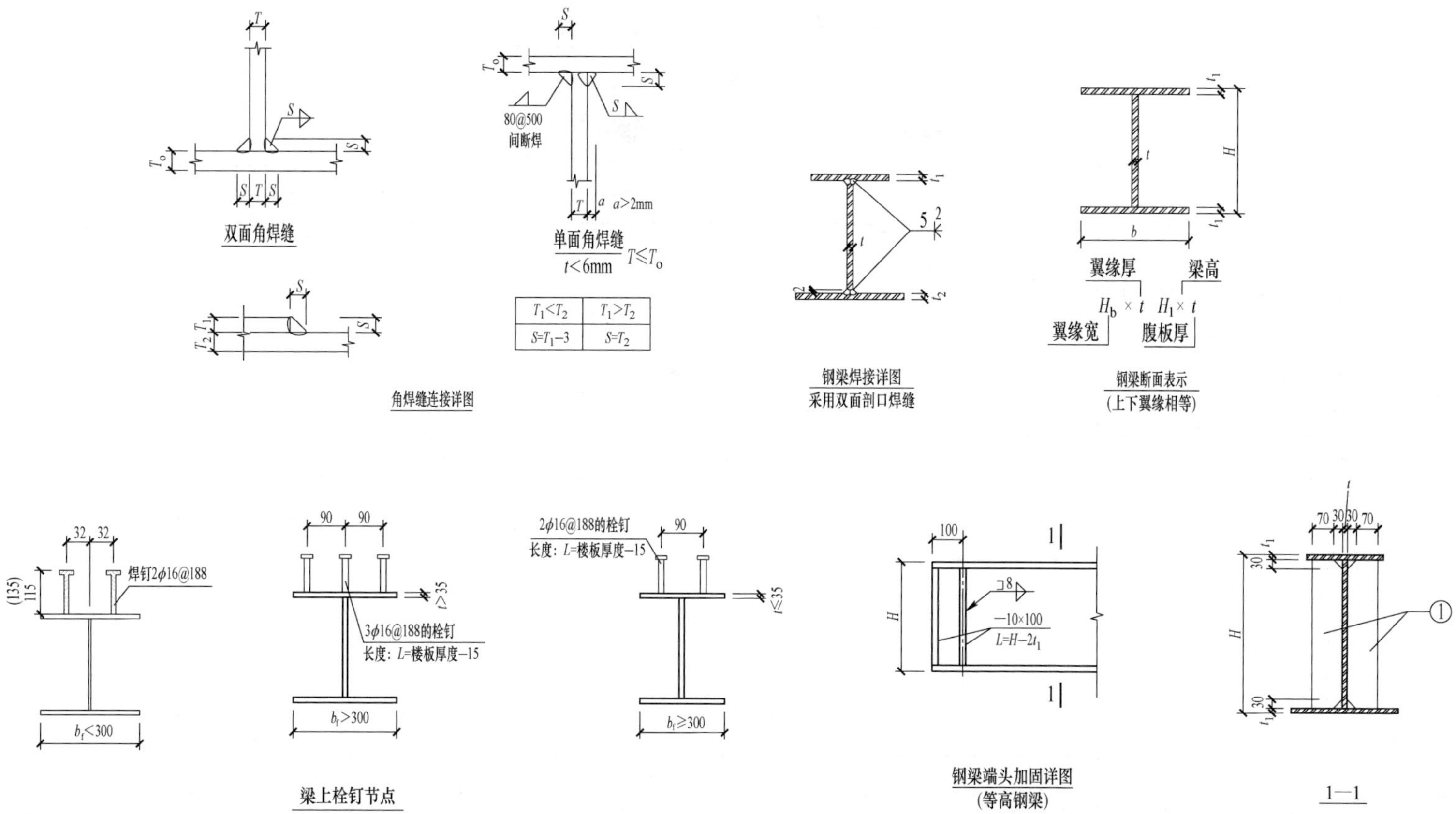

图 6-6　结构细部节点图

表 6-7　加劲肋焊缝设计尺寸　mm

加劲肋厚度	H 构件板厚度	
	6～8	10～12
8	6.0	6.0
10～12	6.0	8.0
14～18	8.0	10.0

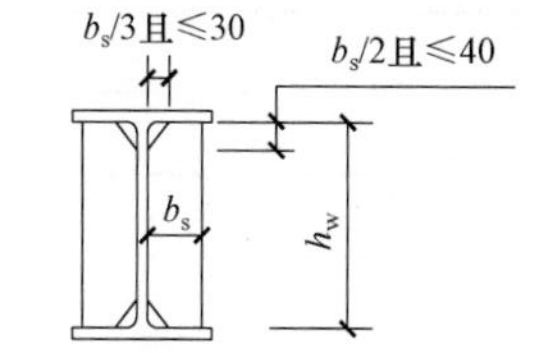

加劲肋外伸宽度$b_s \geq h_w/30+40$
加劲肋厚度$t_s \geq b_s/15$且≥ 5

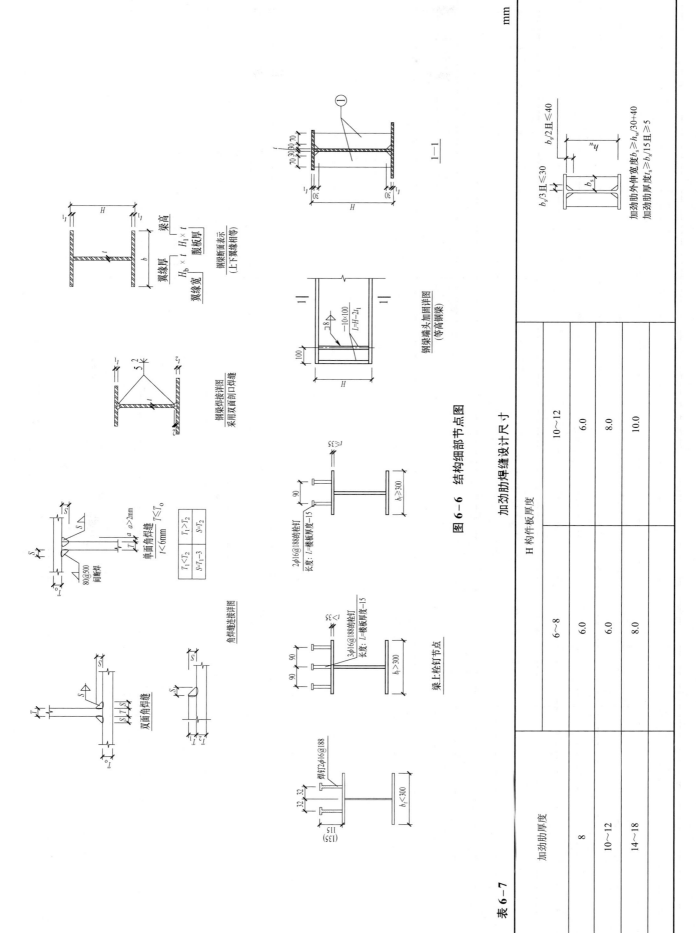

6.4 结构设计图纸

施工图图纸目录

110kV 变电站建筑物施工图设计图表

卷册名称 配电装置室建筑施工图

图纸____张　　说明____本　　清册____本

序号	图号	图名	张数	套用原工程名称及卷册检索号，图号
1	HE-110-A2-4-T0202-01	基础施工图	1	
2	HE-110-A2-4-T0202-02	柱脚螺栓布置图	1	
3	HE-110-A2-4-T0202-03	屋面结构平面布置图	1	
4	HE-110-A2-4-T0202-04	屋面板平法施工图	1	
5	HE-110-A2-4-T0202-05	结构节点详图（一）	1	
6	HE-110-A2-4-T0202-06	结构节点详图（二）	1	

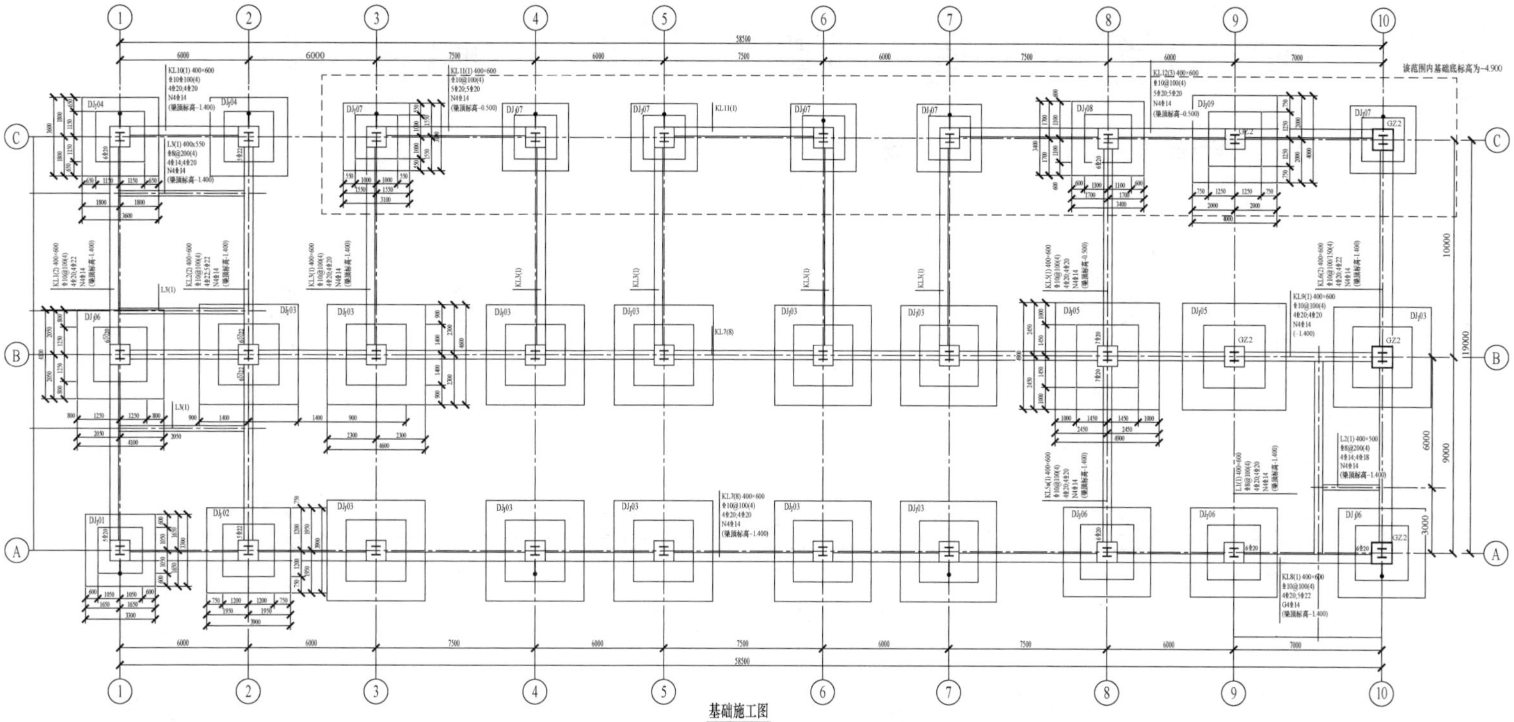

基础施工图

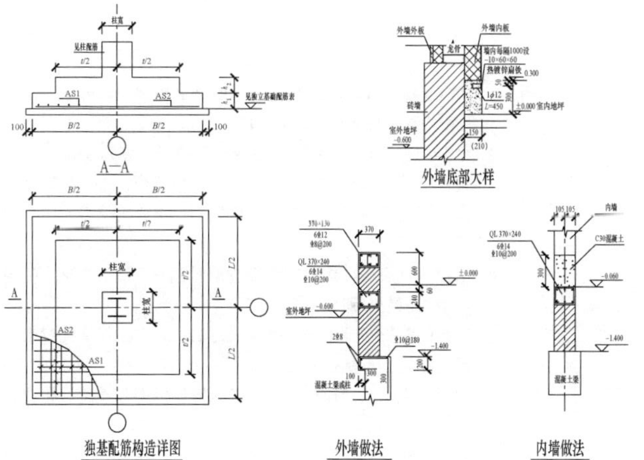

独基配筋构造详图　　外墙做法　　内墙做法

独立基础配筋表　　mm

基础编号	基础尺寸（$b \times h$）	t	基础底标高	h_1	h_2	板底双向配筋
DJJ01	3300×3300	2100	−3.200	500	400	Φ16@150
DJJ02	3900×3900	2400	−3.200	500	400	Φ16@150
DJJ03	4600×4600	2800	−3.200	500	400	Φ16@150
DJJ04	3600×3600	2300	−3.200	500	400	Φ16@150
DJJ05	4900×4900	2900	−3.200	500	400	Φ16@150
DJJ06	4100×4100	2600	−3.200	500	400	Φ16@150
DJJ07	3100×3100	2000	−4.900	500	400	Φ16@150
DJJ08	3400×3400	2200	−4.900	500	400	Φ16@150
DJJ09	4000×4000	2500	−4.900	500	400	Φ16@150

注：1. 本工程基础采用独立基础，基础定位应现场放线核对无误后方可施工。基础采用 C30 混凝土。钢筋采用 HRB400（Φ）级。

2. 基础设计等级为乙级，未注明的基础底标高均为−4.900m。基础持力层为第⊗层××土层上，地基承载力特征值 $f_{ak}=110$kPa，天然地基承载力满足设计要求。在湿陷性黄土场地，对建筑物及其附属工程进行施工，应根据湿陷性黄土的特点和设计要求采取措施防止施工用水和场地雨水流入建筑物地基（或基坑内）引起湿陷。在使用期间，对建筑物和管道应经常进行维护和检修，并应确保所有防水措施发挥有效作用，防止建筑物和管道的地基浸水湿陷。

3. 基坑开挖时，挖土应分层进行，以防挖土过快，造成卸载过速而引起土体失稳塌陷等后果。坑开挖时需设置基坑保护措施（施工组织确定），以确保工程质量及人员安全。

4. 坑土方开挖应严格按设计要求进行，不得超挖。基坑开挖时应注意保护土的原状结构，机械开挖深度应控制在底标高以上 300mm 处，其余土由人工清除。基坑开挖完成后应立即施工垫层，防止水浸和暴露，并应及时进行地下结构施工。基坑周边堆载不得超过设计荷载限制条件。

5. 基础下均设 100mm 厚 C20 素混凝土垫层，每边宽出基础边 100mm。

6. ±0.000mm 相对绝对标高××.××m，图中基底标高仅供挖槽参考，开槽后应同勘察、监理和设计部门联合验槽后方能进行下步施工。

7. 施工单位参照图集 22G101－3《独立基础、条形基础、筏形基础及桩基承台》进行施工。独立基础底板的宽度≥2.5m 时，按图集《22G101－3》中第 70 页施工。

8. 保护层厚度：基础 50mm，柱 35mm；基础施工完后，基础周围土应及时回填，并分层夯实，压实系数大于 0.95。

9. 基础施工前，轴线和定位尺寸应与建筑图复核无误后，方可施工。

10. 砖墙沿钢柱每隔 500mm 设 2Φ6 拉筋，沿墙全长贯通，拉筋做法详见 11G329－1；构造柱生根于地圈梁，生根详图见 22G101－1。

11. 图中未注明的钢柱均为 GZ1，钢柱截面尺寸详见梁柱节点平面布置图。

12. 外墙内侧石膏板根部加 300mm 高 C20 混凝土基带，宽度外墙内侧墙厚，顶面向外墙外侧基础找坡 1%。

13. 其他见结构设计总说明。

14. 图中━•表示沉降观测点。

15. 基槽（坑）开挖后，应进行基槽检验。基槽检验可用触探或其他方法，当发现与勘察报告和设计文件不一致、或遇到异常情况时，应结合地质条件提出处理意见。

图 6－7　HE－110－A2－4－T0202－01　基础施工图

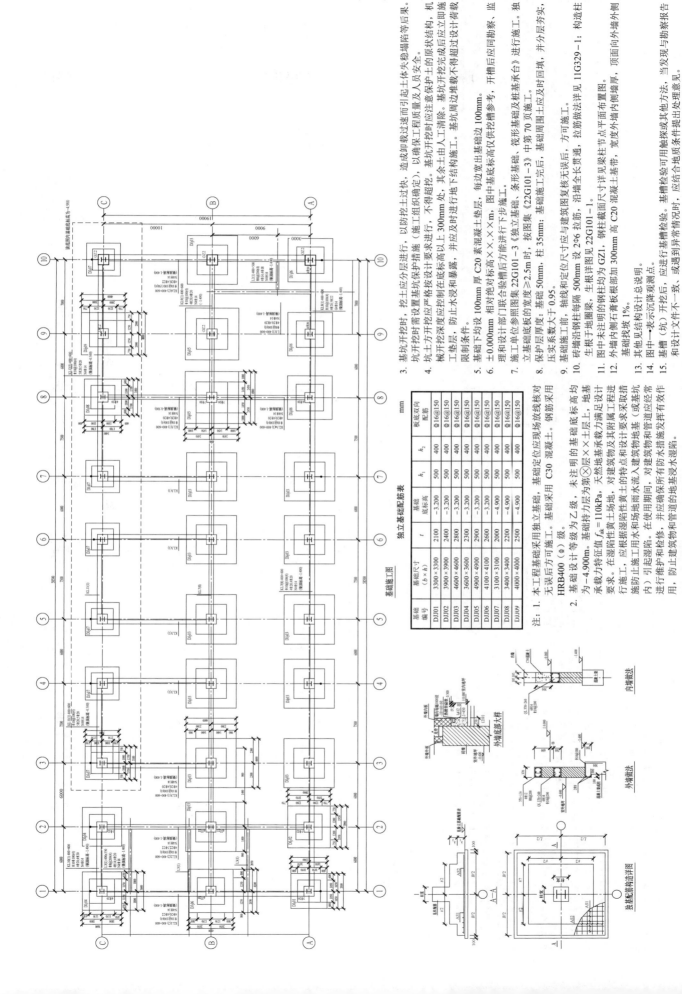

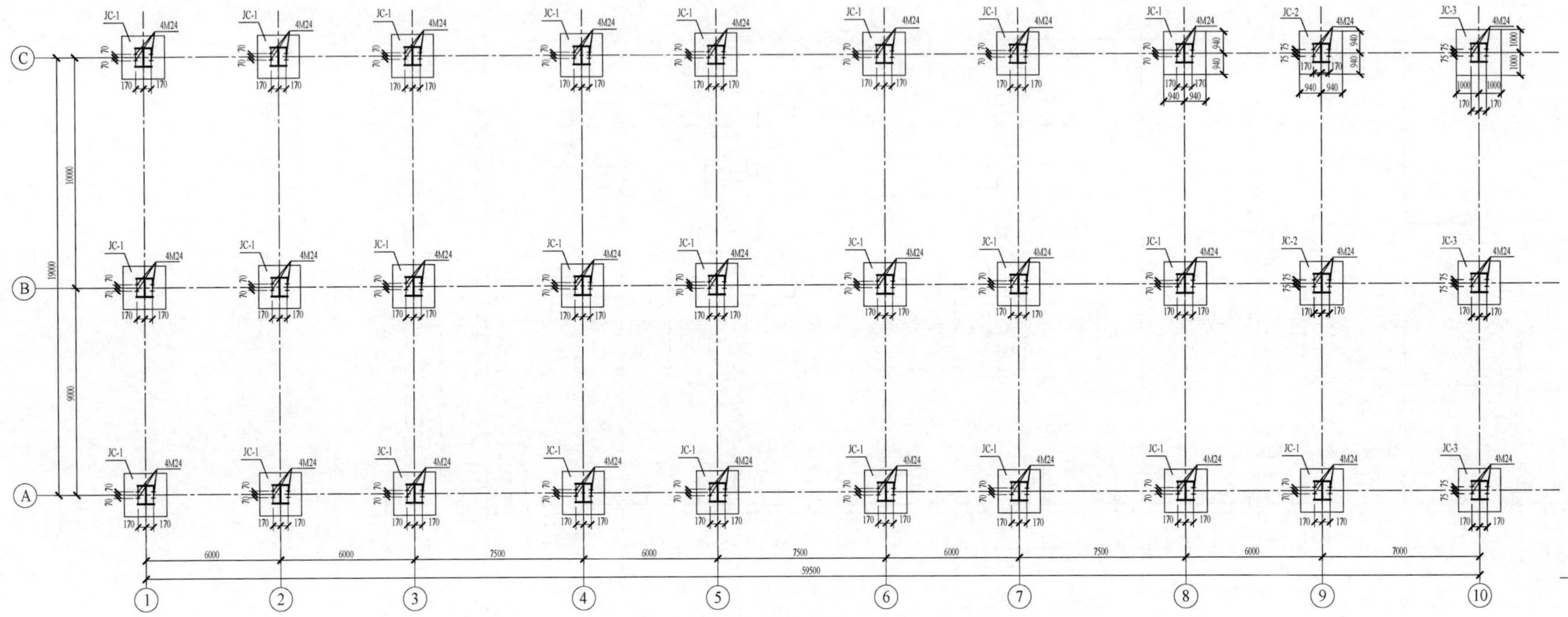

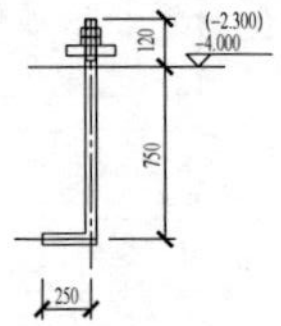

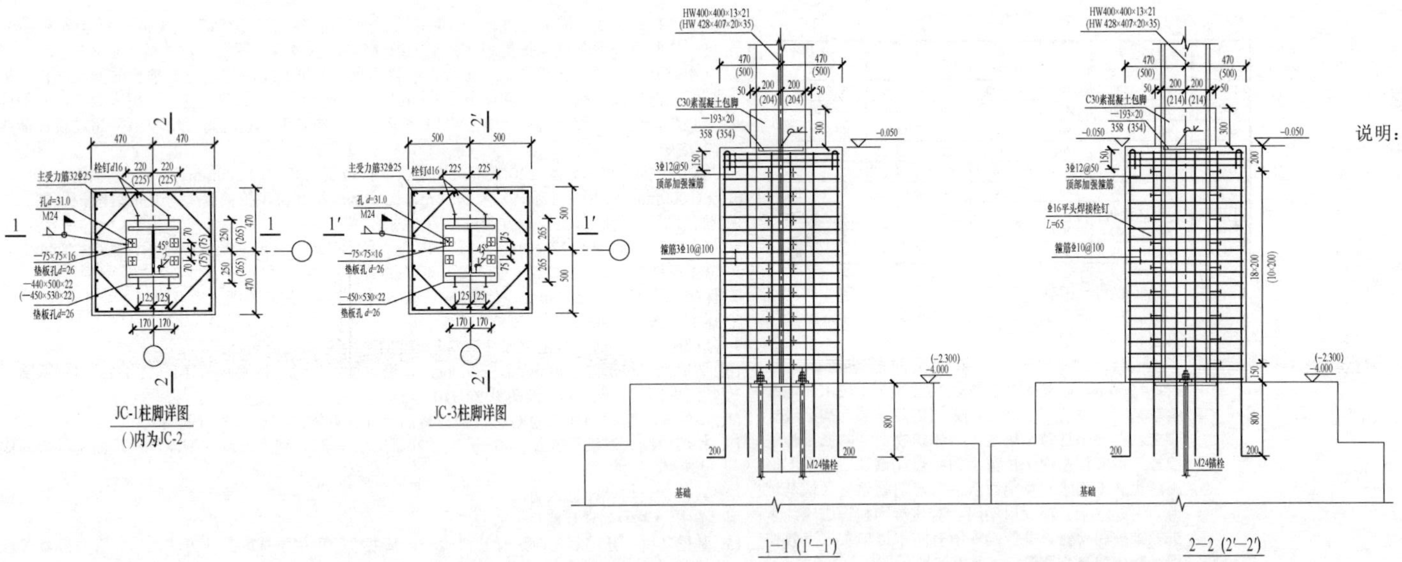

说明：1. 柱构造参见《混凝土结构施工图平面整体表示方法制图规则和构造详图》（22G101－1）。

2. 材料：柱混凝土：C30，混凝土保护层厚度为35mm。锚栓材质为Q355B，钢筋为HPB300（Φ）、HRB400（Φ）。

3. 锚栓埋设前应与基础图纸仔细核对；锚栓定位误差应满足设计要求。

4. 锚栓定位后应可靠固定避免浇筑时偏移；浇筑混凝土时锚栓螺纹应包裹避免污染。

5. 锚栓的弯折必须冷弯；混凝土柱浇筑时必须保证混凝土柱顶面在同一标高，允许误差不大于3mm。

6. 预埋锚栓时须套模施工，以确保锚栓间距和垂直，允许误差不大于2mm。

7. 锚栓定位后须与基础内钢筋笼焊牢，或按图集《多、高层民用建筑钢结构节点构造详图》（16G519）中第41页要求设置锚栓固定支架。钢柱安装完成后螺母须与垫板焊接。

图6－8 HE－110－A2－4－T0202－02 柱脚螺栓布置图

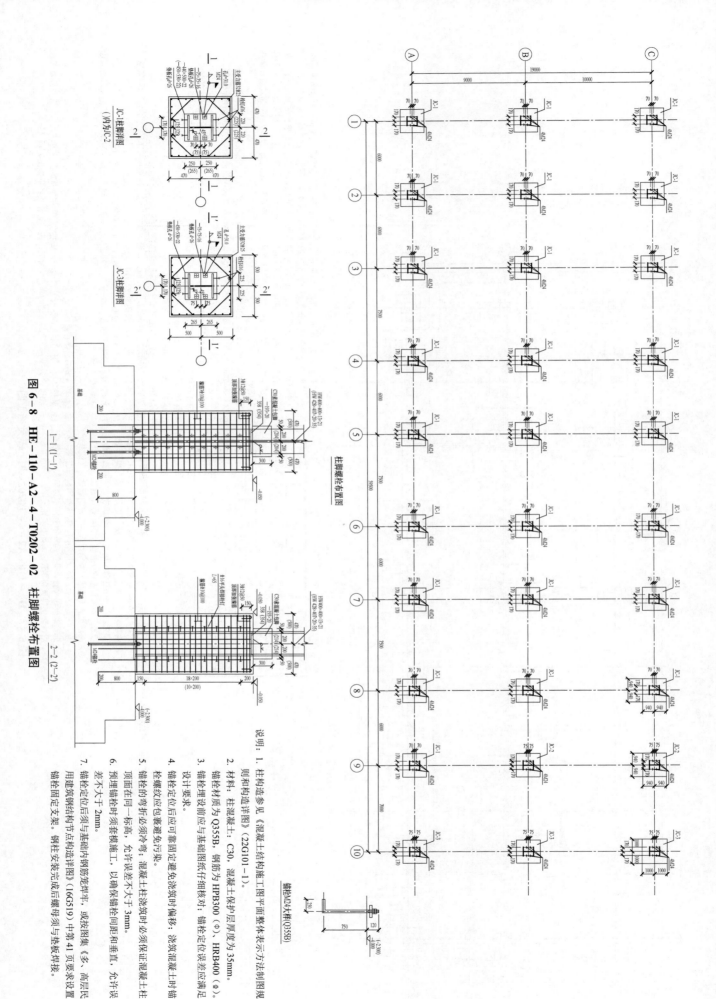

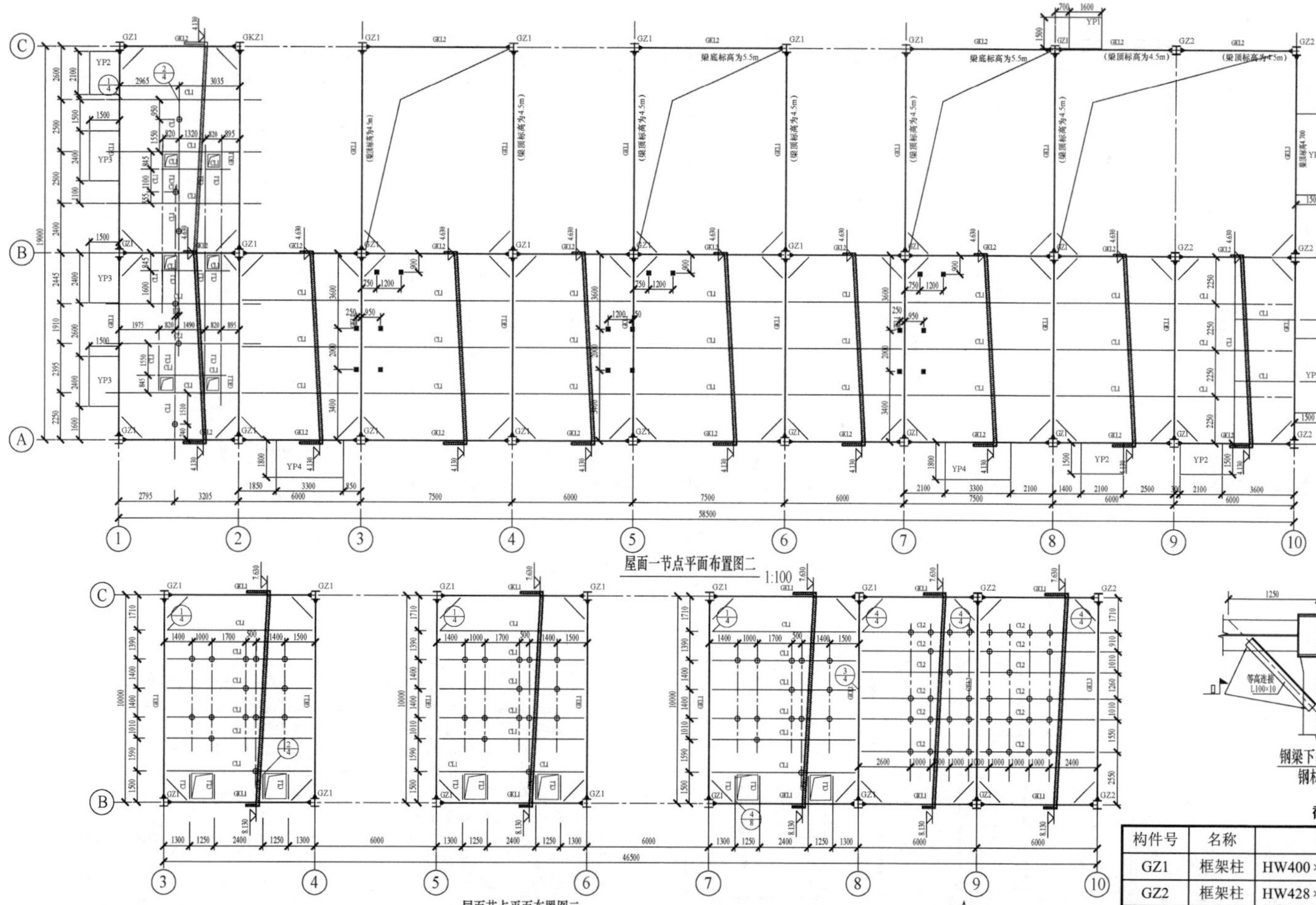

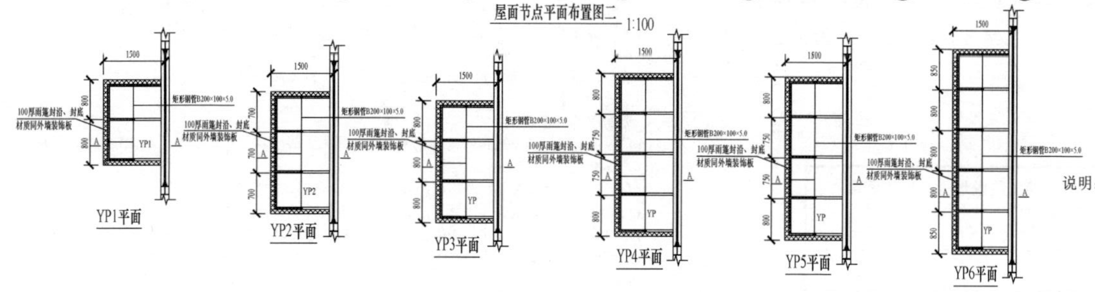

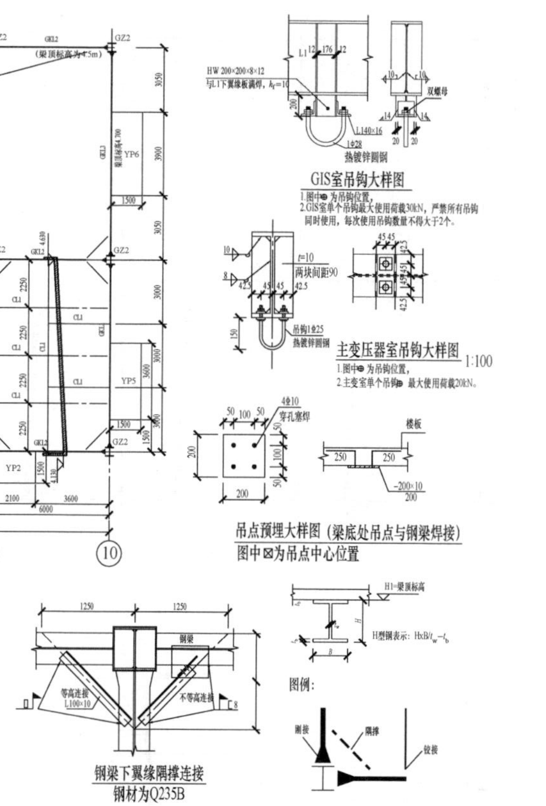

截面表

构件号	名称	截面	材质	备注
GZ1	框架柱	HW400×400×13×21	Q355B	
GZ2	框架柱	HW428×407×20×35	Q355B	
GKL1	框架梁	HM550×300×11×18	Q355B	
GKL2	框架梁	HN400×200×8×13	Q355B	
GKL3	框架梁	HN700×300×13×24	Q355B	
CL1	框架梁	HN400×200×8×13	Q355B	
CL2	框架梁	HN550×200×10×16	Q355B	

说明：1. 本图中梁钢材均为 Q355B；构件钢材材质见截面表，材质要求应符合《碳素结构钢》（GB/T 700）的各项规定。

2. 钢梁顶面标高见 H1－0.130，H1 为板顶标高。

3. 钢框架梁与柱接头采用刚性连接，节点区域梁翼缘采用熔透等强对接焊缝；梁腹板采用 10.9 级摩擦型高强螺栓连接。

4. 框架梁与柱交界处，在梁下翼缘设置支撑，见图示所示，具体另见详图。

5. 高强螺栓所连接的构件连接接触面，经喷砂处理后，其摩擦面的抗滑移系数。Q235B 钢为 0.40；Q355B 钢为 0.40；在施工前应做抗滑移系数试验。

6. 宜按先焊后栓的方式进行施工：在工厂将拼接短梁与框架柱按节点详图焊好，现场进行钢梁翼缘及腹板的栓接。运输过程中应采取有效的保护措施，防止短梁与柱的焊接部位变形或损伤。

7. 各平面四周边钢梁结合外挂墙板布置均设置横向加劲肋，对称布置间距小于 600mm。

8. 钢梁跨度大于 4m 时，加工时应预起拱，起拱值为 $L/400$。

9. 其他见钢结构部分施工总说明。

图 6－9　HE－110－A2－4－T0202－03　屋面结构平面布置图

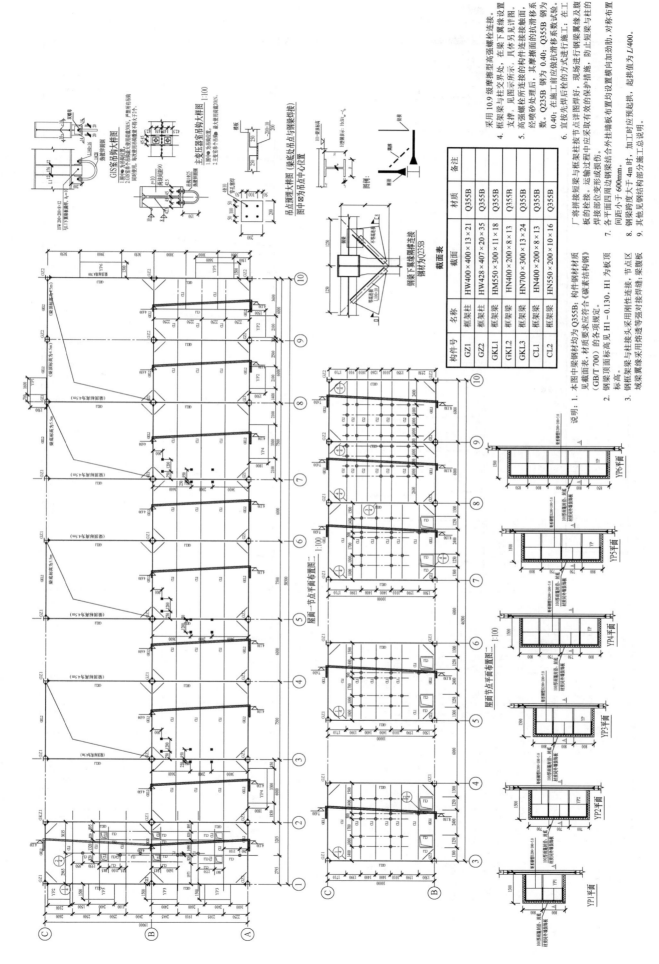

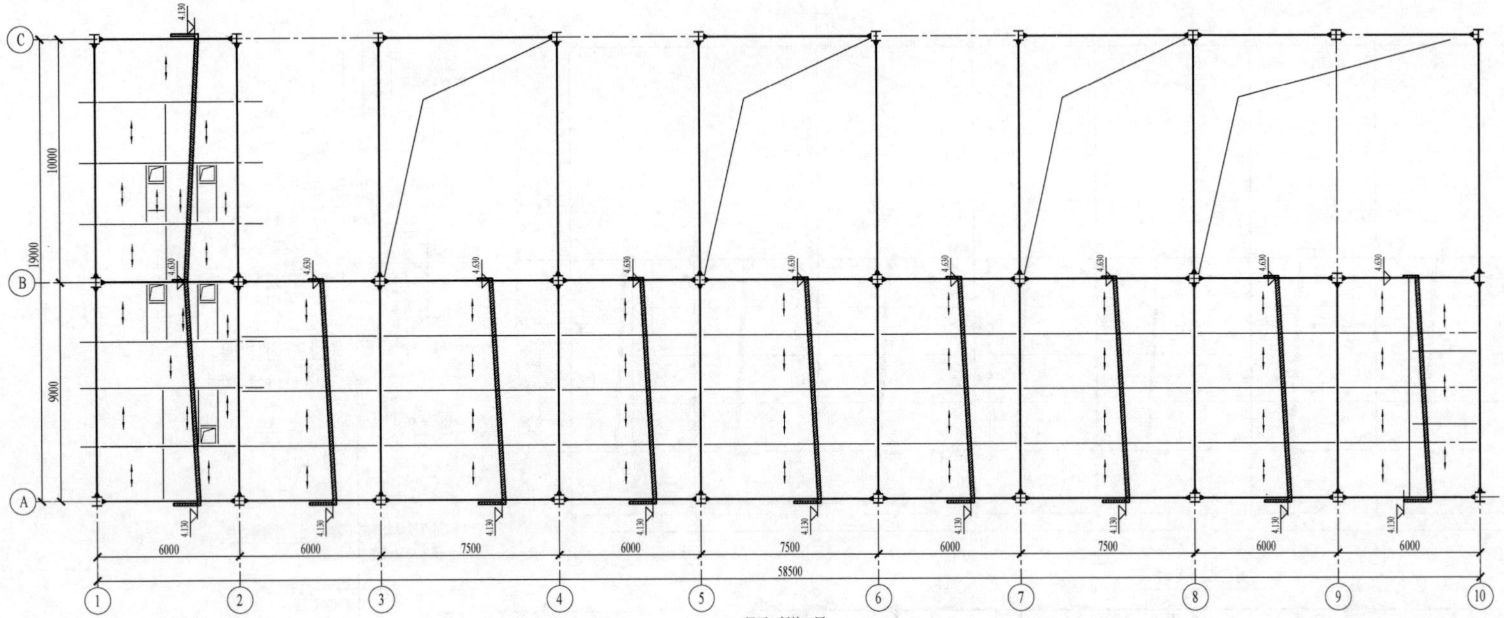

屋面一板施工图

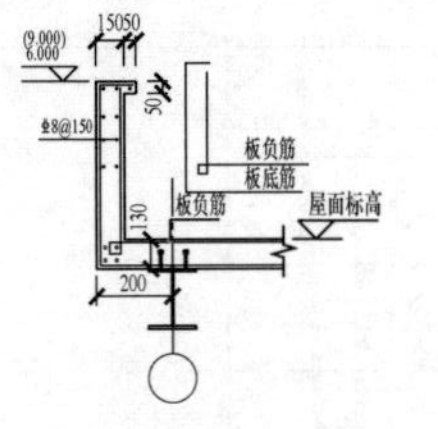

女儿墙做法

女儿墙外侧埋件定位尺寸与厂家联系

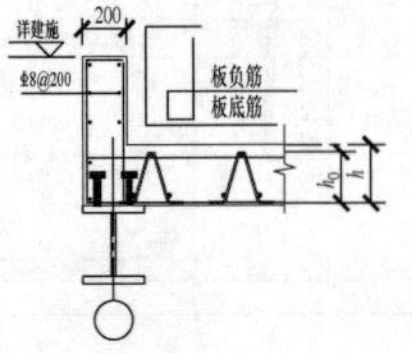

风机支座做法

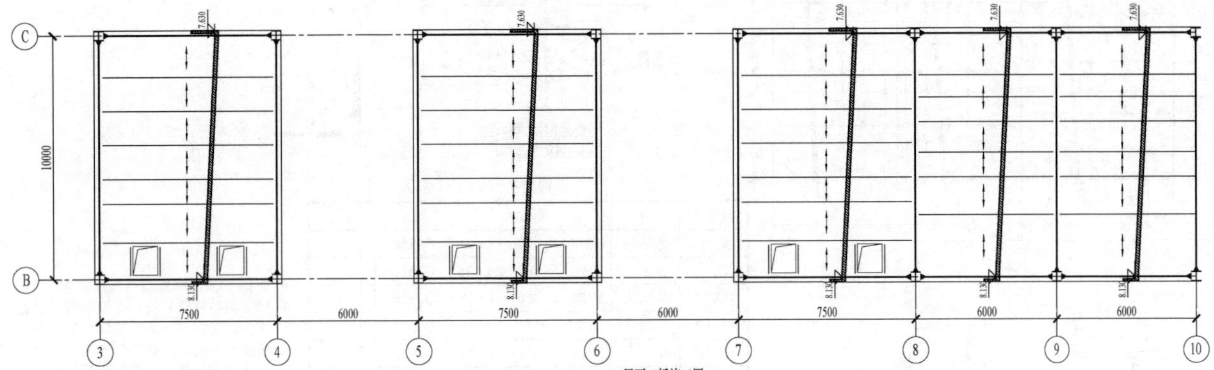

屋面二板施工图 1:100

说明：1. 图中⬍表示楼板的铺设方向，楼承板方向均垂直于次梁方向布置。楼板采用 HB2－100 钢模板自承式楼板，楼板总厚度为 130mm 楼板浇注混凝土前本层内所有钢筋必须全部绑扎完毕，检查无误后方可浇注混凝土，施工时楼板上的混凝土不可堆积，施工荷载不大于 1.5kN/m²。在垂直于钢筋桁架楼承板方向连桥、非连桥部分上、下均布置Φ8@100 通长钢筋。

2. 楼板钢筋保护层厚度为 15mm，钢筋搭接长度为 35*d*，并不小于 300mm，Φ表示 HPB300 级钢筋，Φ表示 HRB400 级钢筋，楼、屋面板混凝土标号为 C30。

3. 钢筋遇到洞口时截断，截断处离混凝土边缘 15mm，并按相应楼板开洞节点进行处理；所有洞口需配合工艺及建筑予以预留，不得后凿；各管井处需等设备管安装好后，再浇楼板。预埋件应配合各专业要求事先预埋。

4. 栓钉应采用《电弧螺柱焊用圆柱头焊钉》（GB/T 10433）规定的 M15 或 M15AL 钢制作，梁上栓钉均为 2f16@188。

5. 柱周围的自承式模板搭在柱上角钢 L100×6 上，且在有柱的地方现场切割，构造见详图。

6. 楼板施工时所有楼面上层钢筋布置于钢筋桁架上层钢筋之下；楼层下层钢筋布置于钢筋桁架下层钢筋之上。钢筋支座处楼板搭接、连接详图见楼承板节点详图。

7. 结构板边线需结合建筑施工图，以建筑图为准。

8. 楼板混凝土强度未达到 100%设计强度前，不得在楼层面上附加任何其他荷载，也不得拆除临时支撑。

9. 临时支撑设置要求：

（1）施工阶段为简支或两跨连续的钢筋桁架模板，跨度超过一定范围时，需在跨中设置临时支撑。

（2）遇边梁有悬挑板时，悬挑板距离超过 150mm 时，均应设置临时支撑。

（3）楼承板边无梁或其他可靠支点时，应设置临时支撑，且临时支撑宜支撑在下层楼面上。

（4）所有临时支撑的设置，需保证其刚度及稳定可靠，临时支撑间距不得超过 3m。

（5）模板的临时支撑如支撑在下层楼面上，需下层楼面的混凝土强度到达设计值的 100%后方能设置。

10. 本说明适用于后续楼、屋面板图纸。需严格按照该规范相关内容进行施工。

钢筋桁架楼承板材料表

楼承板型号 \ 材料	上弦钢筋	下弦钢筋	腹杆钢筋	h_t	底模钢板	施工阶段最大无支撑跨度	
						简支板	连续板
HB2－100	10mm	10mm	5mm	100mm	0.5mm	3.3m	3.8m

注：1. 上、下弦钢筋采用热轧钢筋 HRB400 级，腹杆钢筋采用性能等同 CRB550 的冷轧钢筋。

2. 底模板屈服强度不低于 260N/mm²，镀锌层两面总计不小于 120g/m²。

图 6－10 HE－110－A2－4－T0202－04 屋面板平法施工图

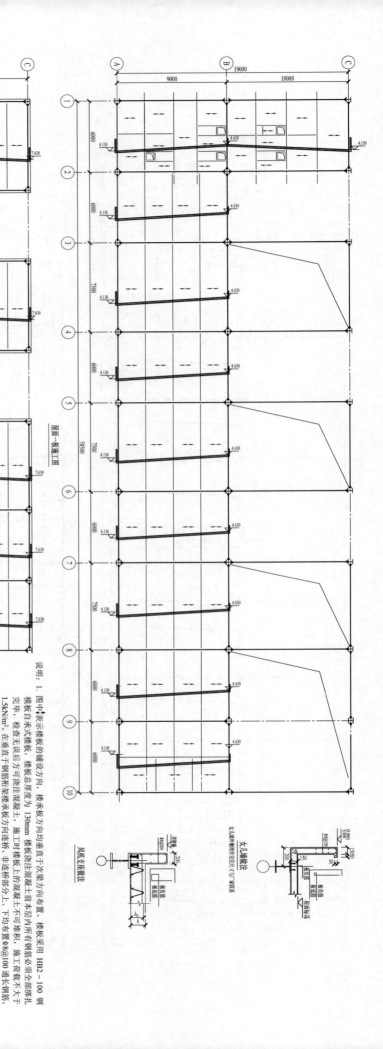

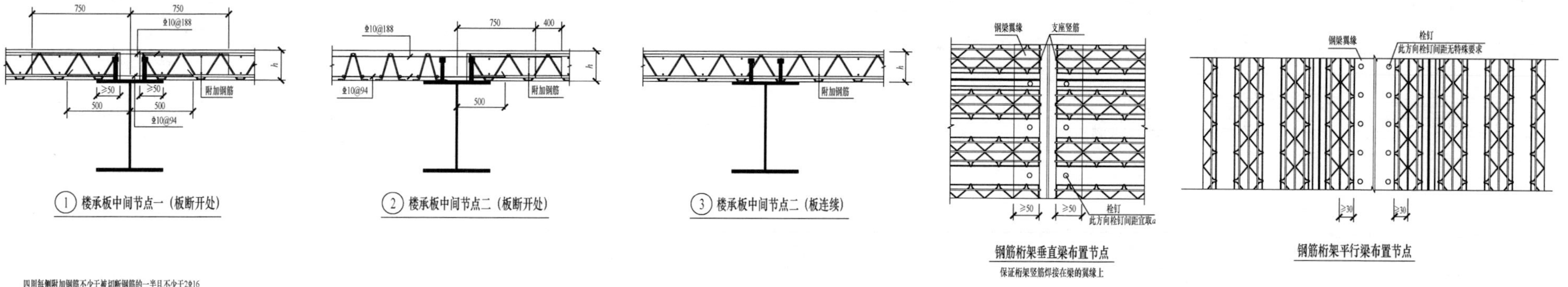

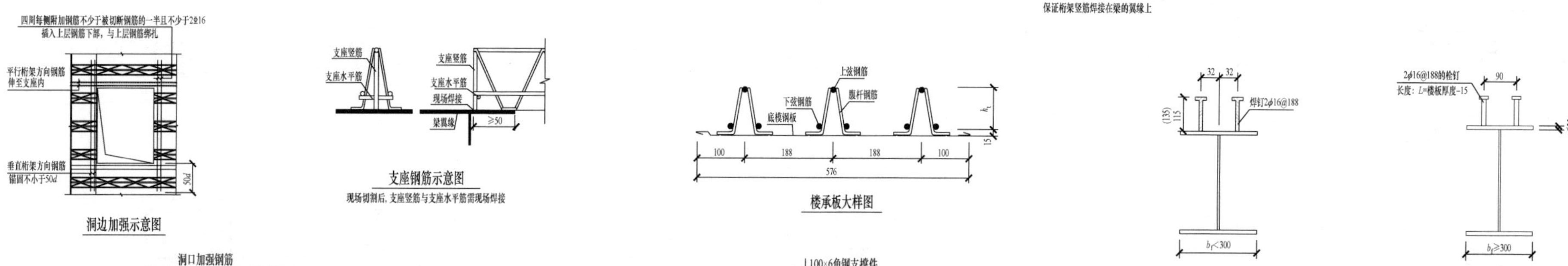

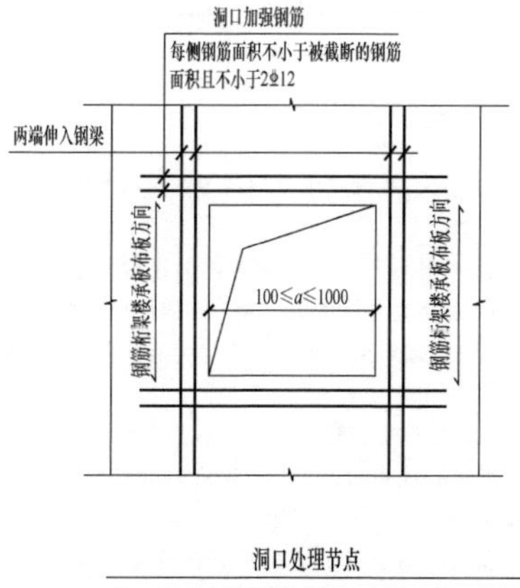

注：开孔处必须按设计要求设洞边加强钢筋及其模板，待楼板混凝土达到设计强度时候，方可切断钢筋，桁架模板的钢筋及钢板。

洞口处理节点

注：开孔处必须按设计要求设洞边加强钢筋及其模板，待楼板混凝土达到设计强度时候，方可切断钢筋，桁架模板的钢筋及钢板。

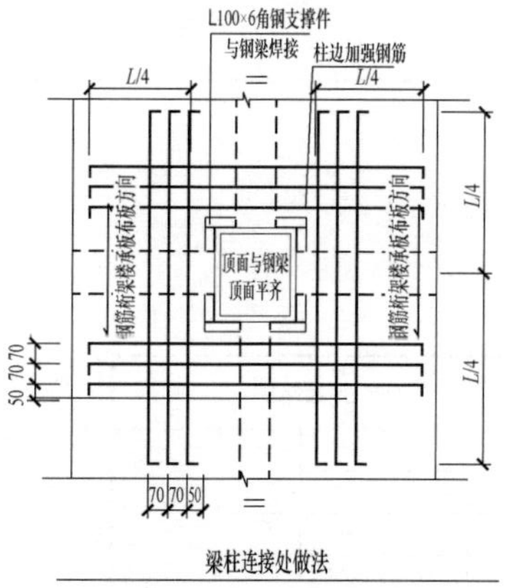

梁柱连接处做法

注：加强钢筋，每边不少于3⌀12，插入上层钢筋下部，与上层钢筋绑扎。

钢筋桁架式楼承板说明：

1. 现场附加钢筋详见平面图。
2. l_a为钢筋最小锚固长度，L为楼板短跨计算长度。
3. 钢筋桁架楼承板遇柱时，现场切割多于部分板。切割后应现场焊接支座竖筋。
4. 楼层板施工应满足《组合楼板设计与施工规范》（CECS 273）要求。

图 6-11　HE-110-A2-4-T0202-05　结构节点详图（一）

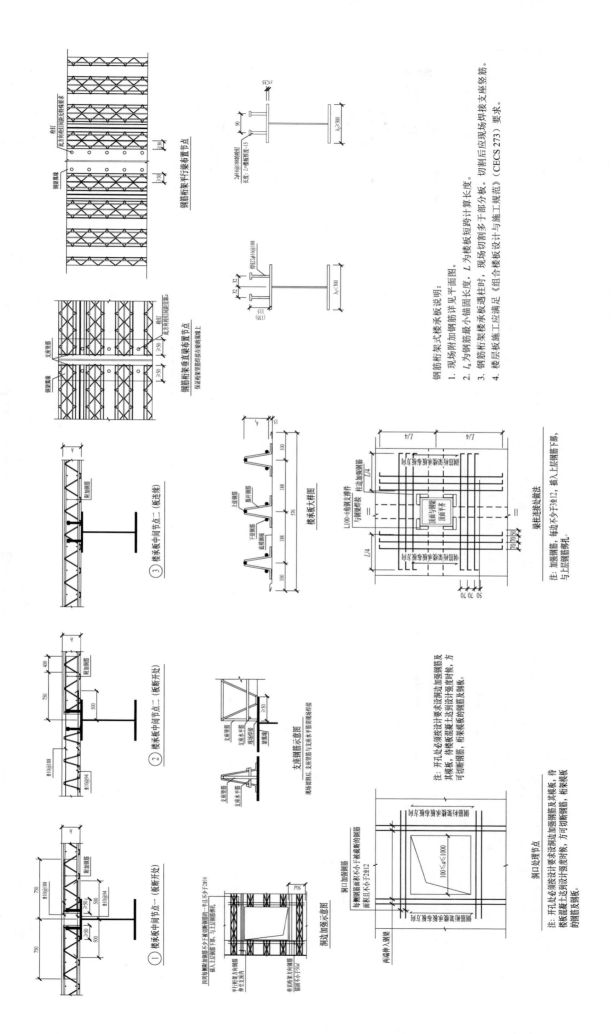

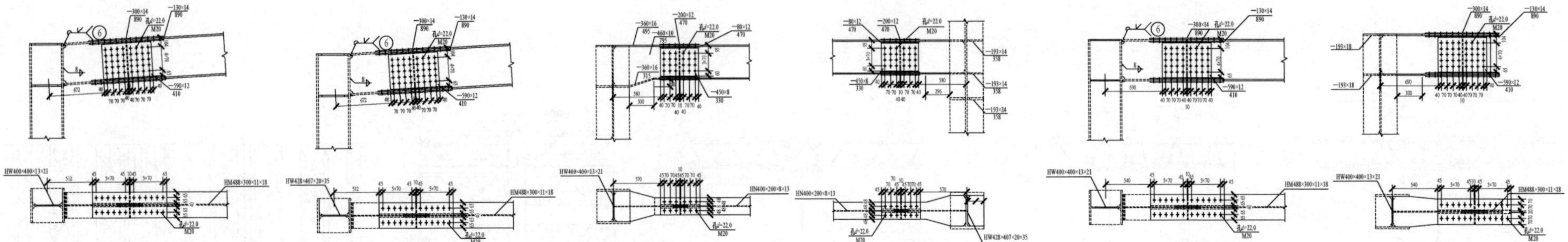

梁柱节点1　梁柱节点2　梁柱节点3　梁柱节点4　梁柱节点5　梁柱节点6

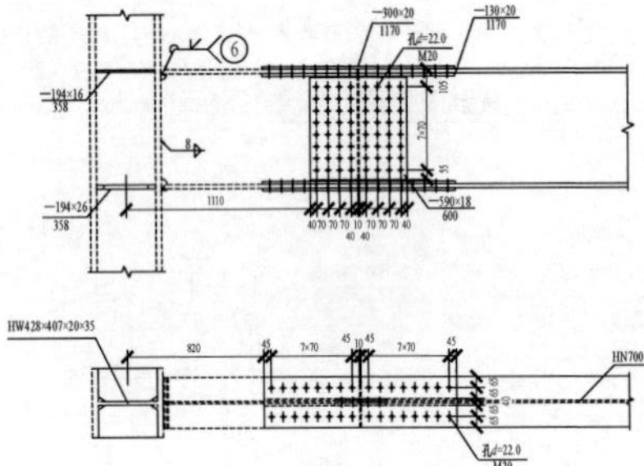

梁柱节点7

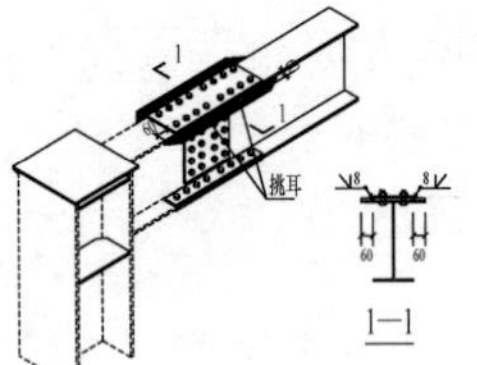

挑耳节点详图

本工程执行《国网基建部关于发布基建新技术目录的通知》（基建技术〔2020〕1号）"装配式建筑钢梁结构全焊接技术（推广应用类）"，节点采用钢梁连接+底模切割+挑耳。

连接类型	焊缝代号	坡口形状示意图	标注样式	焊透种类	焊接方法	板厚 t（mm）	焊接位置	坡口尺寸（mm）			备注
主要用于构件节点区及肋板焊接	⑥	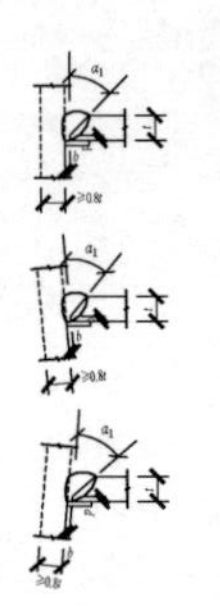		全焊透焊接	焊条手工电弧焊	≥6	F，H，V，O（F，V，O）	b	α_1	p	T形
								6	45′	0～2	
								10	30′		
					气体保护焊自保护焊		F，H，V，O	b	α_1	p	
								6	45′	0～2	
							F	10	30′		
					埋弧焊	≥10	F	b	α_1	p	
								6	45′	2	
								10	30′		

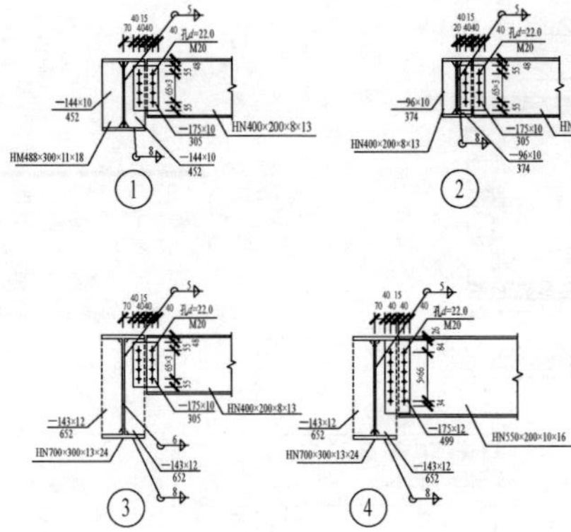

连接类型	焊缝代号	坡口形状示意图	标注样式	焊透种类	焊接方法	板厚 t（mm）	焊接位置	坡口尺寸（mm）			备注
主要用于构件及板材拼接	4a	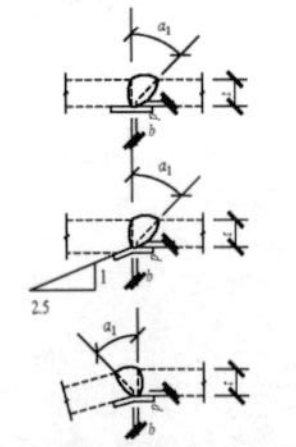		全焊透焊接	焊条手工电弧焊	≥6	F，H，V，O	b	α_1	p	一形
								6	45′	0～2	
					气体保护焊自保护焊		F，H，V，O（F）	b	α_1	p	
								6	45′	0～2	
								10	30′		
					埋弧焊	≥10	F	b	α_1	p	
								6	45′	0～2	
								10	30′		

说明：1. 钢框架梁与柱接头采用刚性连接，节点区域梁翼缘采用全熔透等强对接焊缝；梁腹板采用10.9级摩擦型高强螺栓连接。

2. 高强螺栓所连接的构件连接接触面，经喷砂处理后，其摩擦面的抗滑移系数：Q235B钢为0.40；Q355B钢为0.40；在施工前应做抗滑移系数试验，连接板材质Q355B。

3. 宜按先焊后栓的方式进行施工：在工厂将拼接短梁与框架柱按节点详图焊好，现场进行钢梁翼缘及腹板的栓接。

4. 梁与柱（强轴）刚接时，水平加劲肋应设置于柱上相连的梁上下翼缘的位置上，且水平加劲肋的水平中心线应与梁翼缘的水平中心线重合；加劲肋需在柱腹板两侧对称设置，加劲肋厚度同梁翼缘厚度（两边梁规格不同时，取厚度较大者，且不小于10mm）。水平加劲肋的自由外伸宽度与加劲肋厚度之比需小于14，图中外伸宽度仅为示意。

5. 与柱翼缘连接之短梁翼缘和腹板板厚和其所刚接的框架梁一致；与柱腹板连接之短梁翼缘作为水平加劲肋用，见说明4，短梁腹板厚度与其所刚接的框架梁一致。

6. 梁梁连接时所用连接板厚度同腹板厚度。

7. 其他见钢结构部分施工总说明。

图6－12　HE－110－A2－4－T0202－06　结构节点详图（二）

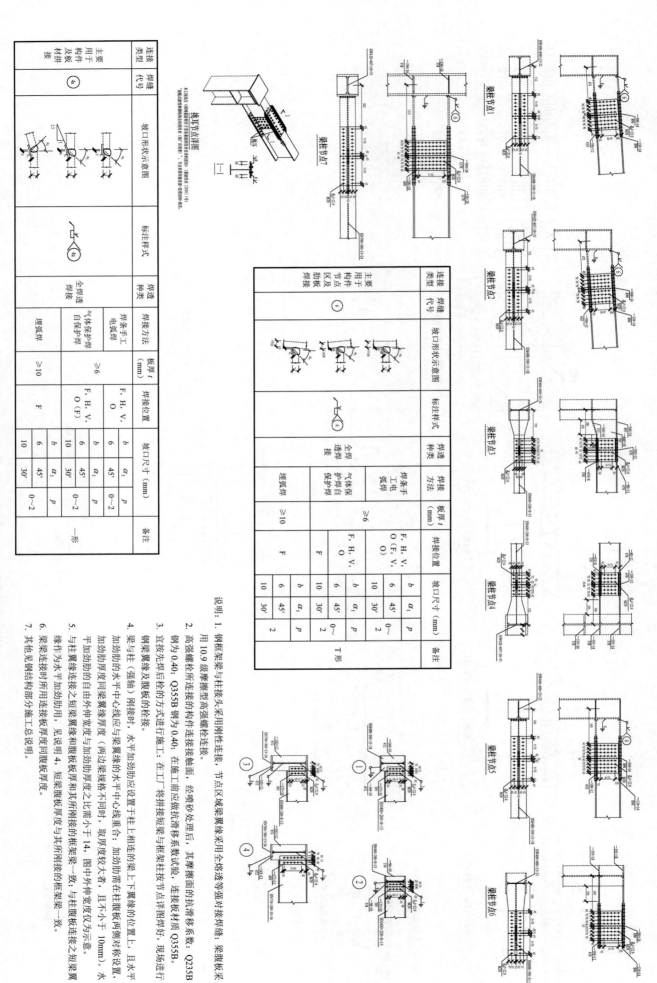

7　HE－110－A3－3配电装置室技术方案

7.1　建 筑 设 计 说 明

一、概况

建筑名称：配电装置室　建筑工程等级：二级

建设单位：　建筑总高度：6.0～9.6m（室外地坪至女儿墙顶）

建筑面积：785m^2　屋面防水等级：Ⅰ级

建筑层数：一层　设计使用年限：50年

火灾危险性分类：丙类　耐火等级：二级

抗震设防烈度：7

二、设计依据

（1）×××110kV新建工程合同书。

（2）当地规划部门提供的规划红线图和设计要点以及业主提供的设计要求。

（3）现行的国家有关建筑设计规范、规程和规定。

三、标高及单位

（1）本工程室内设计标高±0.000m相当于1985国家高程基准××.××m，总平面定位详总平面图。

（2）建筑图中所注各层标高为完成面标高，屋面标高为结构面标高。

（3）本工程施工图纸标高以米（m）为单位，尺寸以毫米（mm）为单位。

四、建筑主要用材及构造要求

1. 墙体

（1）本工程砌体施工质量控制等级为B级。

（2）±0.000以上砌体：MU15混凝土实心砖、M10混合砂浆砌筑。建筑物周圈墙体砌筑至0.300m（门洞口处除外），砌体顶部设圈梁，圈梁截面尺寸及配筋详见T0202－04图。

（3）纤维水泥板：外挂26mm厚纤维水泥板＋竖向龙骨（外墙板连接件）（由厂家提供）＋墙梁（由厂家提供）＋自粘性防水隔汽膜（自攻钉加固）＋150mm厚轻质条板保温层（耐火极限3h）＋6mm厚纤维水泥板（室内）。外挂纤维水泥板采用横向排版，墙板尺寸为1220mm×2400mm。150mm厚轻质条板采用竖向排版，墙板尺寸为610mm×2400mm。

主要安装流程：主体结构、墙梁安装后，再现场进行安装150mm厚轻质条板预埋管线、预留墙洞及凹槽　安装内外侧纤维水泥板。

（4）内墙板：两侧内墙板＋中间保温层组成。内墙板采用6mm厚纤维水泥饰面板，中间保温层2×75mm厚轻质条板（两层条板中间留38mm空腔）。

轻质条板采用竖向排版，墙板尺寸为610mm×2400mm，纤维水泥饰面板采用竖向排版，墙板尺寸为1220mm×1220mm。

主要安装流程：先安装75mm厚轻质条板，再安装两侧6mm厚纤维水泥饰面板。

轻质条板内隔墙连接节点、埋管及开关、插座等做法详见图集10J113－1第D1～D17页。

（5）钢柱防火做法：先涂非膨胀型防火涂料GTt－NRF－F_t3.0，耐火极限达到3.0h，再外包6mm厚纤维水泥饰面板，内填满岩棉，如图7－1所示。

（6）钢梁防火做法：主变压器侧采用非膨胀型防火涂料 GtT－NRF－F_t3.0，耐火极限不低于3h；其他钢梁采用膨胀型防火涂料GT－NRF－F_t1.5，耐火极限不低于1.5h；有墙体处钢梁外包纤维水泥饰面板做法如图7－1所示。

另：根据电气专业要求，穿墙套管板（靠近主变压器侧）安装完毕后，涂非膨胀型防火涂料GT－WSF－F_t3.0，耐火极限不低于3.0h。此处防火涂料颜色与外墙板颜色一致。

（7）外墙采用纤维水泥复合墙板，最终应根据甲方要求的外观效果定墙板型号。

（8）泛水、电穿墙管线、固定管线、插头、门窗框连接等构造及技术要求由制作厂家提供，或参见相应的技术规程。

2. 楼地面

（1）本工程楼地面做法详见材料作法表和房间装修用料表。

（2）除特殊注明外，门外踏步，坡道，混凝土垫层厚度做法同相邻室内地面。

（3）凡室内经常有水房间，楼地面应找不小于1%排水坡坡向地漏，地漏应比本房间楼地面低 20mm。常有水的房间贴瓷砖前在找平层上刷 2 厚水泥基弹性聚合物防水涂膜，高度 2200mm，以防墙面和地面渗水。

（4）卫生设备包括洗面盆，污水池，便器均为优质成品，由业主自理，凡管道穿过楼板须预埋套管，高出地面 20mm，预留洞边做混凝土坎边，高 50mm。

3. 屋面

（1）本工程屋面防水等级为Ⅰ级。具体要求见《屋面工程技术规范》（GB 50345）及《建筑与市政工程防水通用规范》（GB 55030）。

（2）屋面基层与突出屋面结构（女儿墙，墙身）的转角处水泥砂浆粉刷均做成圆弧或钝角。

（3）凡管道穿屋面等屋面留孔位置须检查核实后再做防水材料，避免做防水材料后再凿洞。

（4）屋面排水雨水斗选用 PVC 雨水斗，穿女儿墙处雨水斗选用标准图制作，屋面找坡坡向雨水口，雨水口位置及坡向详见屋面排水图。

（5）本施工图未表示的防水构造参见国家标准图集中与本工程防水等级相符的构造节点，严防有渗漏。

4. 室外装修

（1）外墙饰面材料部位、分格及颜色均参见本设计立面图。

（2）纤维水泥采用的规格、颜色等，均由施工单位提供样板，经建设方，监理方和设计单位确认后进行封样，并据此验收。

（3）本方案建筑立面采用纤维水泥复合墙板，具体做法可根据厂家和甲方要求进行调整。

5. 室内装修

一般装修见材料做法表及房间装修用料表。

6. 门窗

（1）门窗选用见门窗表，断桥铝合金门窗、外门窗玻璃采用中空玻璃；卫生间的窗采用磨砂玻璃。门窗可加板材门窗套。门加闭门器。

（2）建筑外门窗抗风压性能分级不得低于 4 级，气密性能分级不得低于 3 级，水密性能分级不得低于 3 级，保温性能分级为 7 级，隔音性能分级为 4 级，外门窗采光性能等级不低于 3 级。技术要求达到国家现行有关规程规范的规定，其设计、制作、安装应由有资质的专业公司承担。玻璃门应采用安全玻璃，并应采用保护措施（须设行醒目标志）。

（3）本图所有门窗立面均为外视立面图，所注门窗尺寸均为洞口尺寸，细部尺寸由加工制作厂按装修要求确定。立面图仅表示分樘，门及开启窗的位置与形式以及相关尺寸，复杂者应现场放样无误后再行制作，经与设计院协商后可作局部调整，技术要求、断面构造由生产厂家提供加工图纸，并按设计要求配齐五金零件，经设计单位及使用单位认可后方能施工。

（4）门窗玻璃的选用应遵照《建筑玻璃应用技术规程》（JGJ 113）和《建筑安全玻璃管理规定》（发改运行〔2003〕2116 号）及地方主管部门的有关规定。

（5）门窗立樘位置均与外墙装饰面平，窗户均须增加护栏。设备房间朝西窗户加防晒模。

（6）防火门均装闭门器，双扇防火门均装顺序器；防火门均为钢门，门轴为不锈钢材料，门内应装不用钥匙即可开启的弹簧锁，严禁使用门闩。

（7）设备间外窗及设备管井，风井百页应内衬金属防虫网。

7. 防水、防潮

（1）屋面防水：本工程屋面防水等级为Ⅰ级，三道防水设防，柔性防水层采用 3.0 厚高聚物改性沥青防水卷材两道，隔离层 0.4 厚聚乙烯膜一层涂料或粒料。屋面落水管采用 PVC 管ϕ110，屋面落水口采用 65 型铸铁落水头。雨篷排水为有组织排水，雨篷落水管采用 PVC 管ϕ50。

（2）卫生间防水：① 隔墙根部加 300mm 高 C20 混凝土基带，宽度 200mm。② 凡有水房间，楼面找坡不小于 1%，坡向地漏或排水口；凡管道穿越房间，须预埋套管，高出地面 30mm。

（3）墙身防潮（砌体墙）在室内地面以下标高－0.06m 处做防潮层，防潮层做法为 20mm 厚 1:3 水泥砂浆加 5%防水剂。

（4）屋面等浸水部位的钢筋混凝土楼板沿墙体翻起 300mm，厚同墙。

五、消防设计

1. 建筑类别和耐火等级

本工程属于丙类二级工业建筑，建筑高度为 6.0～9.6m（女儿墙顶至室外地坪）；建筑耐火等级二级。

2. 总平面

本工程与周围建筑的间距符合规范要求的防火间距，建筑周边道路形成环形消防通道或设回车道，消防车道净宽等于或大于 4m。

3. 防火分区

本工程共分 1 个防火分区，每个防火分区均有直通室外的安全出口。

4. 安全疏散

每个防火分区均满足至少有两个安全出口。所有房间门到安全出口的距离、大厅或房间内最远一点到门口的距离，均满足规范要求。

5. 建筑防火构造

（1）所有土建及设备装修材料均需满足相应防火规范要求，施工时必须按工程消防要求进行施工，各项防火措施均应符合有关规范的规定。二次装修应符合《建筑内部装修设计防火规范》（GB 50222）的要求，不得任意改变本施工图各项防火设计要求。

（2）甲级防火门窗耐火极限 1.2h，乙级防火门窗 0.9h，丙级防火门窗 0.6h。防火门的设置：应具有自闭功能。双扇防火门应具有按顺序关闭的功能；常开防火门应能在火灾时自行关闭，并应有信号反馈的功能。

（3）室内所有隔墙无论吊顶与否均需至梁、板底部，且不宜留有缝隙。

6. 室内消火栓灭火系统

本建筑物为高度不大于 10m，体积大于 $3000m^3$ 的丙类建筑，根据规范设室内外消防给水系统。

六、噪声防治

变电站噪声对周围环境的影响必须符合《工业企业厂界噪声排放标准》（GB 12348）和《声环境质量标准》（GB 3096）的规定。

七、其他

（1）室外工程如雨水沟、管井盖板、道路、铺地覆土等参见总平面施工图。

（2）预埋木砖均须做防腐处理，露明铁件均须做防锈处理。

（3）凡涉及颜色、规格等的材料，均应在施工前提供样品或样板，经建设单位和设计单位认可后，方可订货加工、施工。

（4）电缆沟出口处，在电缆敷设后用新型防火堵料堵塞严密，施工详见电气图。

（5）本设计台阶、散水均应待主体完工后再行施工，台阶向外做 1%坡度，散水向外做 5%坡度，散水每隔 4m 做 20mm 宽伸缩缝一道，内填沥青砂浆，并注意避开雨水管出口处且需满足《国家电网有限公司输变电工程标准工艺变电工程土建分册》（2022 年）第十八节　散水相关要求。

（6）本工程施工图应与各专业设计图密切配合施工，如预留孔洞及预埋电气管道线等。设计未尽事项，在施工中各方应及时沟通，共同商定。遇有图纸矛盾时，请与各专业主设人及工程负责人联系。

（7）使用本图施工时，应与国家现行相关规范、标准、国标、省标图集以及国网公司质量通病防治要求、国网公司标准工艺配合使用，本工程除注明者外均应严格遵照国家现行的施工及验收规范进行施工。

（8）本建筑物根据《建筑变形测量规范》（JGJ 8）的相关规定在建筑物四角处设置沉降观测点（根据具体工程确定）。观测点做法见国网工艺标准0101011801 建筑物沉降观测点。

（9）本图须经报政府相关部门审批后方能施工。

八、使用通用图及标准图集

1.《建筑设计防火规范》（GB 50016）
2.《火力发电厂与变电站设计防火标准》（GB 50229）
3.《屋面工程技术规范》（GB 50345）
4.《变电站建筑结构设计技术规程》（DL/T 5457）
5. 12 系列建筑设计图集（DBJT02－81－2013）
6.《内隔墙－轻质条板》（10J113－1）
7.《钢梯》（15J401）
8.《工程建设标准强制性条文》（设计部分）

九、建筑节能设计专篇

1. 设计依据

（1）《民用建筑热工设计规范》（GB 50176）。

（2）《公共建筑节能设计标准》（GB 50189）。

（3）《全国民用建筑工程设计技术措施（节能专篇）》。

2. 建筑节能设计

工业建筑不作节能设计，仅在屋面和外墙设计。

3. 窗

本工程外门窗玻璃为浅冷灰色，门窗框为国网绿。门窗和玻璃幕具有良好的遮阳功能。

外门窗的抗风压、气密性和水密性三项性能指标不应低于《建筑外门窗气密、水密、抗风压性能检测方法》（GB/T 7106）的规定。

表 7-1　工程做法及标准工艺一览表

序号	装修部位		工程做法	标准工艺名称	标准工艺编号	备注
1	屋面防水		12J1 屋 105-1F1-80B1	卷材防水	0101011201	
2	资料室、工具间	地面	BDTJ 1/13	贴通体砖地面	0101010302	
		踢脚	BDTJ 3/11	面砖踢脚板	0101010300-1	
		内墙	BDTJ 3/6	内墙涂料墙面	0101010102	
3	10kV 配电装置室、电容器室、110kV GIS 室二次设备室	地面	BDTJ 1/19	自流平地面	0101010304	
4		踢脚	1 参 12J1-踢 1A	自流平踢脚板	0101010300-1	踢脚高 120mm
5		预埋件	BDTJ —/83	普通预埋件	0101020301	
6		轴流风机	BDTJ —/68	墙体轴流风机	0101011402	
7		百叶窗	BDTJ —/69	通风百叶窗	0101011403	
8		内墙	BDTJ 3/6	内墙涂料墙面	0101010102	

续表

序号	装修部位		工程做法	标准工艺名称	标准工艺编号	备注
9	户外	台阶	BDTJ —/32	板材踏步	0101010801	
10		坡道	BDTJ —/34	细石混凝土坡道（板材饰面）	0101010901	
11		散水	BDTJ —/37	成品混凝土散水	0101011001	宽 800mm
12	其他	涂料外墙		外墙涂料墙面	0101010702	
13		窗台	BDTJ —/10	人造石材窗台	0101010201	
14		空调室外机		空调室外机布置	0101011502	
15		雨水管		雨水管道敷设	0101011702	
16		防鼠门槛		预留孔洞业主自理		
17		防蚊蝇措施		业主自理		
18		外墙贴砖墙面		外墙贴砖墙面	0101010701	

标准工艺图号选自《国家电网公司输变电工程标准工艺（六）标准工艺设计图集》（变电工程部分）。

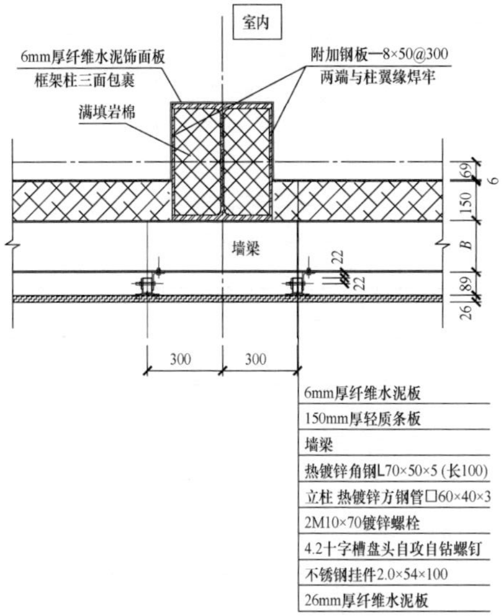

外墙板示意图一
1:20

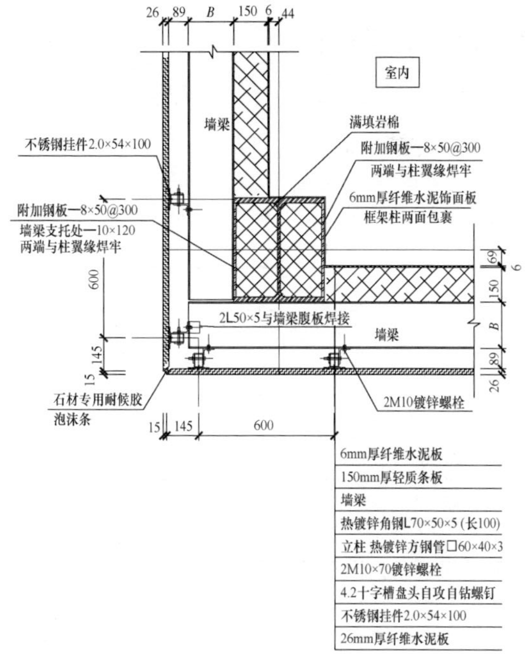

外墙板示意图二
1:20

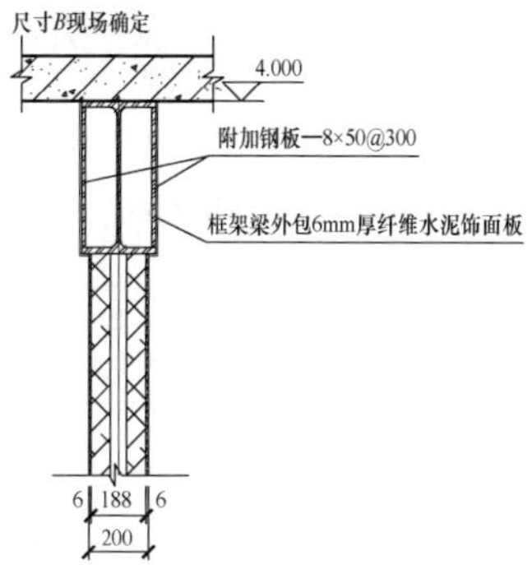

内隔墙示意图一

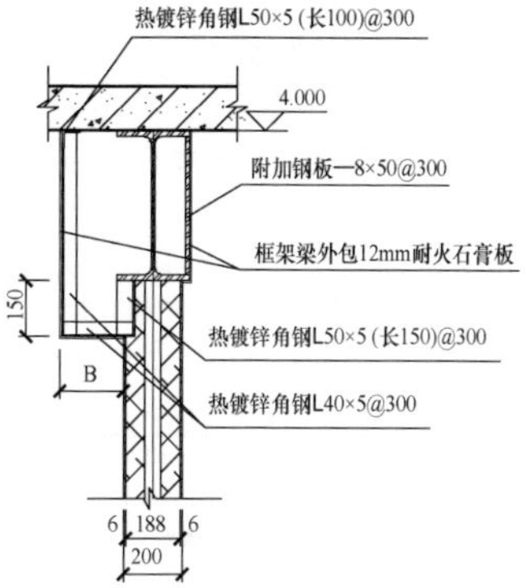

内隔墙示意图二 1:20
适用于穿线管处

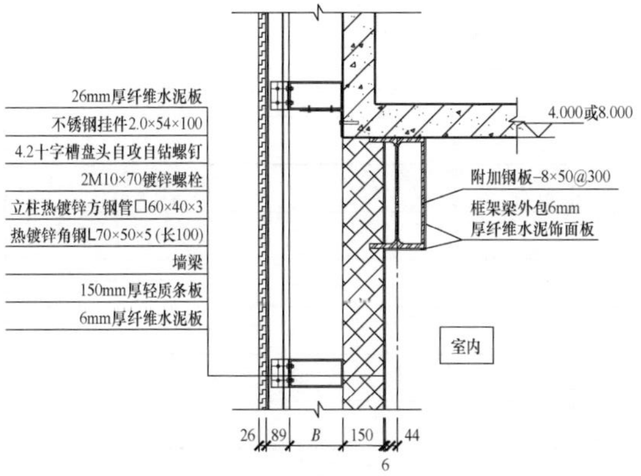

外墙板示意图三
1:20

注：1. 所有门窗均应复核现场尺寸和数量后制作。
2. 断桥铝合金窗选用 60 系列，6+12A+6 中空玻璃，窗台板为石材。所有门窗及门窗套可根据甲方要求市场购买，但应符合防火要求。卫生间采用磨砂玻璃。
3. 一层门窗均需采取可靠的防盗措施。
4. 防火门须选择经当地消防部门认可，有相应资质的专业厂家产品。
5. 断桥铝合金窗钢衬厚度不得小于 1.5mm，平开门钢衬厚度不得小于 2.0mm。
6. 以下部位应使用安全玻璃：① 玻璃每块面积大于 $1.5m^2$；② 凡距最终装修楼地面高度 900mm 以内；③ 玻璃门每块面积大于 $0.5m^2$。
7. 所有外窗设不锈钢防盗栏。
8. 所有内平开窗内侧均设不锈钢防蚊纱窗。
9. 图中所标尺寸为洞口尺寸，订货及加工时请注意，所有防盗门采用弹子锁，市场购买。

门 窗 统 计 表

种类	编号	洞口尺寸（mm）（宽×高）	选用图集	门窗选型	数量	过梁及雨篷	备注
门	FMZ1827	1800×2700	12J4–2	GFM01–1827	3	见详图	乙级钢质防火门门上开防火百叶，有效进风面积为0.47m
	M3040	3000×4000			1	见详图	成品钢制防盗门
	M2730	2700×3000			2	见详图	成品钢制防盗门
	M1021	1000×2100			2	见详图	成品钢制防盗门
	M1527	1500×2700			3	见详图	成品钢制防盗门
	M1224	1200×2400			1	见详图	成品钢制防盗门
	M0921	900×2100			1	见详图	成品钢制防盗门
窗	C1515	1500×1500	12J4–1		2	见详图	内平开断桥铝合金窗
	CB–1	1700×700			3	见详图	
	DYC0906	900×600			3	见详图	防雨百叶窗见暖通专业相关卷册
	BYC1509	1500×900			3	见详图	防雨百叶窗见暖通专业相关卷册
	BYC1506	1500×600			4	见详图	防雨百叶窗见暖通专业相关卷册

10. 门窗选购应明确抗风压、气密性和水密性三项性能指标。外窗的抗风压性能不宜低于 4 级、气密性能不低于 6 级、水密性能不低于 3 级；其性能等级划分应符合《建筑外门窗气密、水密、抗风压性能检测方法》（GB/T 7106）的规定。
11. 要求所有外门应便于从外面打开，并安装消防救援标识，以便于消防人员救援。

图 7–1 建筑节点及门窗表

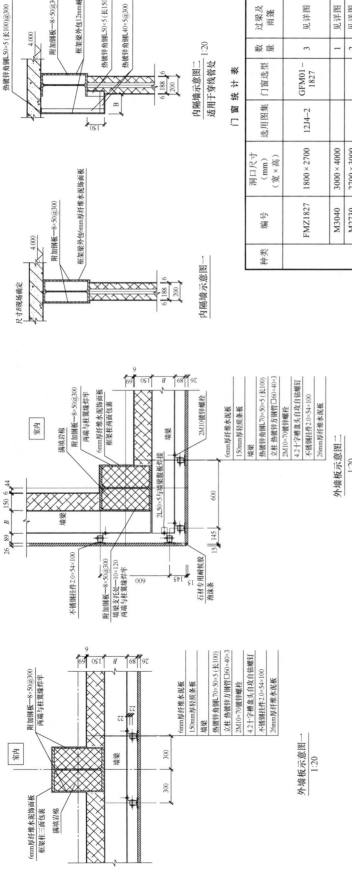

7.2 建筑设计图纸

施工图图纸目录

110kV 变电站建筑物施工图设计图集

卷册名称 配电装置室建筑施工图

图纸____张 说明____本 清册____本

序号	图号	图名	张数	套用原工程名称及卷册检索号，图号
1	HE－110－A3－3－T0201－01	配电装置室平面布置图	1	
2	HE－110－A3－3－T0201－02	配电装置室屋面布置图	1	
3	HE－110－A3－3－T0201－03	立面图（一）	1	
4	HE－110－A3－3－T0201－04	立面图（二）及剖面图	1	
5	HE－110－A3－3－T0201－05	建筑大样图	1	

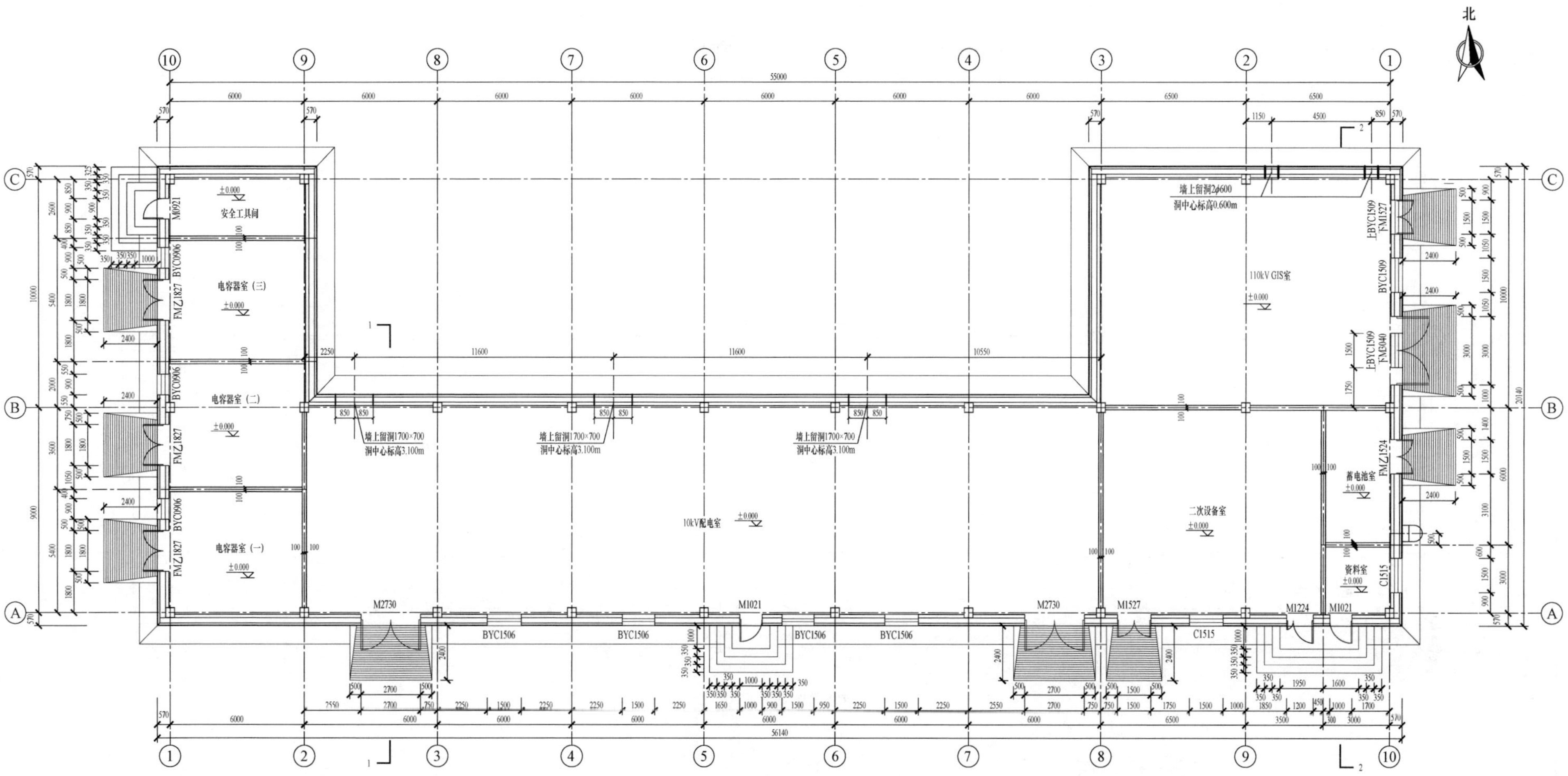

配电装置室±0.00m平面布置图 1:100

说明：1. 建筑物内所有内墙均轴线居中。

2. 建筑外墙要求厂家做二次设计，考虑檩条排板、开洞加固、门窗洞口位置封边及雨篷等问题。

图 7-2 HE-110-A3-3-T0201-01 配电装置室平面布置图

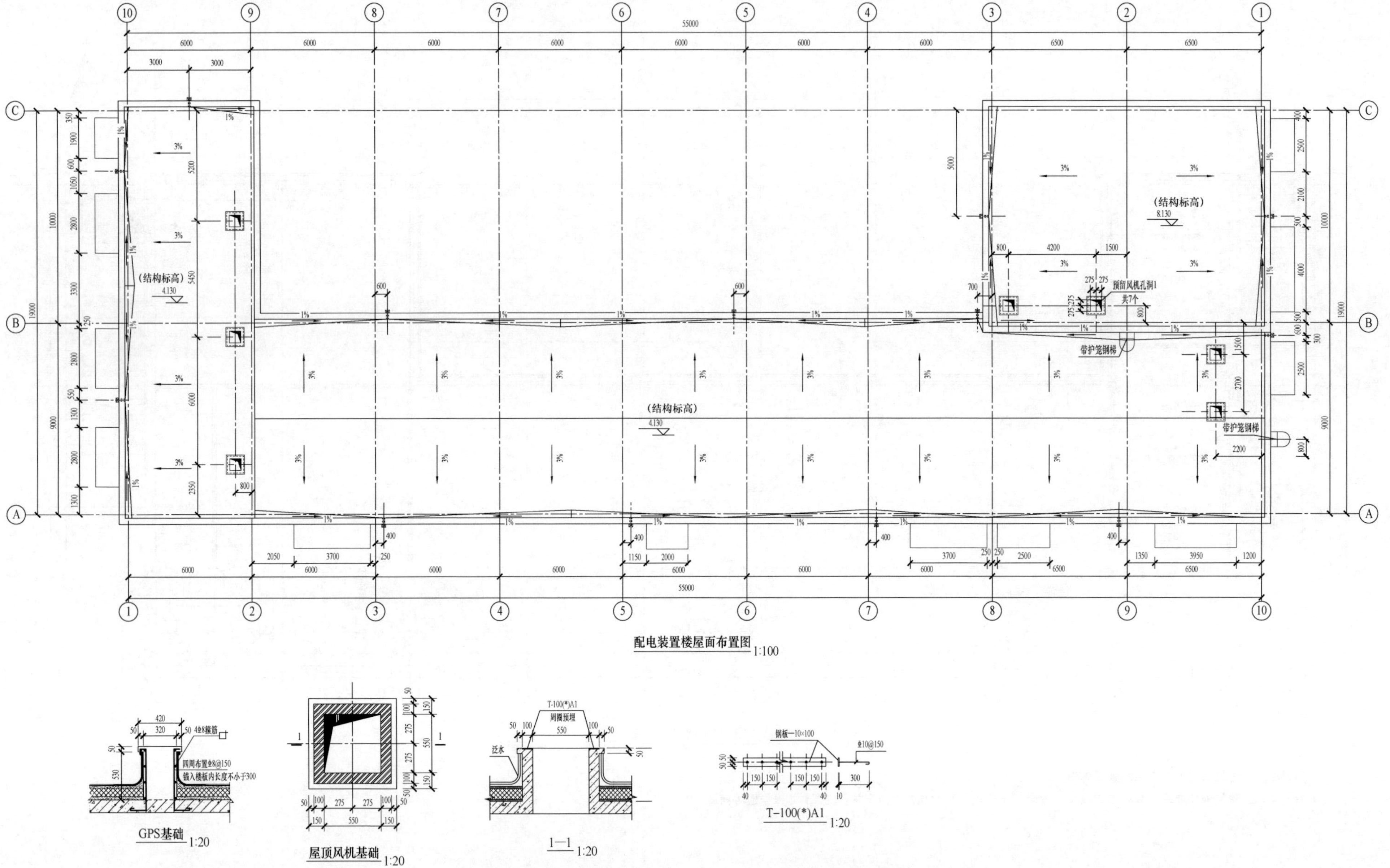

图 7-3　HE-110-A3-3-T0201-02　配电装置室屋面布置图

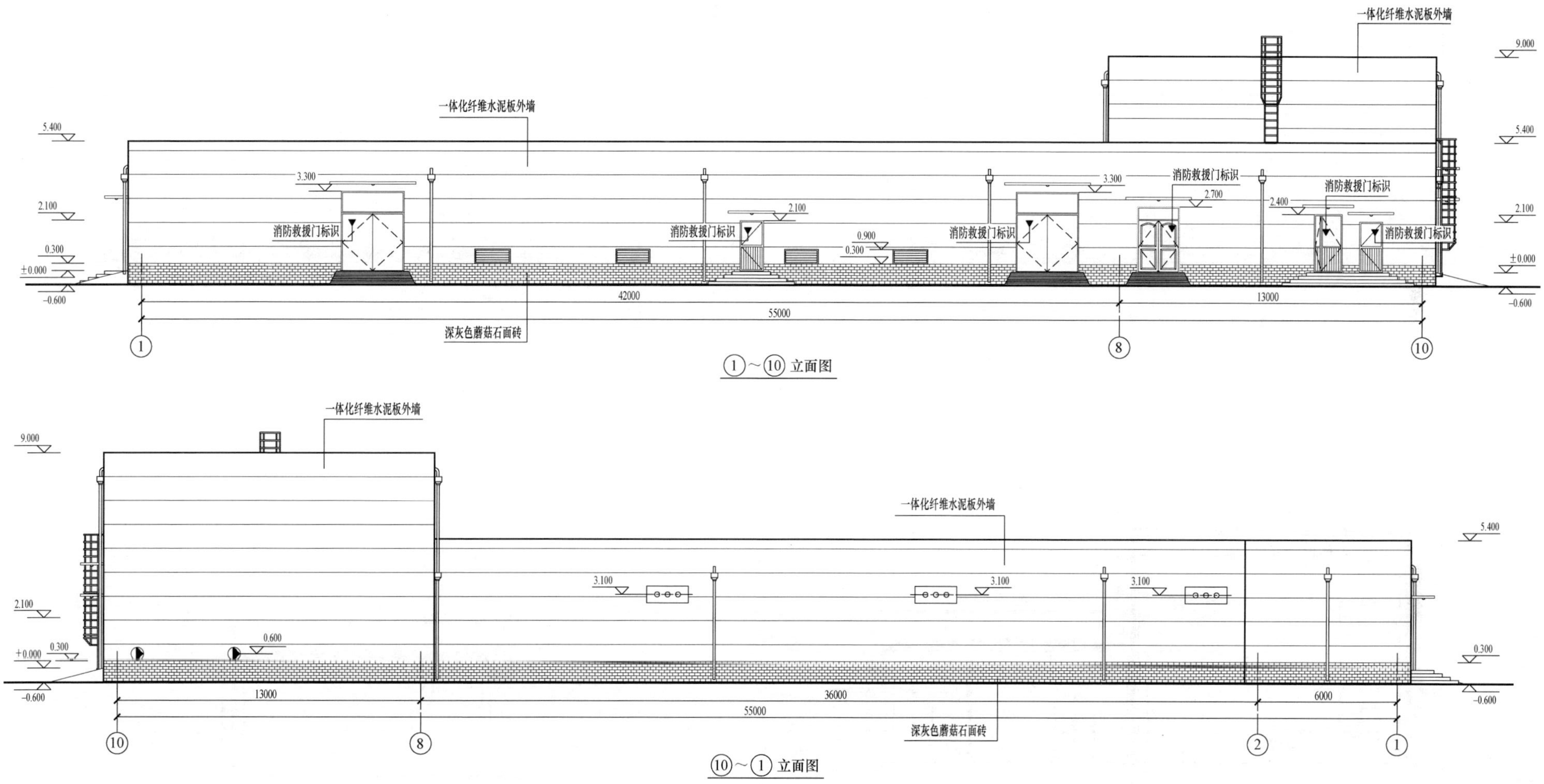

图 7-4　HE-110-A3-3-T0201-03　立面图（一）

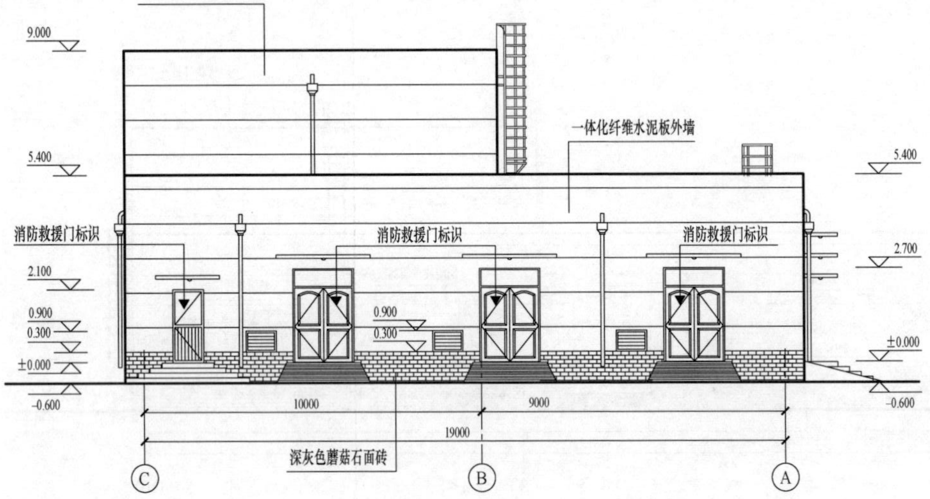

Ⓒ～Ⓐ 轴立面图 1:100

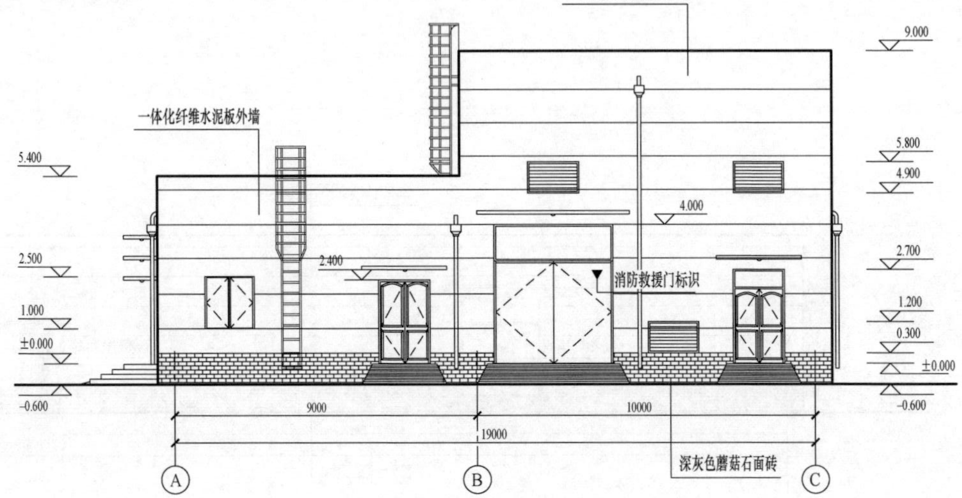

Ⓐ～Ⓒ 轴立面图 1:100

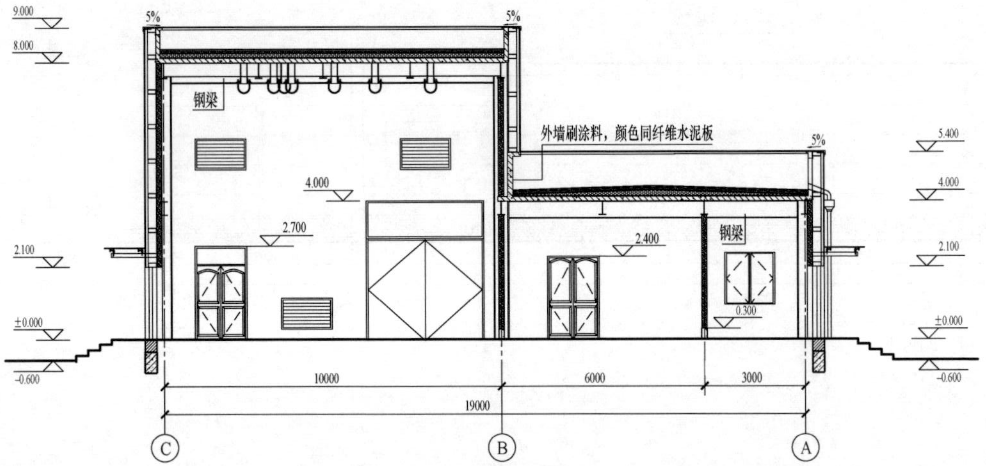

2—2剖面图 1:100

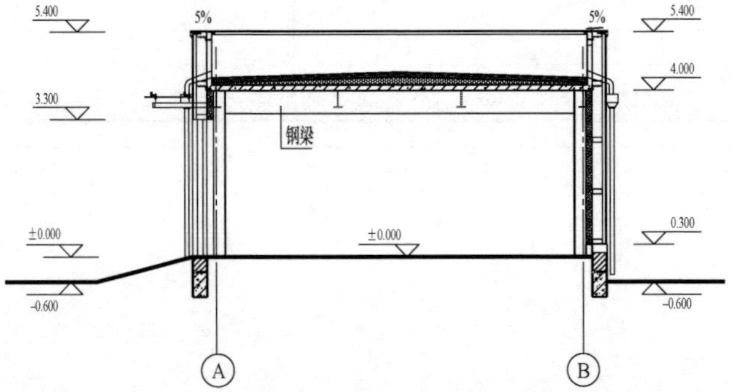

1—1剖面图 1:100

图 7-5 HE-110-A3-3-T0201-04 立面图（二）及剖面图

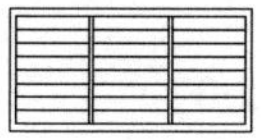

百叶窗

百叶窗说明：

1. 百叶窗做法引自国标《百叶窗（一）》（05J624–1），采用钢制百叶（国网灰色）。
2. 百叶窗洞口尺寸符合 3M 模数。
3. 所有百叶窗、风机留孔尺寸≥300mm 时，洞口四周设置 60mm×60mm×3.5mm 方钢管加强框。竖直加强框上、下端与就近方钢管 60mm×80mm×6mm 焊接，水平加强框与两侧竖直加强框焊接。
4. 百叶窗表面采用电镀锌，镀层厚度不得小于 0.025mm，电镀后喷涂磷化底漆及铁红过氯底漆各一道，再喷涂铝色过滤乙烯磁漆一道。
5. 钢百叶窗采用电弧焊接，焊条采用 E3 型，焊缝注明者均采用连续焊接，不得有未熔化、未焊透、气孔裂缝、烧穿等焊接缺陷，焊缝需锉平磨光。
6. 窗纱采用不锈钢纱，密封条为橡胶条，密封胶采用硅酮胶。
7. 窗必须设置钢丝网，以防虫防灰。

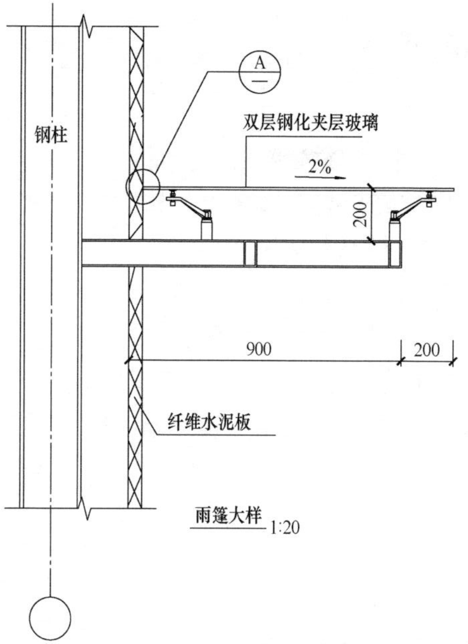

雨篷大样 1:20

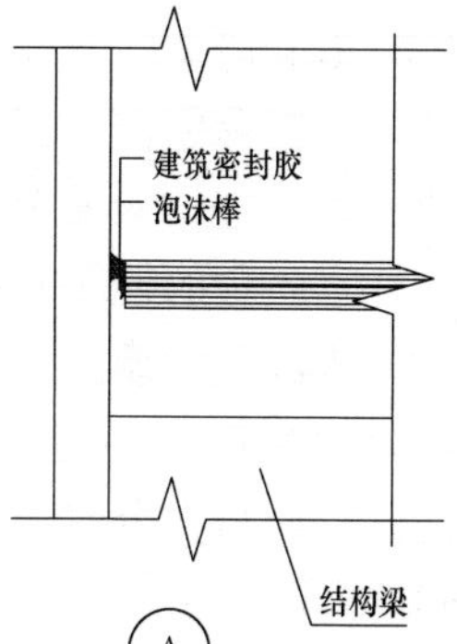

A

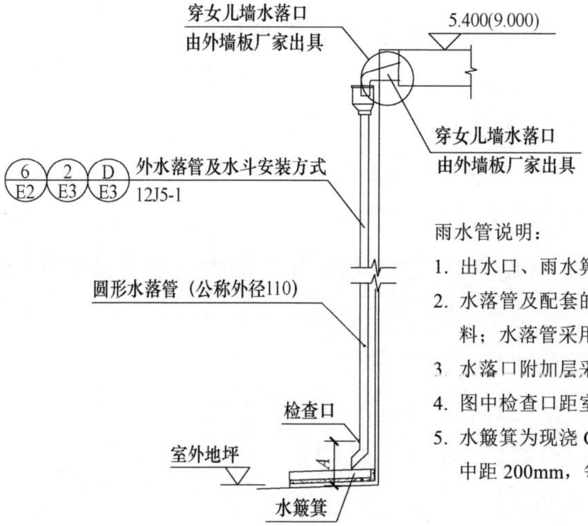

1 雨水管示意图

雨水管说明：

1. 出水口、雨水箅采用铸铁制作。
2. 水落管及配套的落水斗、承插口、泄水管、管箍等均采用硬聚氯乙烯材料；水落管采用 DN100 的圆形管，2m 范围内用镀锌钢管。
3. 水落口附加层采用防水涂膜铺设二层胎体增强材料共厚 2～3mm。
4. 图中检查口距室外地坪的高度尺寸 A 一般为 1～1.2m。
5. 水簸箕为现浇 C20 混凝土，1000mm×800mm×40mm（厚）配筋双向ϕ6 中距 200mm，每个出水口处一个。

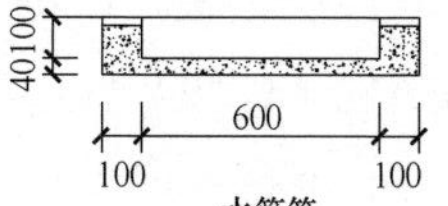

水簸箕

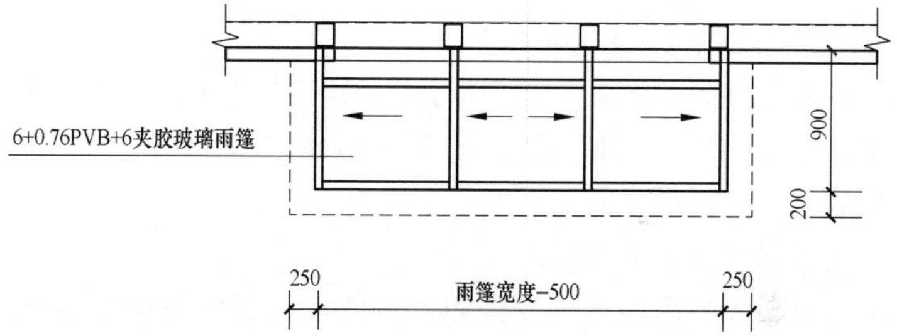

钢雨篷平面示意图

钢雨篷结构示意图见T0202-13图

说明：1. 钢雨篷细部做法参见图集《钢雨篷（一）》（07J501–1）玻璃面板中 JP1–C09××（a）。大样图可参考图集第 50 页雨篷五。

2. 雨篷上雨水采取无组织排水，坡度为 0.5%。

3. 雨篷安装方法以厂家施工工艺为准，并与外墙做法相协调。

图 7–6 HE–110–A3–3–T0201–05 建筑大样图

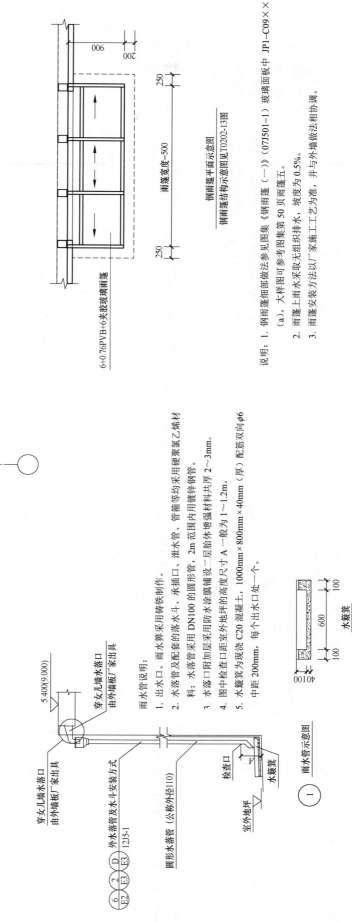

7.3 结构设计说明

一、一般说明

（1）本卷册全部尺寸均以毫米（mm）为单位，标高以米（m）为单位。

（2）本工程室内地坪±0.000m 相当于 1985 国家高程基准××.××m。

（3）本工程结构安全等级为二级；对应结构重要性系数为 $\gamma_0=1.0$。

（4）本工程的地基基础工程与上部结构主体工程设计使用年限为 50 年。

（5）未经技术鉴定或设计许可，不得改变结构的用途和使用环境。在本钢结构建筑使用周期间，应进行正常的定期检查并进行防锈处理等维护工作。未经设计许可与安全鉴定不得改变、损伤结构主体，不得增设结构设计未考虑的荷载。

二、工程概况

1. 简介

（1）本工程地上部分 1 层，地下 0 层。

（2）结构设计使用年限 50 年。建筑主体结构的安全等级为二级；对应的结构设计重要性系数 $\gamma_0=1.00$。

（3）生产的火灾危险性分类为丁类，建筑构件的耐火等级为二级。构件的耐火极限要求：钢柱 3.0h，主变压器侧防火墙框架钢梁 3.0h，其他钢梁 1.5h，楼板 1.0h。

2. 地基基础设计依据

××公司××年××月提供的××110kV 变电站新建工程详细勘察阶段《岩土工程勘察报告》。

三、抗震设计

（1）本工程抗震设计的抗震设防烈度为 7 度，设计地震基本加速度为 0.15g，地震动峰值加速度为 0.1725g，设计地震分组为第二组。

（2）建筑场地类别为Ⅲ类。

（3）建筑的抗震设防类别为丙类。

（4）本工程混凝土结构抗震等级二级；钢框架抗震等级三级。

四、执行的现行规范规程、行业标准及标准图集

（一）中华人民共和国国家标准

1.《电弧螺柱焊用圆柱头焊钉》（GB 10433）

2.《钢结构防火涂料》（GB 14907）

3.《建筑地基基础设计规范》（GB 50007）

4.《建筑结构荷载规范》（GB 50009）

5.《混凝土结构设计规范》（GB 50010）

6.《建筑抗震设计规范》（GB 50011）

7.《钢结构设计标准》（GB 50017）

8.《建筑结构可靠性设计统一标准》（GB 50068）

9.《钢结构工程施工质量验收规范》（GB 50205）

10.《建筑工程抗震设防分类标准》（GB 50223）

11.《电力设施抗震设计规范》（GB 50260）

12.《钢结构焊接规范》（GB 50661）

13.《钢结构工程施工规范》（GB 50755）

14.《工程结构通用规范》（GB 55001）

15.《建筑与市政工程抗震通用规范》（GB 55002）

16.《建筑与市政工程地基基础通用规范》（GB 55003）

17.《钢结构通用规范》（GB 55006）

18.《砌体结构通用规范》（GB 55007）

19.《混凝土结构通用规范》（GB 55008）

20.《碳素结构钢》（GB/T 700）

21.《钢结构高强度大六角头螺栓、大六角螺母、垫圈与技术条件》（GB/T 1231）

22.《低合金高强度合金钢》（GB/T 1591）

23.《钢结构用扭剪型高强度螺栓连接副》（GB/T 3632）

24.《非合金钢及细晶粒钢焊条》（GB/T 5117）

25.《热强钢焊条》（GB/T 5118）

26.《厚度方向性能钢板》（GB/T 5313）

27.《六角头螺栓　C 级》（GB/T 5780）

28.《涂覆涂料前钢材表面处理表面清洁度的目视评定　第 1 部分：未涂覆过的钢材表面和全面清除原有涂层后的钢材表面的锈蚀等级和处理等级》（GB/T 8923.1）、《涂覆涂料前钢材表面处理表面清洁度的目视评定　第 2 部分：

已涂覆过的钢材表面局部清除原有涂层后的处理等级》（GB/T 8923.2）、《涂覆涂料前钢材表面处理表面清洁度的目视评定 第3部分：焊缝、边缘和其他区域的表面缺陷的处理等级》（GB/T 8923.3）

29.《熔化焊用钢丝》（GB/T 14957）

30.《热扎 H 型钢和剖分 T 型钢》（GB/T 11263）

31.《钢结构防护涂装通用技术条件》（GB/T 28699）

（二）中华人民共和国行业标准

1.《轻骨料混凝土应用技术标准》（JGJ/T 12）

2.《钢结构高强度螺栓连接技术规程》（JGJ 82）

3.《型钢混凝土组合结构技术规程》（JGJ 138）

4.《钢结构、管道涂装工程技术规程》（YB/T 9256）

（三）中国工程建设标准化协会标准

《钢结构防火涂料应用技术规范》（CECS24）

五、材料

（1）本工程中承重钢构件的钢材均采用 Q235B 和 Q355B 级钢，地脚螺栓均采用 Q355B 级钢，其质量标准应分别符合现行《低合金高强度合金钢》（GB/T 1591）的要求。当采用其他牌号的钢材时须经设计同意。

（2）本工程承重构件用的钢材应按现行国家标准和规范保证抗拉强度、伸长率、屈服点、冷弯试验和碳、硫、磷含量的限值。

（3）本工程结构钢材的屈服强度实测值与抗拉强度实测值的比值不应大于 0.85；应有明显的屈服台，且伸长率应不小于 20%；应有良好的焊接性和合格的冲击韧性。

（4）当钢板厚大于等于 40mm 时应执行《厚度方向性能钢板》（GB 5313）的规定，附加板厚方向的截面收缩率，并不得小于该标准 Z15 级规定的允许值。

（5）当钢板厚大于等于 40mm 时建议钢材订货时规定硫、磷含量控制在 0.01%；当有可靠的焊接经验时可以放宽这项指标。

（6）焊接材料。

所有的焊条、焊丝、焊剂均应与主体金属相适应，应符合《钢结构焊接规范》（GB 50661）的规定。

1）手工焊：Q235B 钢之间以及 Q355B 和 Q235B 之间的焊接用焊条选用符合《非合金钢及细晶粒钢焊条》（GB/T 5117）的 E43××型焊条。Q355B 钢之间的焊接用焊条选用符合《非合金钢及细晶粒钢焊条》（GB/T 5117）的 E50××型焊条。

2）自动焊接或半自动焊接：自动焊接或半自动焊接采用的焊丝和焊剂，应与主体金属强度相适应，焊丝应符合现行《熔化焊用钢丝》（GB/T 14957）及《气体保护电弧焊用碳钢、低合金钢焊丝》（GB/T 8110）的规定。焊剂应符合《埋弧焊用碳钢焊丝和焊剂》（GB/T 5293）、《低合金钢埋弧焊用焊剂》（GB/T 12470）及《碳钢药芯焊丝》（GB/T 10045）、《热强钢药芯焊丝》（GB/T 17493）的规定。

自动焊接或半自动焊接采用的焊丝和焊剂，其熔敷金属的抗拉强度不应小于相应手工焊焊条的抗拉强度。

3）焊条、焊剂及焊丝。

表 7－2　钢材焊接的焊材选用

钢材牌号	手工焊	埋弧自动焊		CO_2 气体保护焊
	焊条型号	焊剂	焊丝	焊丝
Q235B	E43××焊条	F4A×	H08A 或 H08MA	ER49－1
Q355B	E50××焊条	F50××	H10MnSi 或 H10Mn2	ER50－3

（7）安装螺栓采用 Q355B 钢，应符合《六角头螺栓 C 级》（GB 5780）。

（8）本工程地脚锚栓采用普通螺栓（配双螺母），螺栓、螺母和垫圈采用《低合金高强度合金钢》（GB/T 1591）规定的 Q355B 钢。

（9）高强度螺栓采用性能等级为 10.9 级的扭剪型高强螺栓，扭剪型螺杆及螺母、垫圈应符合《钢结构用扭剪型 高强度螺栓连接副》（GB 3632）中的规定；高强度螺栓的设计预拉力值按《钢结构设计标准》（GB 50017）的规定采用。高强度螺栓连接钢材的摩擦面应进行喷砂处理，抗滑移系数应 0.40。在施工前应做抗滑移系数试验，用于高强螺栓连接的金属表面喷砂处理应该经过专门的工艺评定。构件的加工、运输、存放需保证摩擦面喷砂效果符合设计要求，安装前需检查合格后，方能进行高强螺栓组装。

高强度螺栓连接的孔径尺寸按表 7－3 匹配。

表 7-3　高强度螺栓连接的孔径尺寸匹配　mm

螺栓公称直径	M20	M22	M24	M27
标准圆孔直径	22	24	26	30

高强螺栓的施工及质量验收按照《钢结构高强度螺栓连接技术规程》（JGJ 826）第 7 章相关要求进行。

（10）圆柱头栓钉性能应符合现行《电弧螺柱焊用圆柱头焊钉》（GB 10433）的规定。

六、制作与安装基本要求

（1）钢结构在制作前，应按本设计要求编制施工详图的深化设计方案，修改设计应取得我院同意；并编制制作工艺和安装施工组织设计，经论证通过后方可正式制作与施工。

（2）钢结构的制作和安装须根据施工详图进行。

（3）钢结构的材料、放样、号料和切割、矫正、弯曲和边缘加工、制作摩擦面的加工、除锈、编号和发运应遵照《钢结构工程施工质量验收标准》（GB 50205）。

（4）钢结构制作、安装和质量检查所用的量具、仪器、仪表等，均应具有相同的精度，并应定期送计量部门检定，合格后方可使用。

（5）高强螺栓连接的施工应遵守《钢结构高强度螺栓连接技术规程》（JGJ82）的规定，有关焊接连接应遵守《钢结构焊接规范》（GB 50661）的规定。

（6）加工单位所订购的钢材及连接材料必须符合设计的要求，当确有必要代用时应经设计认可。所有材料均应有质量合格证明，必要时尚应提供材质、抗滑系数的复验合格证明。

（7）重要接头或构件，应在出厂前进行自由状态的预拼装，其允许偏差应符合《钢结构工程施工质量验收标准》（GB 50205—2020）附录 D 的规定。

（8）焊接用的焊条、焊丝及焊剂应严格按设计要求匹配选用，对重要结构或新材料的焊接应进行焊接工艺评定，编制专门的焊接工艺指导书。

（9）焊件的坡口尺寸、焊接垫板等应符合设计图纸规定的要求。

（10）全焊透焊缝应进行超声波探伤检查，要求按《钢结构工程施工质量验收标准》（GB 50205）第 5.2.4 条。

（11）当焊件厚度较大（大于 36mm）时，宜按接头的约束条件考虑焊接的预热措施，对重要构件手工焊时，不宜在低于 -5℃的环境温度中施焊。

（12）钢结构的冷矫正和冷弯加工的最小曲率半径（r）及最大弯曲矢高（f）应符合《钢结构工程施工质量验收标准》（GB 50205—2020）中表 7.3.4 的规定。

（13）钢结构构件的运输及存放应有可靠的支垫及定位，包挎捆绑及临时支撑加固等，均不得造成杆件的变形及损伤。已安装就位的钢构件不允许以钢绳捆绑作为起重吊装的附加支点。

（14）当钢梁跨度 $L \geq 9$m 时，要求制作时预起拱 $L/500$。

（15）各类钢构件的外形尺寸允许偏差见《钢结构工程施工质量验收标准》（GB 50205—2020）附录 C 的表 C.0.1～C.0.9；安装的允许偏差见附录 E。

（16）对接接头、T 型接头和要求全熔透的角部焊缝，应在焊缝两端配置引弧板和引出板，其材质应与焊件相同。手工焊引板长度不应小于 60mm，埋弧自动焊引板长度不应小于 150mm，引焊到引板上的焊缝不得小于引板长度的 2/3。

（17）对 30mm 以上厚板焊接、为防止在厚度方向出现层状撕裂、建议采取以下措施：

1）对母材焊道中心线两侧各 2 倍板厚加 30mm 的区域内进行超声波探伤检查。母材中不得有裂纹、夹层及分层等缺陷存在。

2）严格控制焊接顺序，尽可能减少板厚方向的约束。

3）采用低氢焊条或超低氢焊条。在满足设计强度要求的前提下，尽可能采用屈服强度低的焊条。

4）根据母材的碳当量及焊接裂纹敏感性系数值选择正确的预热措施和后热处理。

（18）栓钉焊接采用瓷环保护。栓钉在支座的压型钢板凹肋处，穿透压型钢板并将栓钉、钢板均焊牢在钢梁上。

（19）高强度螺栓孔的精度应为 H15 级。

（20）型钢拼接前及栓钉焊接前应将构件焊接面的油、锈清除。

（21）当钢骨梁贯通，其上或梁下有混凝土墙或混凝土柱时，钢骨梁翼缘应根据墙、柱配筋预留穿筋孔。穿筋孔的大小当为螺纹钢时为钢筋直径 + 8mm；当为光圆钢筋时为钢筋直径 + 3mm。

（22）制孔。

1）除地脚螺栓外，钢结构构件上螺栓钻孔直径比螺栓直径大 1.5～2.0mm。

2）高强度螺栓应采用钻成孔。

3）若现场需制孔，应优先采用钻孔，也可用火焰割小孔，再扩孔至设计要求，孔径壁需磨光。

（23）钢梁及柱上预留孔洞及附设连接件按照钢结构设计图所示尺寸及位置，在加工厂制孔，并按设计要求补强，在现场不得应任何方面的要求以任何方法制孔或焊接连接件。

（24）墙体与钢结构（梁、柱）连接节点，必须在工厂预先做好，严禁在受力构件上现场施焊。

七、除锈及防锈

（1）钢构件的除锈和涂装应在制作质量检验合格后进行。

（2）构件表面采用喷砂除锈，除锈等级 Sa2.5，其质量要求应符合国家标准《涂覆涂料前钢材表面处理表面清洁度的目视评定　第 1 部分：未涂覆过的钢材表面和全面清除原有涂层后的钢材表面的锈蚀等级和处理等级》（GB 8923.1）。钢结构防锈涂层由底漆、中间漆和面漆组成，即无机富锌底漆 2 遍，环氧中间漆 2 遍（100μm＋100μm），脂肪族聚氨酯面漆 2 遍（50μm）。

八、钢结构防火

（1）钢柱及主变压器侧钢梁均采用非膨胀型防火涂料 GT－NRF－F_t 3.0，耐火极限不低于 3h，再外包纤维水泥板，内填岩棉，具体做法见 T0201－02 说明；非主变压器侧钢梁采用非膨胀型防火涂料 GT－NRF－F_t 1.5，耐火极限不低于 1.5h；屋顶承重构件采用膨胀型防火涂料 GTt－NRP－F_t 1.0，耐火极限不低于 1.0h。

另：根据电气专业要求，穿墙套管板（靠近主变压器侧）安装完毕后，涂非膨胀型防火涂料 GT－WSF－F_t 3.0，耐火极限不低于 3.0h。此处防火涂料颜色与外墙板颜色一致。

（2）所采用的防火涂料应通过检验并得到当地消防部门的认可。

（3）所采用的防火涂料应与底漆、面漆相适应，并有良好的结合能力。

（4）防火涂料作业的施工、检验与验收必须严格按《钢结构防火涂料应用技术规范》的规定进行。

九、连接节点（详见设计图，设计图未说明时按如下形式连接）

（1）梁柱拼接连接节点采用全栓接头。

（2）梁与梁的连接节点：铰接时，用连接板及 10.9s 高强螺栓与次梁腹板连接；刚接时，梁翼缘采用全溶透等强焊缝连接；腹板采用 10.9s 高强螺栓连接。

（3）焊接：选择的焊丝和焊剂型号应与主体金属强度相匹配：

1）焊接时应选择合理的焊接工艺及焊接顺序，以减小钢结构中产生的焊接应力和焊接变形；

2）组合 H 型钢的腹板与翼缘的焊接应采用自动埋弧焊机焊或气体保护焊；

3）组合 H 型钢因焊接产生的变形应以机械或火焰矫正调直；

4）焊接 H 型钢梁柱如需工厂拼接，须按图 7－7 错缝拼接。

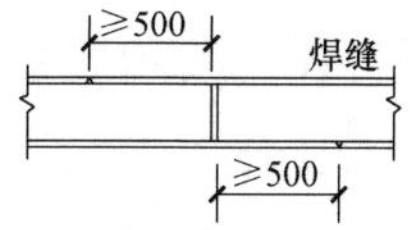

图 7－7　焊接 H 型钢梁柱拼接示意图

（4）角焊缝的尺寸。

除图中注明者外，角焊缝的焊脚尺寸 S 按表 7－4 采用。

表 7－4　　角焊缝焊脚尺寸　　mm

T	4	5	6	8	10	12	16	20
S	4	4	5	6	8	10	12	14

注：T＜6mm，可采用单面角焊缝，焊角尺寸同 T，单面熔深＞3mm。

十、构件连接

（1）框架梁和框架柱之间的连接采用刚接（特殊注明者除外）。

连接时，需预先在工厂进行柱与悬臂钢梁段的焊接，然后在工地进行梁的拼接，梁拼接节点处翼缘、腹板为高强度螺栓连接。

（2）主梁和次梁的连接采用铰接。在工地采用高强度螺栓连接。

（3）连接于框架梁、柱上的支撑，其两端部分在工厂与柱和梁焊接，中段部分在工地与两端部分采用高强度螺栓拼接。详见支撑节点图。

（4）上下翼缘和腹板的拼接缝应错开，并避免与加劲肋板重合，腹板拼接缝与它平行的加劲板至少相距 200mm，腹板拼缝与上下翼缘至少相距 200mm。对接焊缝应符合《钢结构工程施工质量验收标准》（GB 50205）要求，且不低于一级。

（5）所有钢梁横向加劲板与上翼缘板连接处，加劲板上端要求刨平顶紧后施焊。

（6）柱脚处柱翼缘、腹板和加劲板，梁支座支承板下端要求刨平顶紧后施焊。

（7）焊缝施工的质量等级应符合设计图纸规定的要求，凡要求与母材等强的对接全熔透焊缝其质量等级为二级；角焊缝质量等级为三级，其外观缺陷的等级检查应符合《钢结构工程施工质量验收标准》（GB 50205—2020）附录 A 二级焊缝外观质量标准。

（8）直角角焊缝的焊角尺寸除注明外不得小于本图第九、4 条设计要求，且不宜大于较薄焊件厚度的 1.2 倍，长度均为满焊。

（9）钢梁预留孔洞，按照设计图纸所示尺寸、位置，在工厂制孔，并按设计要求进行。

十一、焊缝检查及检测

（1）焊接施工单位在施工过程中，必须做好记录，施工结束时，应准备一切必要的资料以备检查。

（2）焊缝表面缺陷及焊缝内部缺陷应严格按照现行《钢结构工程施工质量验收标准》（GB 50205—2020）表 5.2.4 及相关要求进行。所有超声波检查方法遵照《钢焊缝手工超声波探伤方法和探伤结构分类》（GB 11345）及有关的规定和要求进行焊接质量检查。

十二、施工安装要求

（1）楼层标高采用设计标高控制，由柱拼接焊接引起钢柱的收缩变形或其他压缩变形，需在构件制作时逐节进行考虑确定柱的实际长度。

（2）柱安装时，每一节柱的定位轴线不应使用下根柱子的定位轴线，应将地面控制轴线引到高空，以保证每节柱安装正确无误。

（3）对于多构件汇交复杂节点，重复安装接头和工地拼装接头，宜在工厂中进行预拼装。

（4）钢柱柱脚锚栓埋设误差要求：每一柱脚锚栓之间埋设误差需小于 2mm。

（5）钢结构施工时，宜设置可靠的支护体系体系以保证结构在各种荷载作用下结构的稳定性和安全性。

（6）钢构件在运输吊装过程中应采取措施防止过大变形和失稳。

十三、施工中应注意的问题

（1）本设计中考虑的施工荷载系指与楼面荷载性质相同的竖向均布荷载，钢框架梁在未浇灌楼板之前，不得施加其他性质方向的荷载，不得用钢梁的下翼缘支撑混凝土模板或其他集中力。柱身上不得施加设计以外的任何侧向荷载。

（2）本工程设计没有考虑冬季、雨雪、高温等特殊的施工措施，施工单位应根据相关施工规程规范采取相应的措施。

十四、荷载取值（钢结构部分）

（1）屋面荷载。

1）恒荷载（含楼承板）：7.0kN/m²；

2）活荷载：0.5kN/m²。

（2）风、雪压荷载。

1）基本风压：0.40kN/m²；

2）基本雪压：0.35kN/m²；

3）女儿墙附近考虑积雪不均匀分布系数雪压：0.70kN/m²。

十五、构件变形控制值

（1）檩条挠度：$L/200$；

（2）屋面主梁挠度：$L/400$；

（3）屋面次梁挠度：$L/250$。

十六、制图有关说明

（1）未注明长度单位为 mm；未注明标高单位为 m。

（2）图中梁、柱加劲肋均须成对设置。加劲肋未注明尺寸参见表 7－5 制作。

表 7－5　加劲肋焊缝设计尺寸　mm

加劲肋厚度	H 构件板厚度		
	6～8	10～12	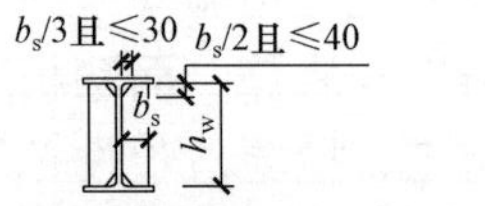
8	6.0	6.0	
10～12	6.0	8.0	加劲肋外伸宽度$b_s \geq h_w/30+40$
14～18	8.0	10.0	加劲肋厚度$t_s \geq b_s/15$且≥5

$T_1<T_2$	$T_1>T_2$
$S=T_1-3$	$S=T_2$

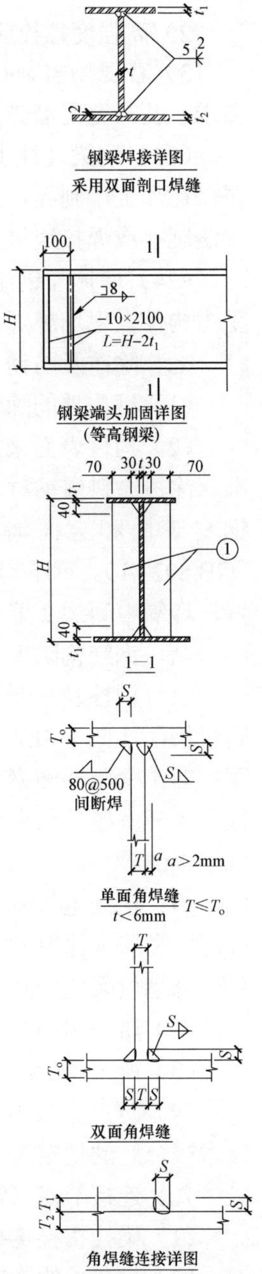

图 7－8　结构细部节点图

7.4 结构设计图纸

施工图 图纸目录

110kV 变电站建筑物施工图设计图集

卷册名称 配电装置室结构施工图

图纸____张　　说明____本　　清册____本

序号	图号	图名	张数	套用原工程名称及卷册检索号，图号
1	HE－110－A3－3－T0202－01	配电装置室基础施工图	1	
2	HE－110－A3－3－T0202－02	－3.000～－0.060 混凝土柱平法施工图	1	
3	HE－110－A3－3－T0202－03	－0.036m 地梁平法施工图	1	
4	HE－110－A3－3－T0202－04	（4.130）第 1 层屋面板配筋图	1	
5	HE－110－A3－3－T0202－05	（4.000）第 1 层节点平面布置图	1	
6	HE－110－A3－3－T0202－06	（8.000）第 2 层节点及吊点平面布置图	1	
7	HE－110－A3－3－T0202－07	Ⓐ、Ⓑ轴框架节点立面布置图	1	
8	HE－110－A3－3－T0202－08	Ⓒ轴及①、②轴框架节点立面布置图	1	
9	HE－110－A3－3－T0202－09	③～⑩轴框架节点立面布置图	1	
10	HE－110－A3－3－T0202－10	柱脚详图	1	
11	HE－110－A3－3－T0202－11	梁柱连接节点详图	1	
12	HE－110－A3－3－T0202－12	结构节点详图	1	

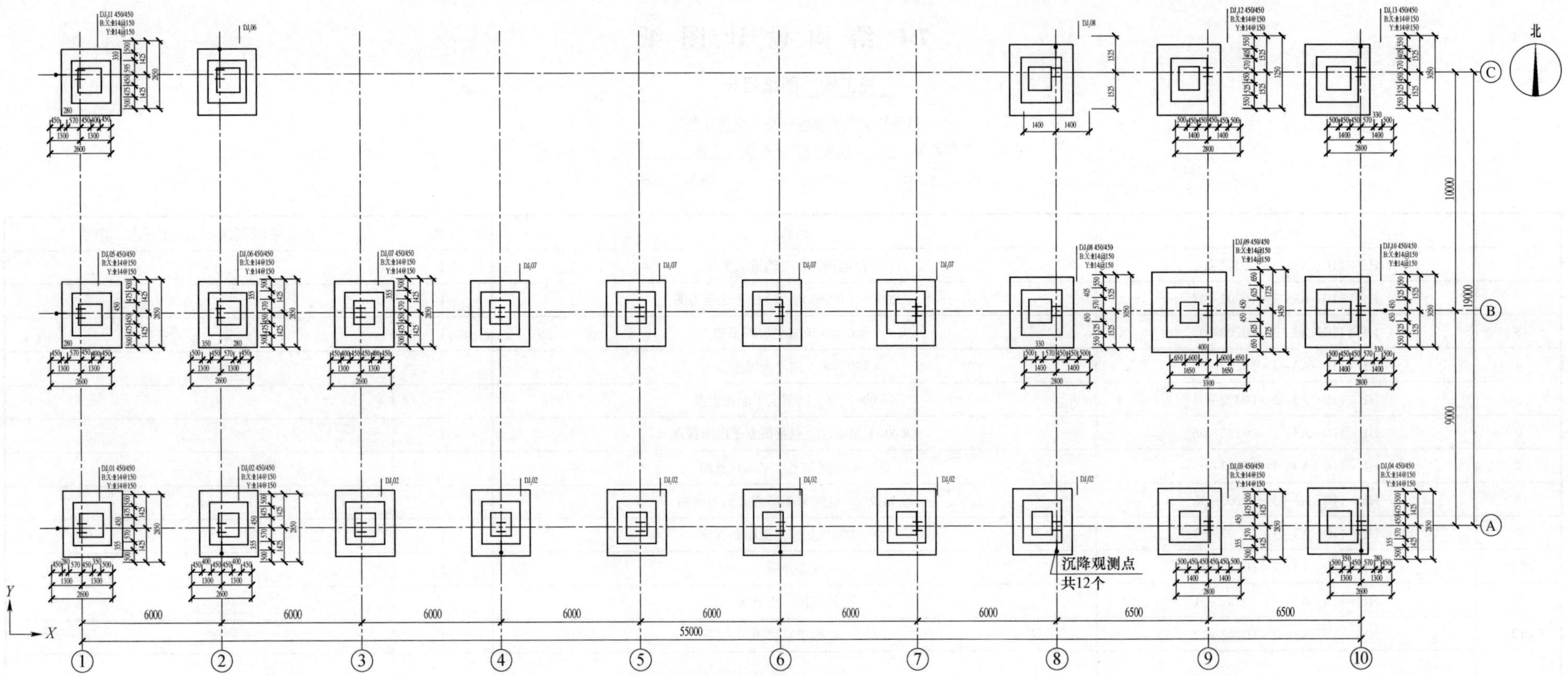

配电装置室基础平法施工图

基底标高-3.900

说明：1. 根据××公司××年××月提供的××110kV 变电站新建工程详细勘察阶段《岩土工程勘察报告》，配电装置室基础座在第×层××土层上，地基承载力特征值f_{ak}=110kPa。基槽开挖至设计标高后应进行钎探，并组织相关单位进行验槽，确认满足设计要求后方可进行基础施工的下一道工序。基坑开挖时，应注意周围环境检测及基坑施工安全。地下结构施工完成后应进行回填，回填土应分层夯实，每层厚度 200～300mm，回填土应选用最优含水量的黏土或粉土，不得使用淤泥、耕土、冻土以及有机物含量大于 5%的土，分层回填应先深后浅施工，压实系数 $\lambda_c \geqslant 0.94$，干容重不小于 1.8t/m³。基坑开挖后，应按相关规范要求进行钎探并及时组织相关单位人员验槽；如有与报告不符或其他问题时，应会同相关参建单位技术人员研究解决。

2. 本卷册基础及混凝土短柱配筋采用平法表示，未注明部分参照图集《平面整体表示方法制图规则和构造详图》（22G101－1、3）施工，柱纵向钢筋在基础中的锚固构造详见图集 22G101－3 第 2～第 10 页。钢筋混凝土结构抗震等级为四级。

3. 混凝土强度等级：垫层 C20；混凝土梁：C35；混凝土柱 C35 细石混凝土；其他 C30。

4. 钢筋：Φ－HPB300，Φ－HRB400。

5. 钢筋混凝土保护层厚度：圈梁 25mm；地梁 35mm；基础、混凝土短柱 40mm。

6. ±0.000mm 以下砌体墙采用 MU15 混凝土实心砖，M10 水泥砂浆砌筑。

7. 图中一•表示沉降观测点，相邻间距小于 15m。沉降观测点执行《国网输变电工程标准工艺变电土建分册》2022 年版第一章第二节相关内容。本工程沉降观测点生根于柱基础中，露出地面部分做 C25 细石混凝土墩 350mm（长）×350mm（宽）×500mm（高），倒角 35mm。沉降观测需满足《工程测量规范》《建筑变形测量规范》等规范的要求。

图 7－9　HE－110－A3－3－T0202－01　配电装置室基础施工图

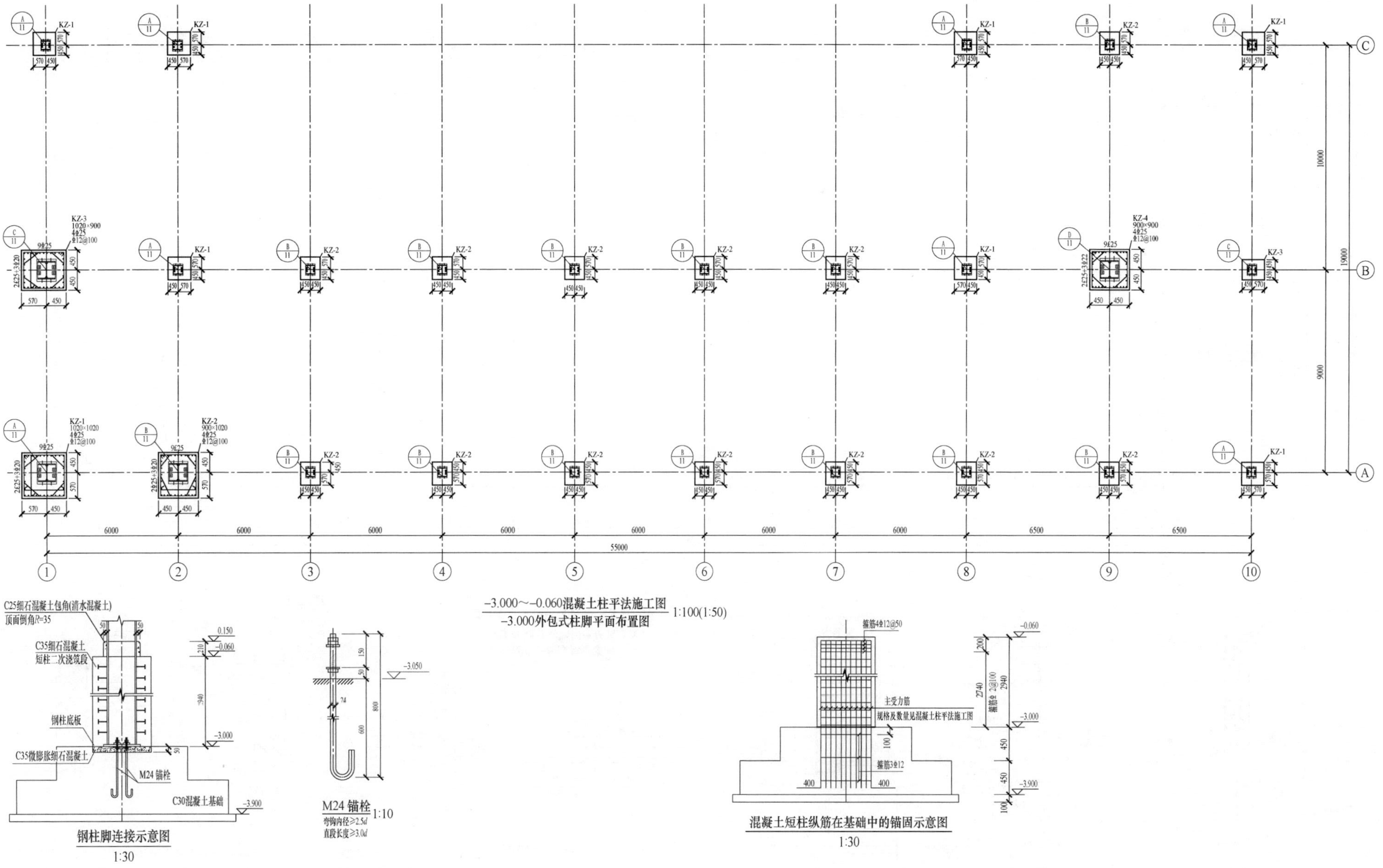

说明：－3.000～－0.060 混凝土柱为二次浇筑段，该段混凝土短柱须在钢柱准确定位并固定好后再浇筑，具体详见钢柱脚连接示意图（左图）。

图 7－10　HE－110－A3－3－T0202－02　－3.000～－0.060 混凝土柱平法施工图

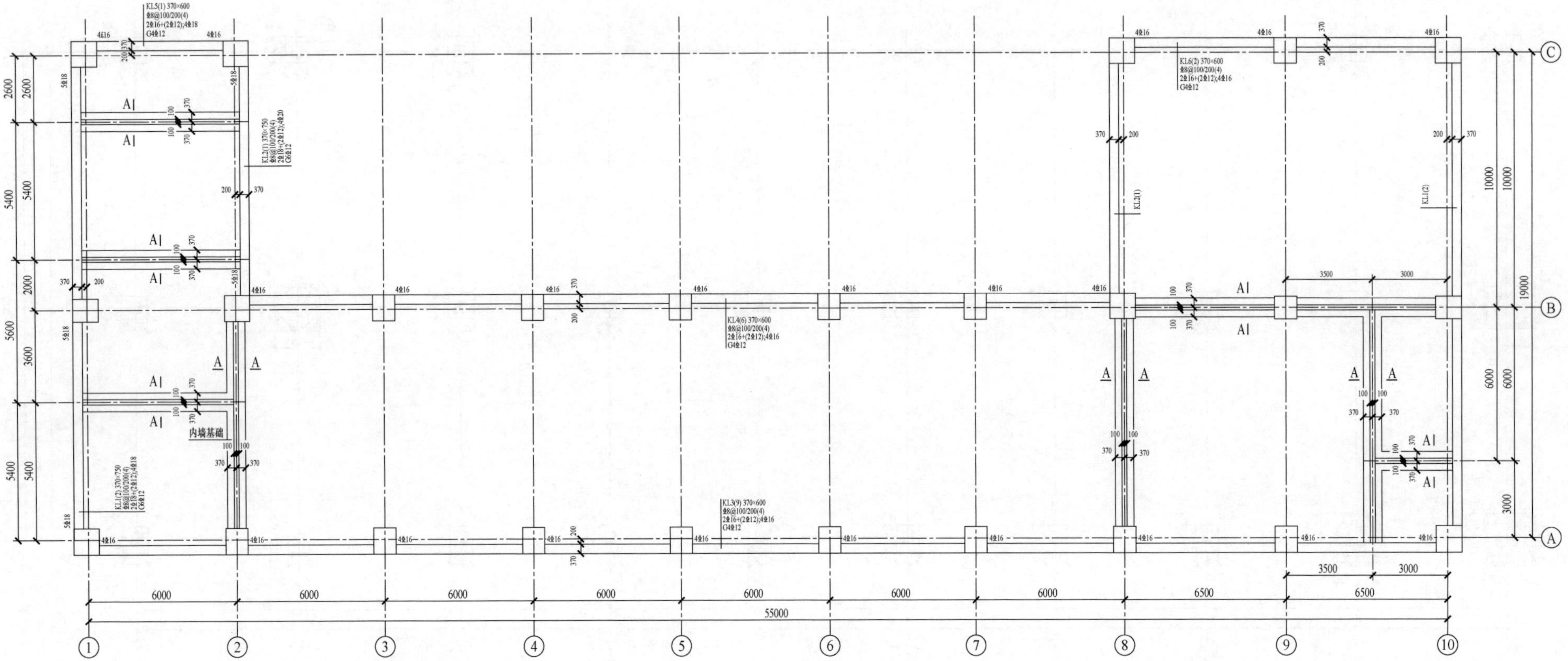

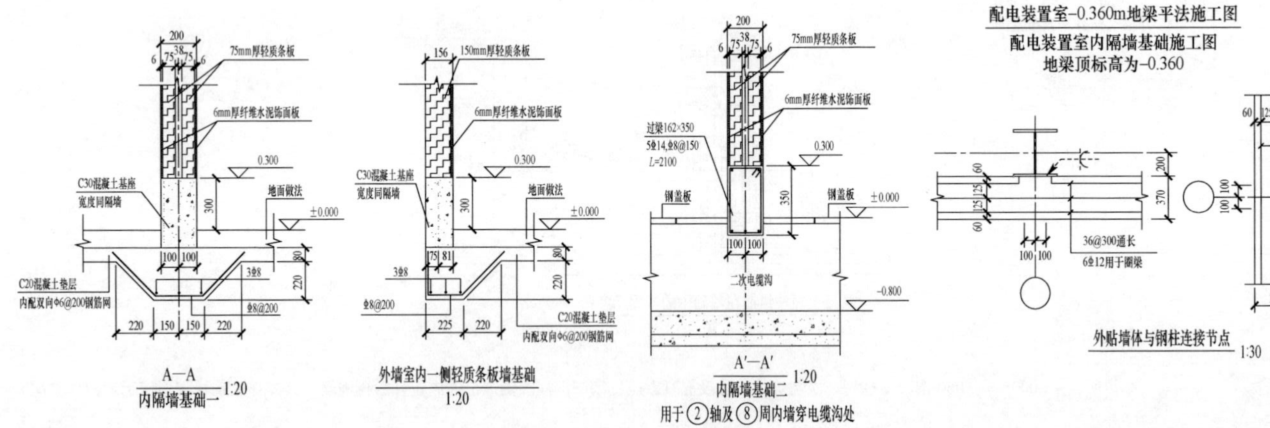

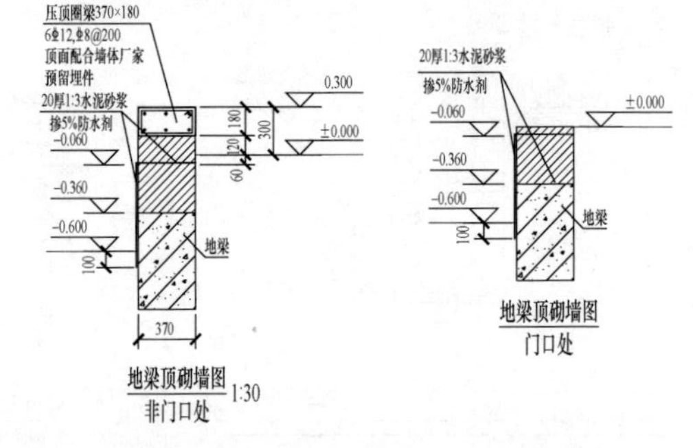

说明：1. 要求地梁纵筋锚入混凝土短柱纵筋内，不得在混凝土短柱的钢筋保护层范围内锚固。
2. 地梁底及地梁外侧回填不小于 200mm 厚中粗砂，防止土冻胀将地梁挤坏。
3. 内隔墙基础下素填土应分层压实，压实系数 $\lambda_c \geq 0.94$。
4. 对于距离电缆沟及设备基础比较近的内隔墙基础，应与电缆沟沟壁或设备基础一起浇筑。

图 7-11　HE-110-A3-3-T0202-03　-0.036m 地梁平法施工图

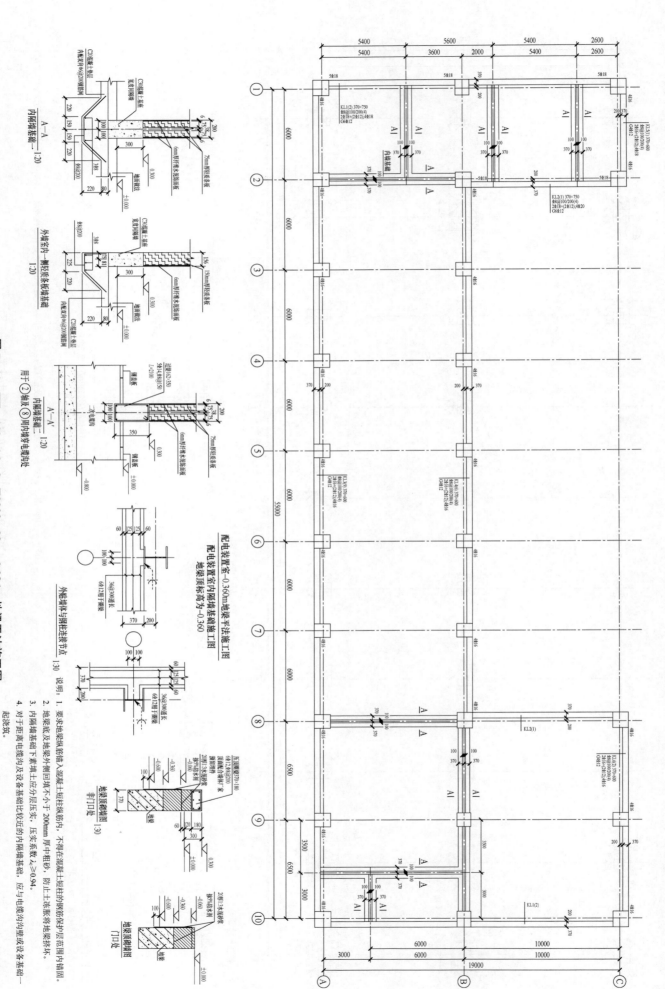

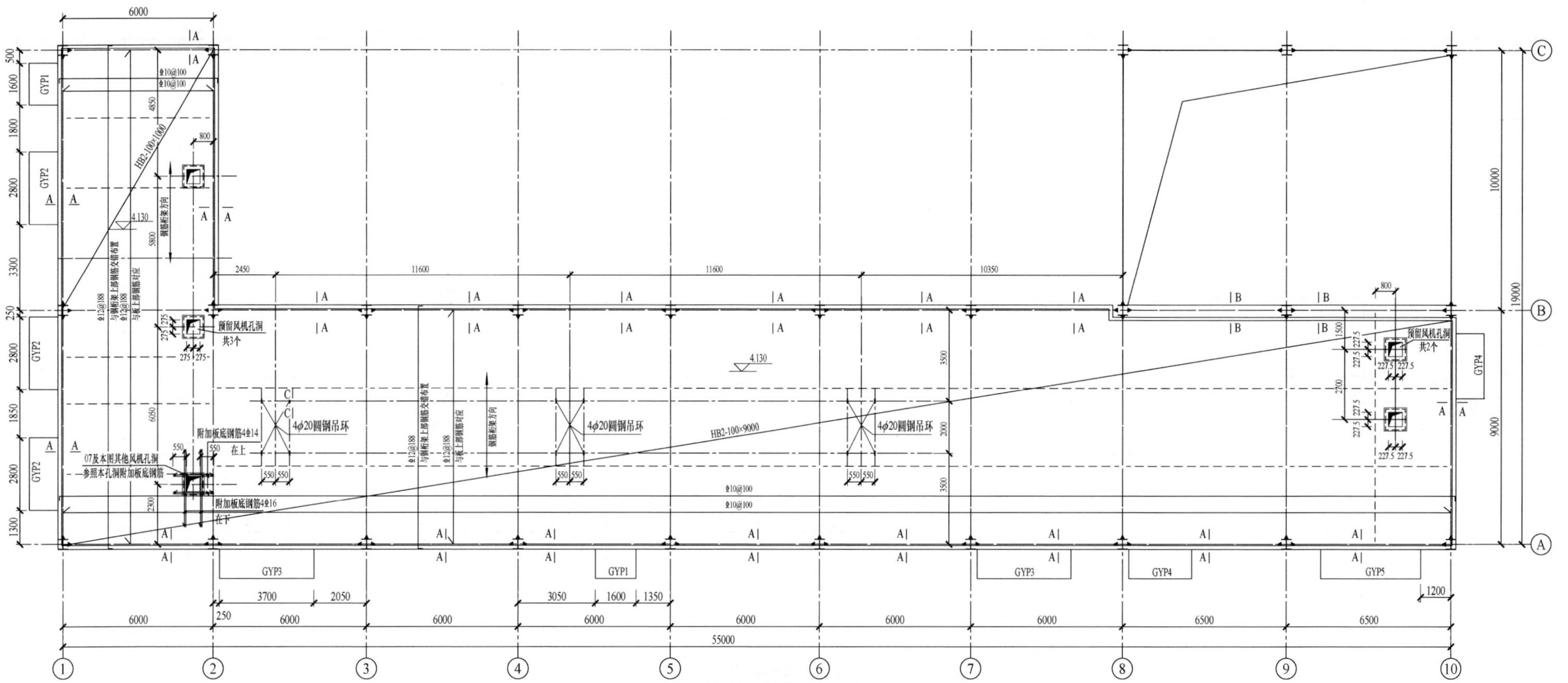

(4.130)第 1 层屋面板配筋图

图中所注标高为板面标高

说明：1. 楼承板选自《钢筋桁架楼承板》(JG/T 368)，图中↑表示楼板的铺设方向。楼板采用 HB2－100 钢模板自承式楼板：楼板总厚度 130mm，底板采用 1mm 厚镀锌钢板，楼板浇筑混凝土前，本层楼板钢筋必须全部绑扎完毕，检查无误后方可浇筑。施工时楼板的混凝土不可堆积，楼板施工荷载不可大于 1.5kN/m²。

上下弦钢筋采用 HRB400 级，腹杆钢筋采用性能等同 CRB550 冷轧钢筋；底模钢板采用镀锌板，屈服强度不低于 260N/mm²，镀锌层两面总计不小于 120g/m²。

2. 栓钉应采用《电弧螺柱焊用圆柱头焊钉》(GB/T 10433)规定的 M15 或 M15AL 钢制作，梁上栓钉均为焊钉 2M16X115@188。
3. 楼承板施工应满足《组合楼板设计与施工规范》的要求。
4. 楼板施工时所有楼面上层钢筋布置于钢筋桁架上层钢筋之下；楼层下层钢筋布置于钢筋桁架下层筋之上。钢筋支座处楼板搭接、连接详图见“－13 图楼承板节点详图。”
5. 钢承板在中间钢梁上应连续布置，在边梁上最小支承长度为 100mm。
6. 楼承板混凝土强度等级 C30，混凝土保护层厚度 15mm，搭接长度 $35d$，并不小于 300mm。
7. 钢筋桁架楼承板遇柱时，现场切割多余部分板，切割后现场焊接支座竖筋。
8. 女儿墙采用现浇混凝土，女儿墙每隔 12m 需设伸缩缝，钢筋需断开，女儿墙伸缩缝做法见详图。
9. 楼板混凝土强度未达到 100%设计强度前，不得在楼层上附加任何其他荷载，也不得拆除临时支撑。
9.1 施工阶段为简支或两跨连续的钢筋桁架模板，跨度超过一定范围时，需在跨中设置临时支撑。
9.2 遇边梁有悬挑板时，悬挑板距离超过 150 时，均应设置临时支撑。
9.3 楼承板边无梁或其他可靠支撑点时，应设置临时支撑，且临时支撑宜支撑在下层楼面上。
9.4 所有临时支撑的设置，需保证其刚度及稳定可靠，临时支撑间距不得超过 3m。
9.5 模板的临时支撑如支撑在下层楼面上，需下层楼面的混凝土强度达到设计值的 100%后方能设置。
10. 剖面 A－A～剖面 B－B、预留风机孔洞详图及悬挑板阳角附加筋详见－06 图。
11. GYP1～GYP5 详见－12 图。

钢筋桁架楼承板材料表

楼承板型号 \ 材料	上弦钢筋	下弦钢筋	腹杆钢筋	楼板厚度	底模钢板	施工阶段最大无支撑跨度	
						简支板	连续板
HB2－100	10mm	10mm	5mm	130mm	1.0mm	3.3m	3.8m

注：1. 上、下弦钢筋采用热轧钢筋 HRB400 级，腹杆钢筋采用性能等同 CRB550 的冷轧钢筋。
2. 底模板屈服强度不低于 260N/mm²，镀锌层两面总计不小于 120g/m²。

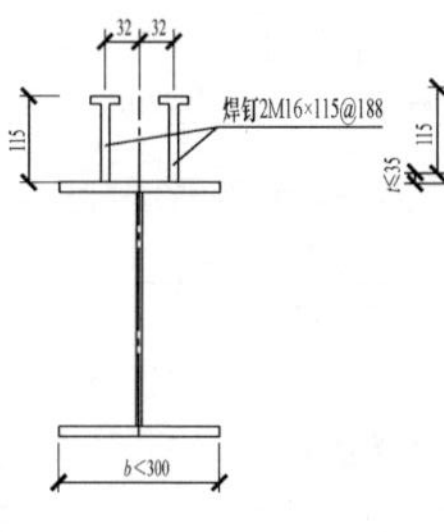

梁上栓钉详图

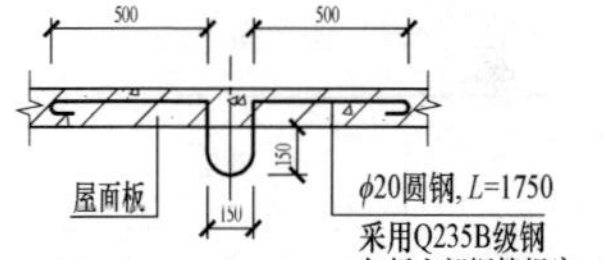

C—C 1:20
(共12处)

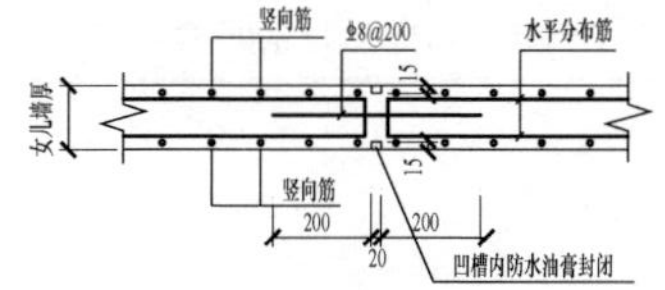

女儿墙伸缩缝构造详图
1:10

图 7－12　HE－110－A3－3－T0202－04　(4.130) 第 1 层屋面板配筋图

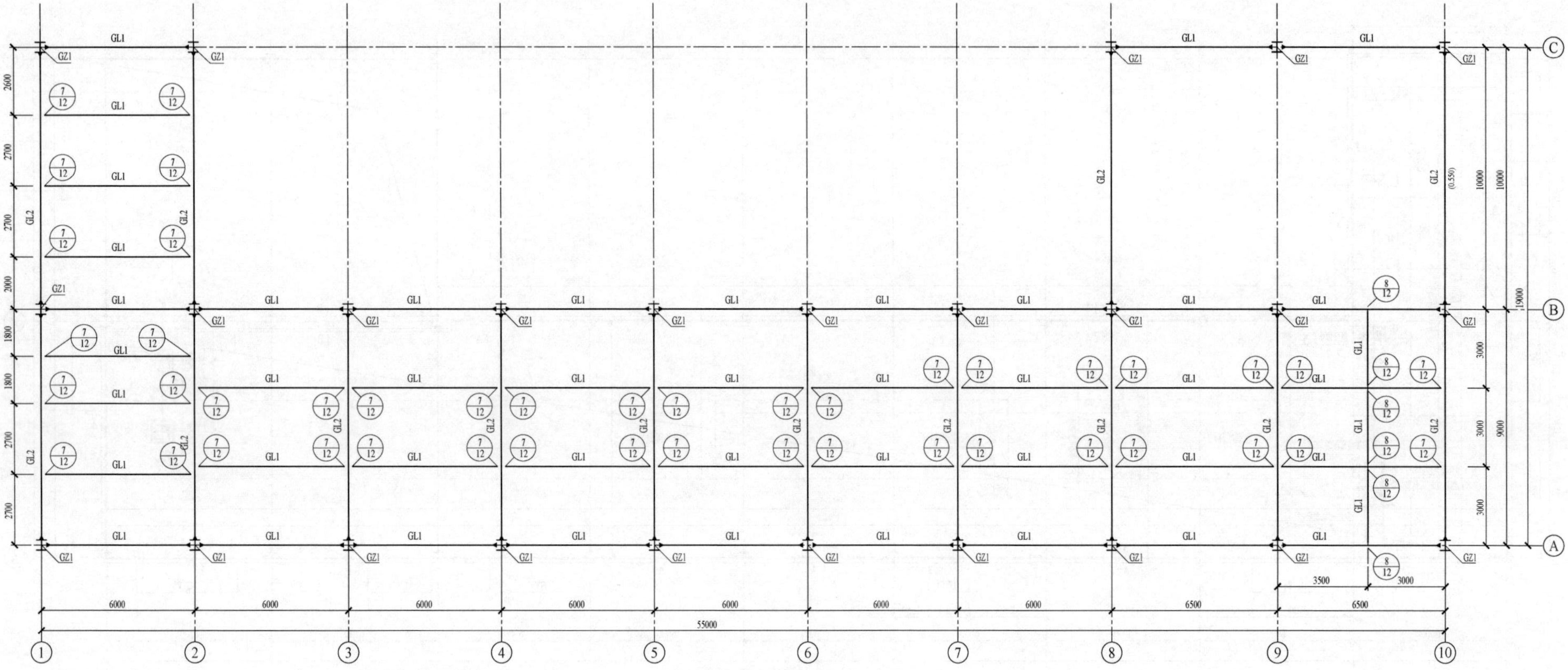

(4.000)第1层节点平面布置图

4.000为梁顶标高

截 面 表

构件号	名称	截面	材质	备注
GZ1	框架柱	HW400×400×13×21	Q355B	
GL1	框架梁	HN400×200×8×13	Q355B	
GL2	框架梁	HM550×300×11×18	Q355B	

说明：

1. 钢构件连接示意见下图：

2. 钢梁的标高一般为平面布置图的基准标高，与基准标高不一致时见下图：

GL1	GL2
(−1.500)	(0.550)

3. 钢框架梁与柱接头采用刚性连接，节点区域梁翼缘及腹板均采用 10.9 级摩擦型高强螺栓连接。
4. 梁柱连接节点宜按先焊后栓的方式进行施工：在工厂将拼接短梁与框架柱按节点详图焊好，现场进行钢梁翼缘及腹板的栓接。运输过程中应采取有效的保护措施，防止短梁与柱的焊接部位变形或损伤。
5. 梁与柱（强轴）刚接时，水平加劲肋应设置于柱上相连的梁上下翼缘的位置上，且水平加劲肋的水平中心线应与梁翼缘的水平中心线重合；加劲肋需在柱腹板两侧对称设置，加劲肋厚度同梁翼缘厚度（两边梁规格不同时，取厚度较大者，且不小于 10mm）。水平加劲肋的自由外伸宽度与加劲肋厚度之比需小于 14，图中外伸宽度仅为示意。
6. 与柱翼缘连接之短梁翼缘和腹板板厚和其所刚接的框架梁一致；与柱腹板连接之短梁翼缘作为水平加劲肋用，见说明 5，短梁腹板厚度与其所刚接的框架梁一致。
7. 梁梁连接时所用连接板厚度同腹板厚度。
8. 钢柱与钢梁按实际尺寸放样加工制作。
9. 除特殊标注外，钢梁均沿轴线居中布置。

注：平面布置图钢梁括号内的数字表示的是钢梁与楼层基准标高的差值，正值表示高于基准标高的数值，负值表示低于基准标高的数值。

图 7－13　HE－110－A3－3－T0202－05　（4.000）第 1 层节点平面布置图

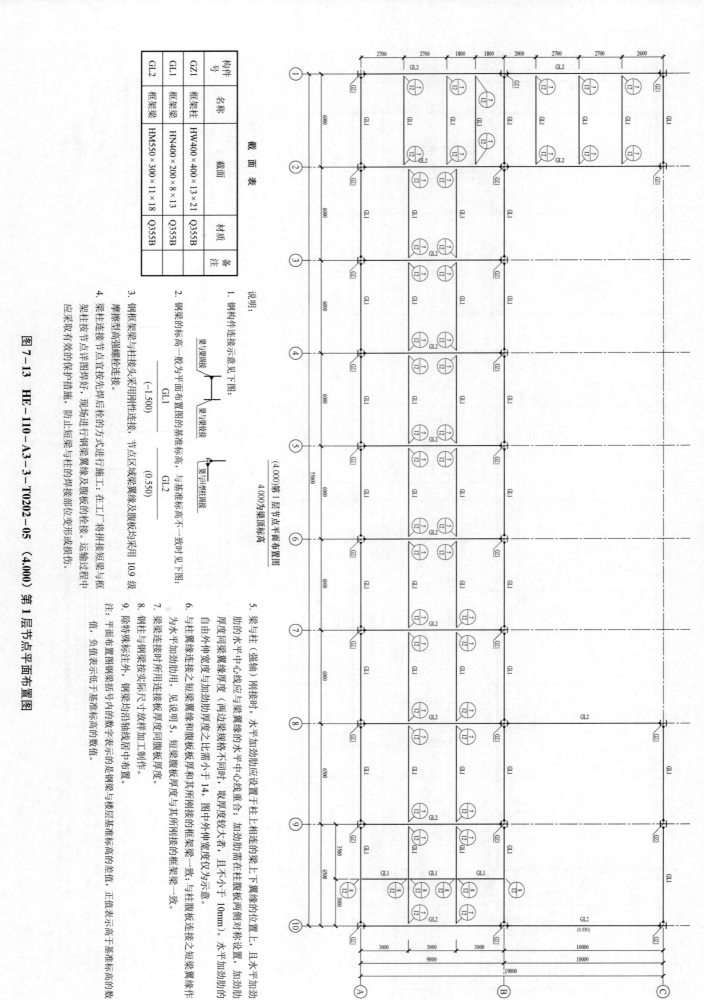

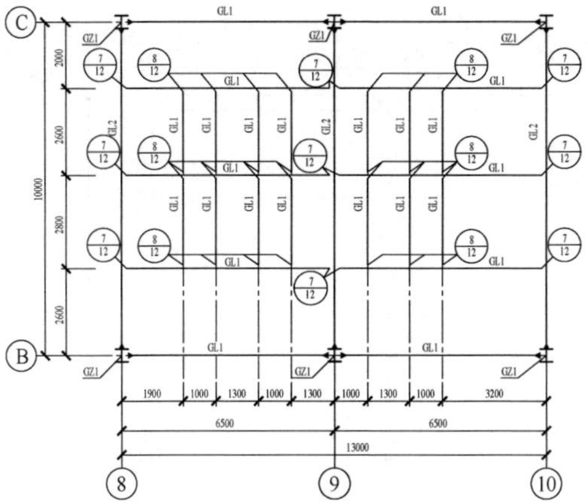

(8.000)第 2 层节点平面布置图
8.000为梁顶标高

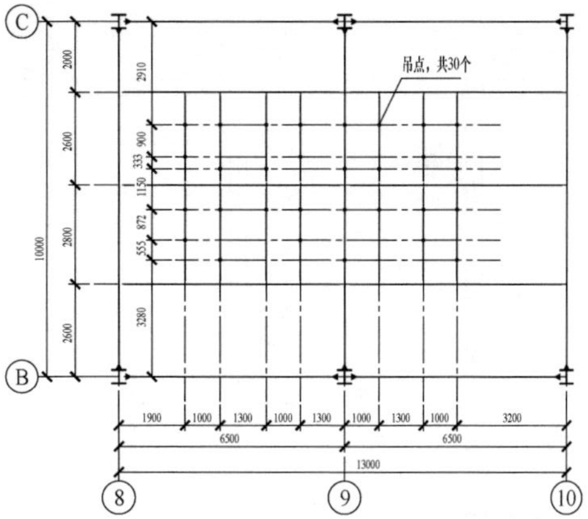

(8.000)第 2 层吊点平面布置图

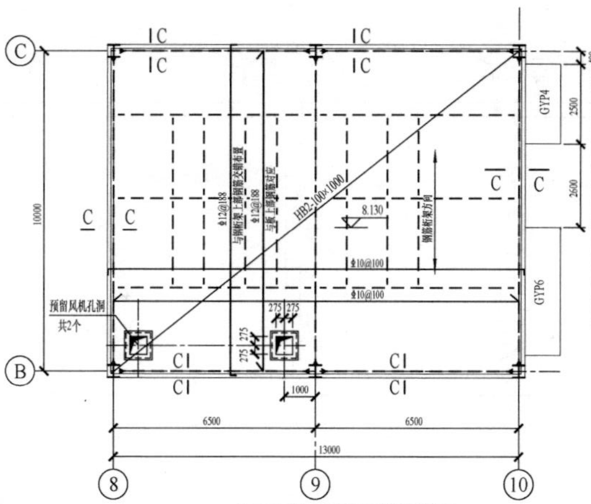

(8.130)第 2 层屋面板配筋图
图中所注标高为板面标高

截 面 表

构件号	名称	截面	材质	备注
GZ1	框架柱	HW400×400×13×21	Q355B	
GL1	框架梁	HN400×200×8×13	Q355B	
GL2	框架梁	HM550×300×11×18	Q355B	

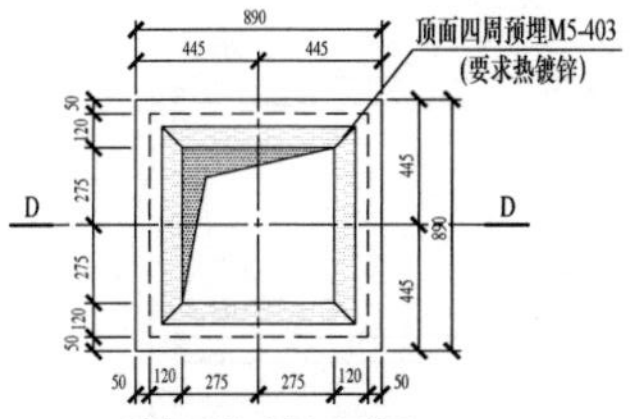

预留风机孔洞平面图 1:20
风机孔洞尺寸仅供参考
应根据设备尺寸最终确定孔洞尺寸
(共7个，本图2个，06图5个)

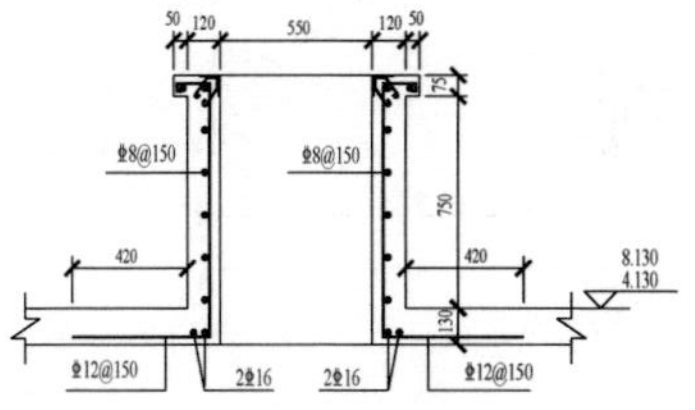

D—D
1:20

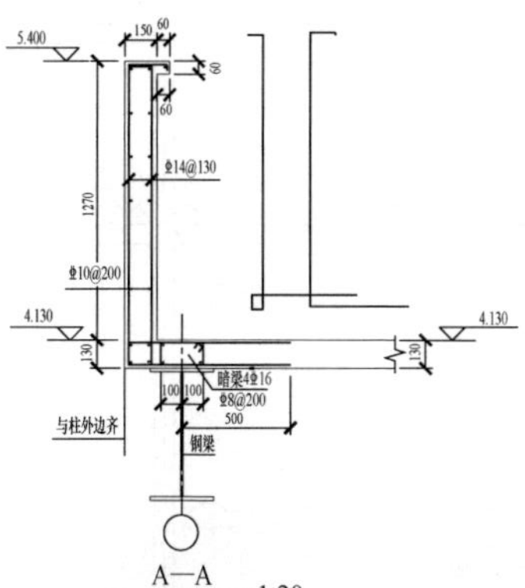

A—A 1:20
女儿墙节点1
板钢筋见板配筋图
女儿墙伸缩缝详图见—05图

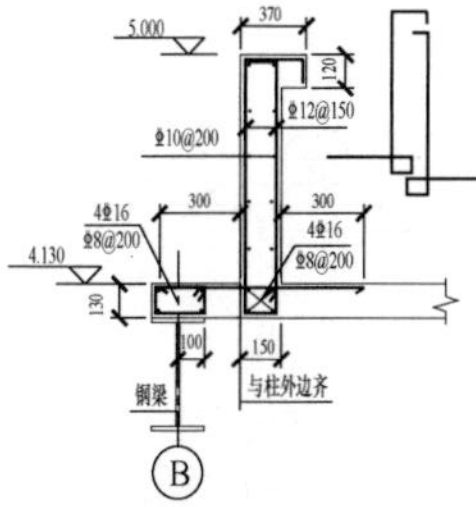

B—B 1:20
女儿墙节点2
板钢筋见板配筋图
女儿墙伸缩缝详图见—05图

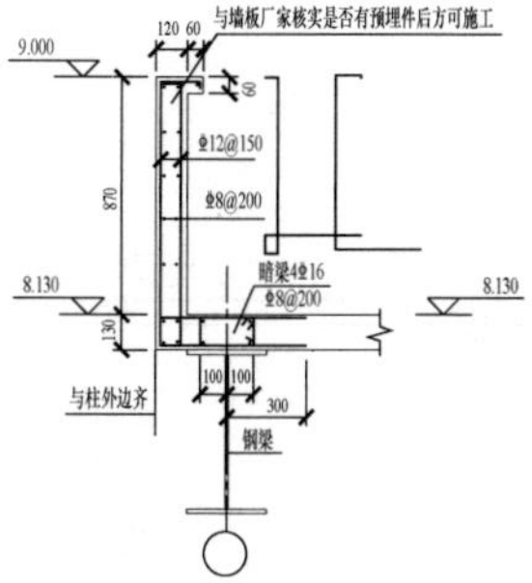

C—C 1:20
女儿墙节点3
板钢筋见板配筋图
女儿墙伸缩缝详图见—05图

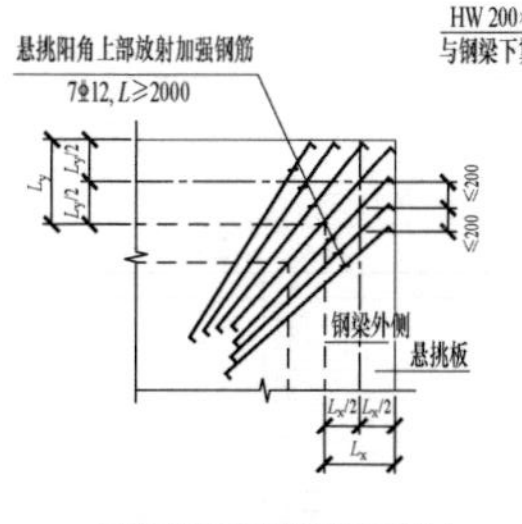

悬挑板阳角附加筋示意图

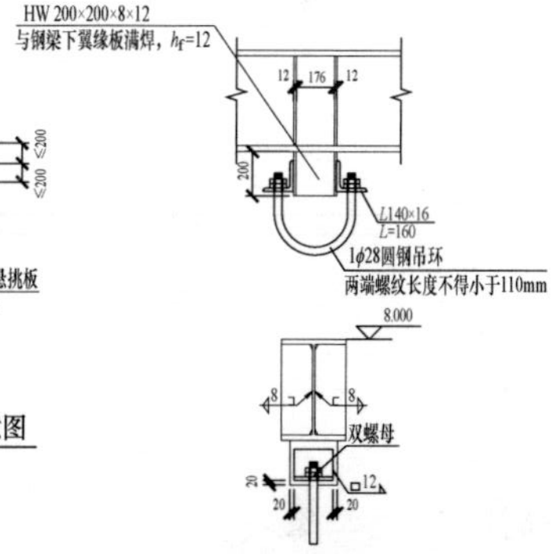

吊点大样 1:20
每个吊点载重不超过3.0t
同时运行的吊点不得大于2个

说明：1. GYP4 及 GYP6 详见－13 图。
2. ϕ28 圆钢吊环采用 Q355B 级钢。
3. 本图 GIS 设备吊点仅为示意，实际工程需按照 GIS 厂家提供的相关资料进行布置和调整。

图 7－14 HE－110－A3－3－T0202－06 （8.000）第 2 层节点及吊点平面布置图

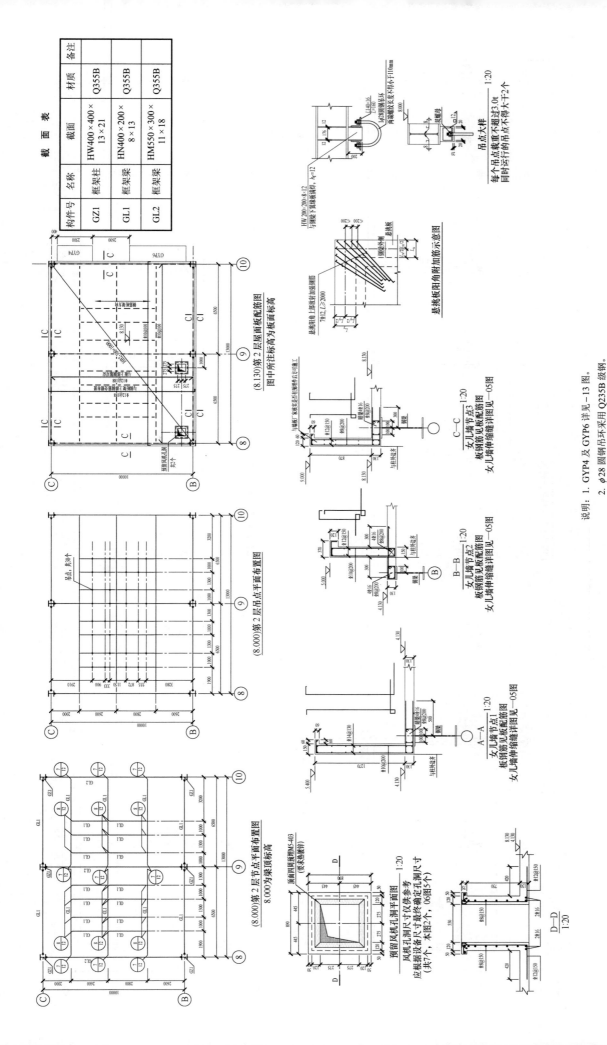

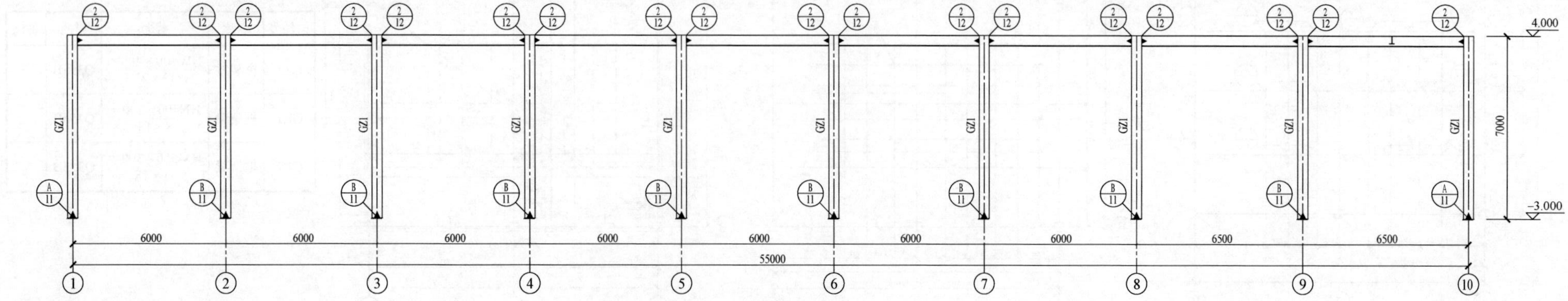

Ⓐ轴框架节点立面布置图

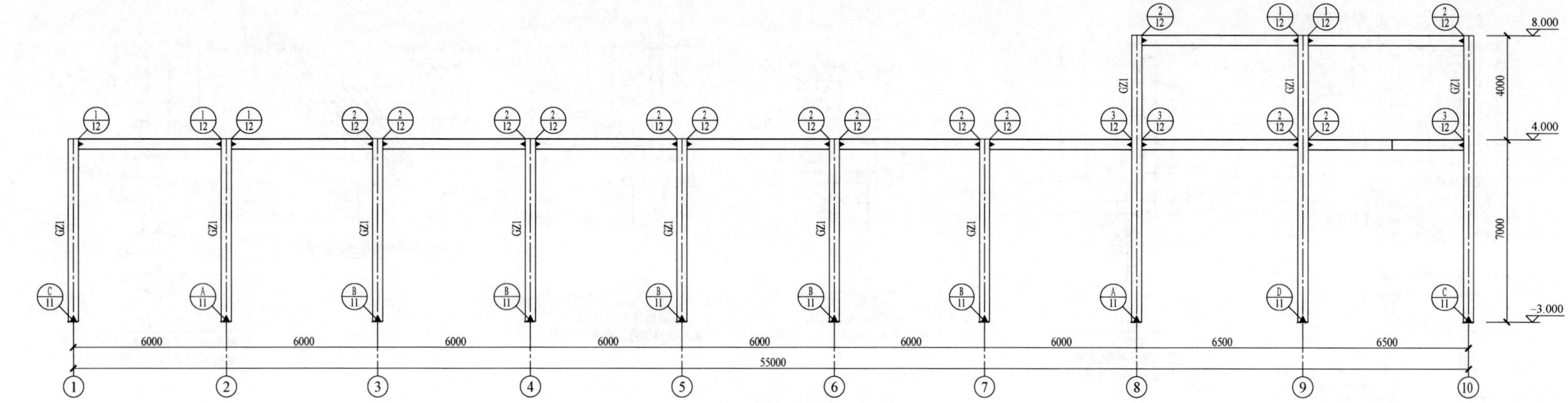

Ⓑ轴框架节点立面布置图

截 面 表

构件号	名称	截面	材质	备注
GZ1	框架柱	HW400×400×13×21	Q355B	

图 7-15 HE-110-A3-3-T0202-07 Ⓐ、Ⓑ轴框架节点立面布置图

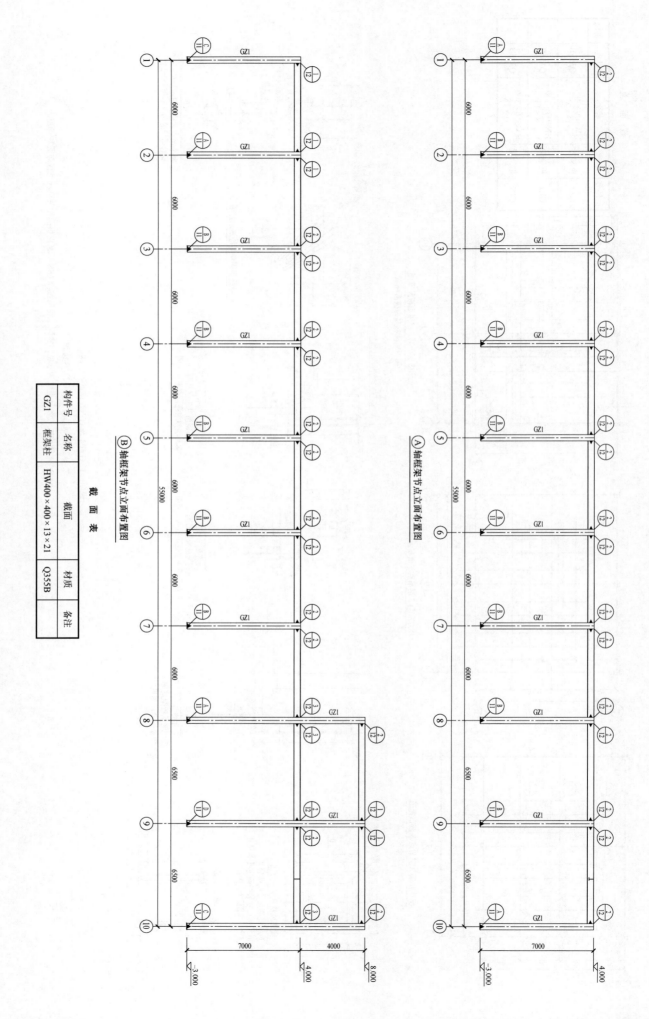

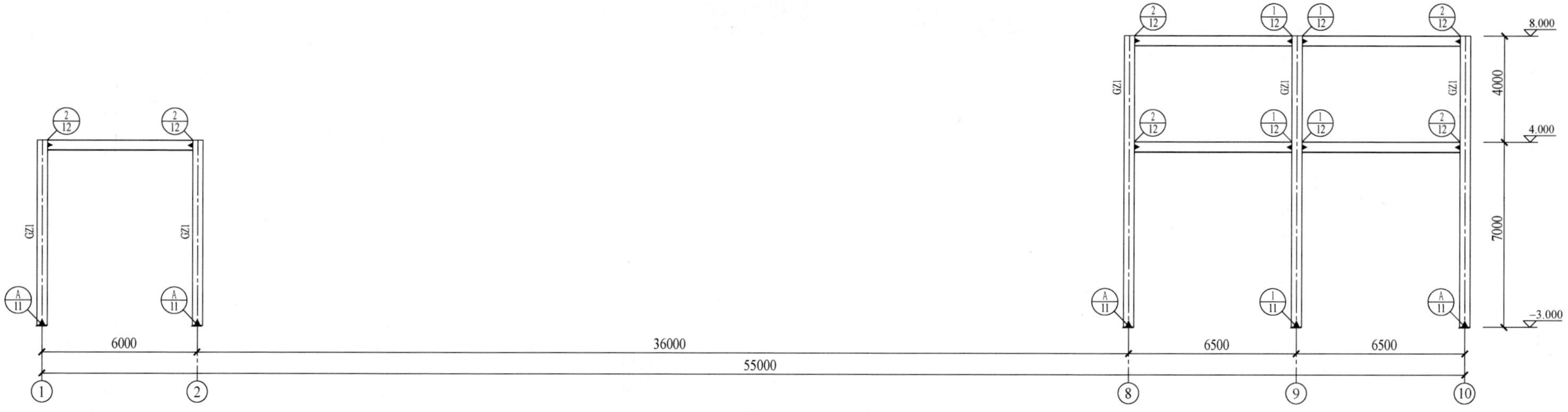

Ⓒ轴框架节点立面布置图

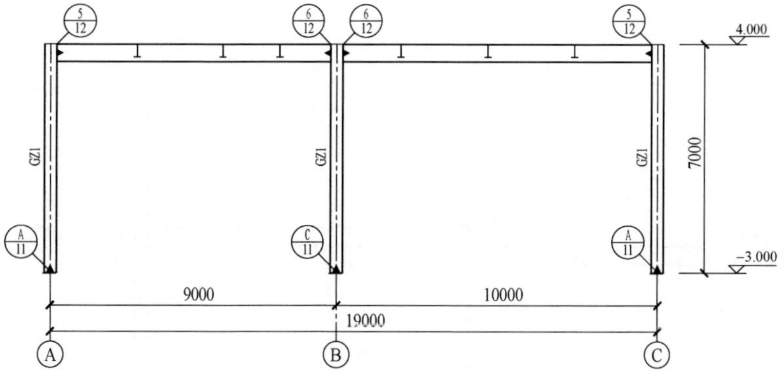

①轴框架节点立面布置图

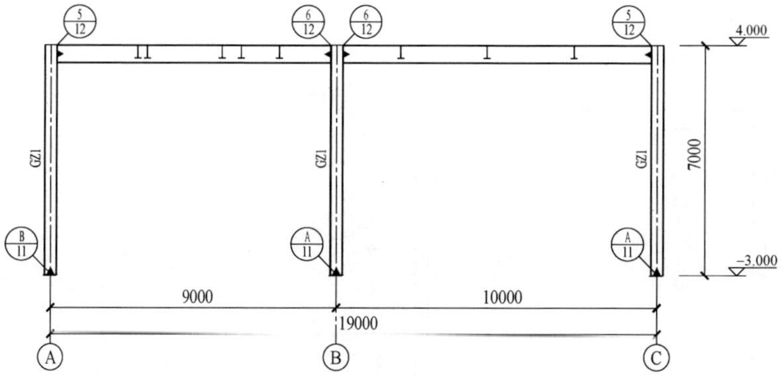

②轴框架节点立面布置图

截 面 表

构件号	名称	截面	材质	备注
GZ1	框架柱	HW400×400×13×21	Q355B	

图 7-16 HE-110-A3-3-T0202-08 Ⓒ轴及①、②轴框架节点立面布置图

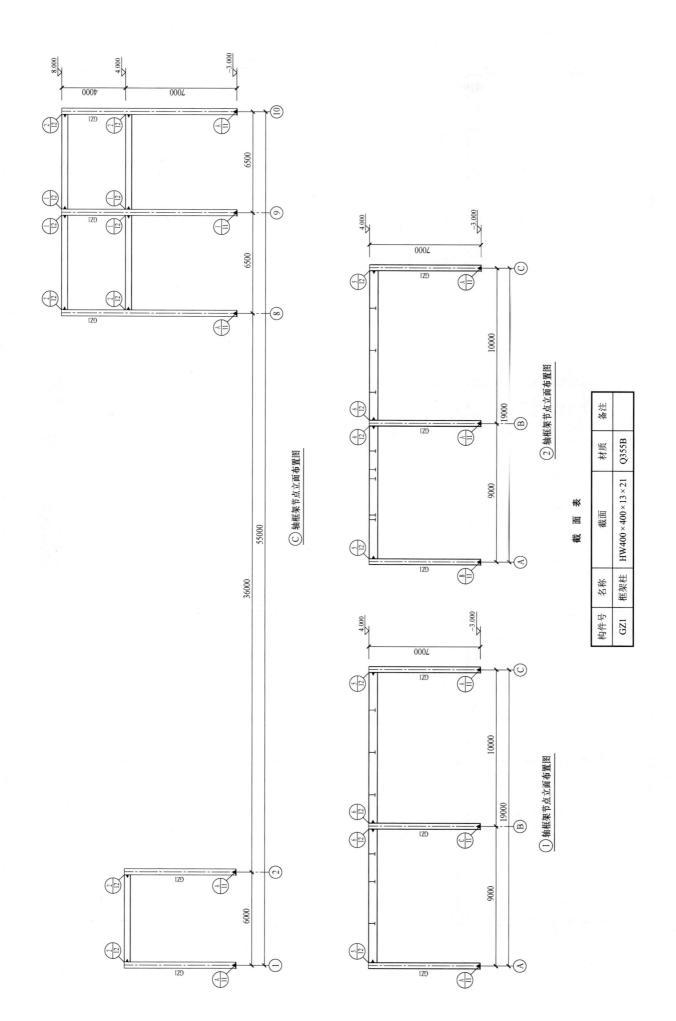

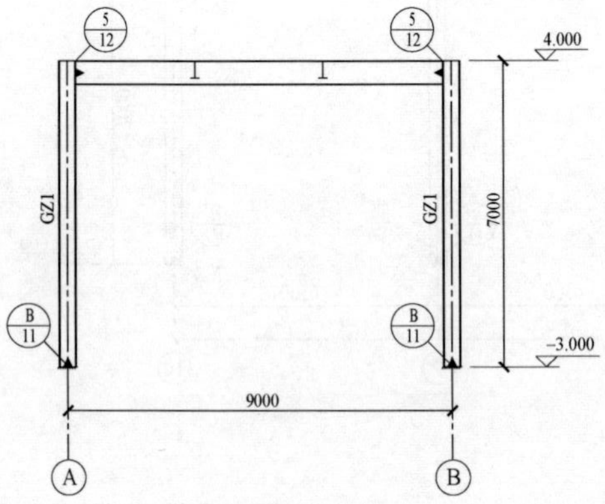

③～⑦ 轴框架节点立面布置图

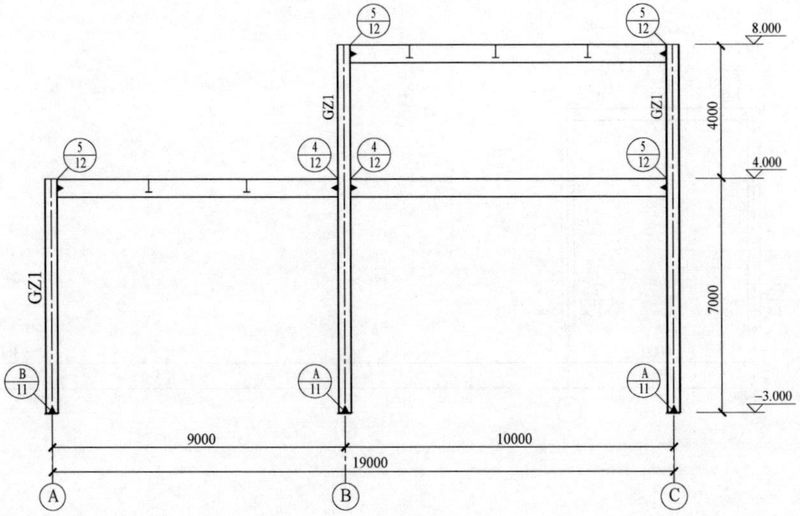

⑧ 轴框架节点立面布置图

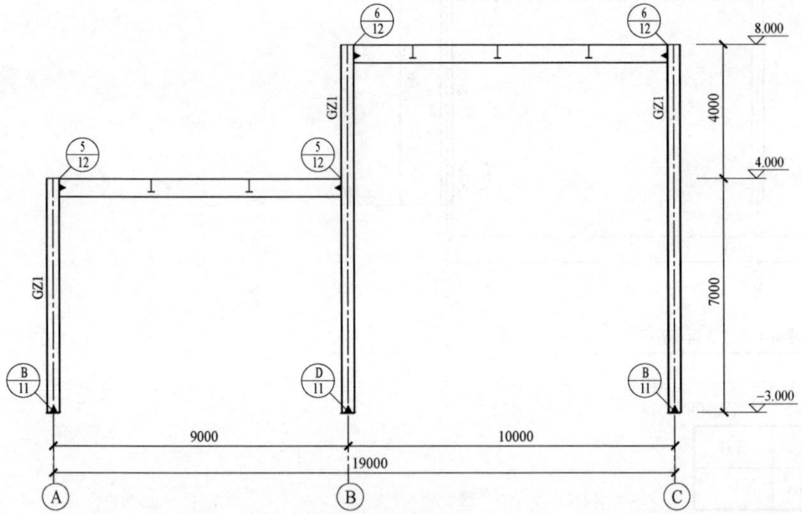

⑨ 轴框架节点立面布置图

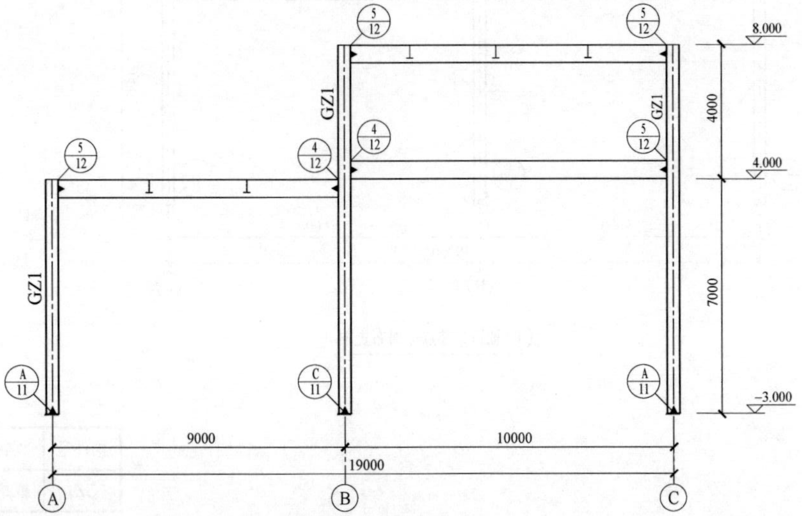

⑩ 轴框架节点立面布置图

图 7-17 HE-110-A3-3-T0202-9 ③～⑩轴框架节点立面布置图

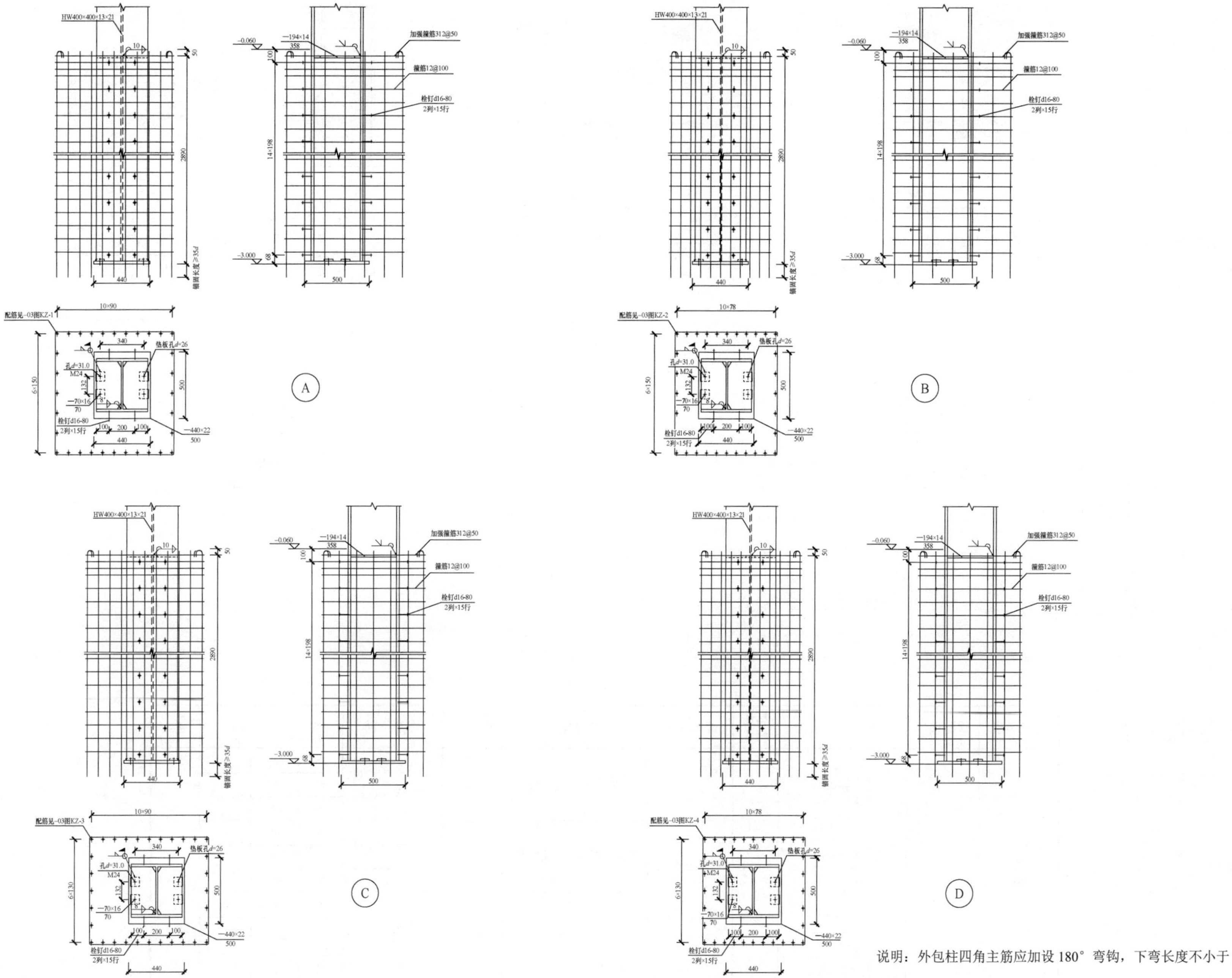

说明：外包柱四角主筋应加设 180° 弯钩，下弯长度不小于 150mm，且下弯段与钢柱焊接。

图 7-18　HE-110-A3-3-T0202-10　柱脚详图

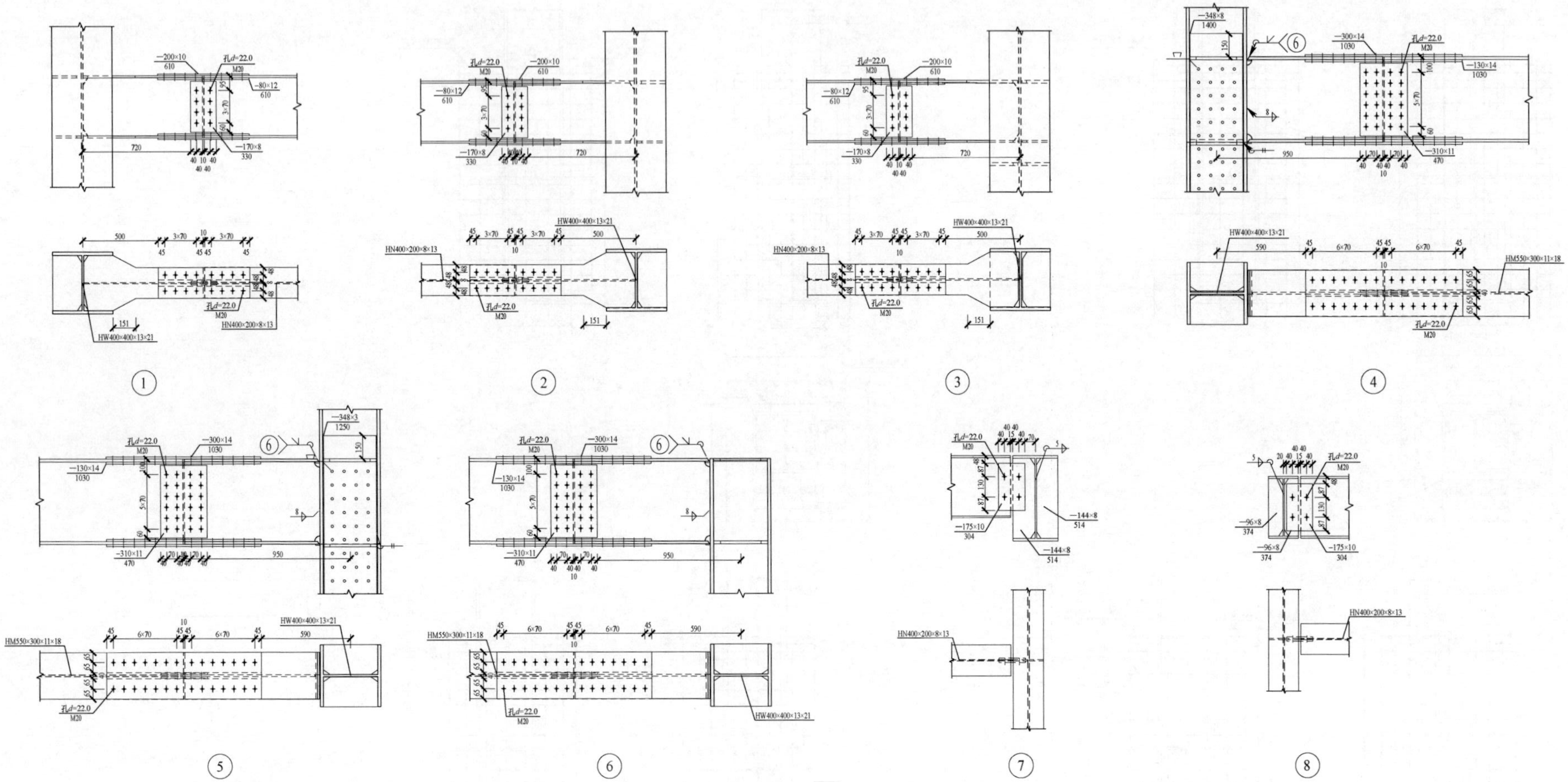

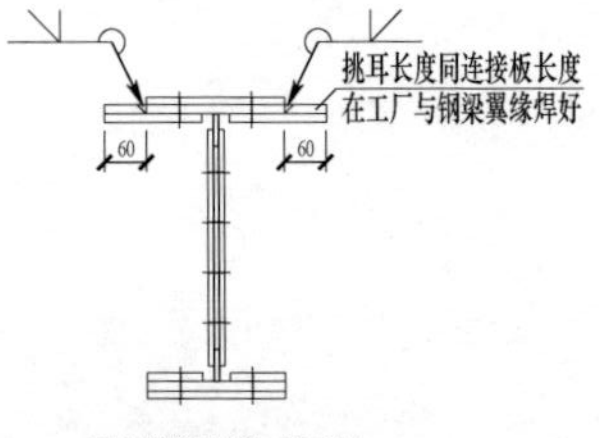

短梁拼接处附加挑耳图

连接类型	焊缝代号	坡口形状示意图	标注样式	焊透种类	焊接方法	板厚 t（mm）	焊接位置	坡口尺寸（mm）			备注
主要用于构件节点区及肋板焊接	⑥			全焊透焊接	焊条手工电弧焊	≥6	F，H，V，O（F，V，O）	b	α_1	p	T形
								6	45°	0～2	
								10	30°		
					气体保护焊自保护焊		F，H，V，O	b	α_1	p	
								6	45°	0～2	
							F	10	30°		
					埋弧焊	≥10	F	b	α_1	p	
								6	45°	2	
								10	30°		

图 7－19　HE－110－A3－3－T0202－11　梁柱连接节点详图

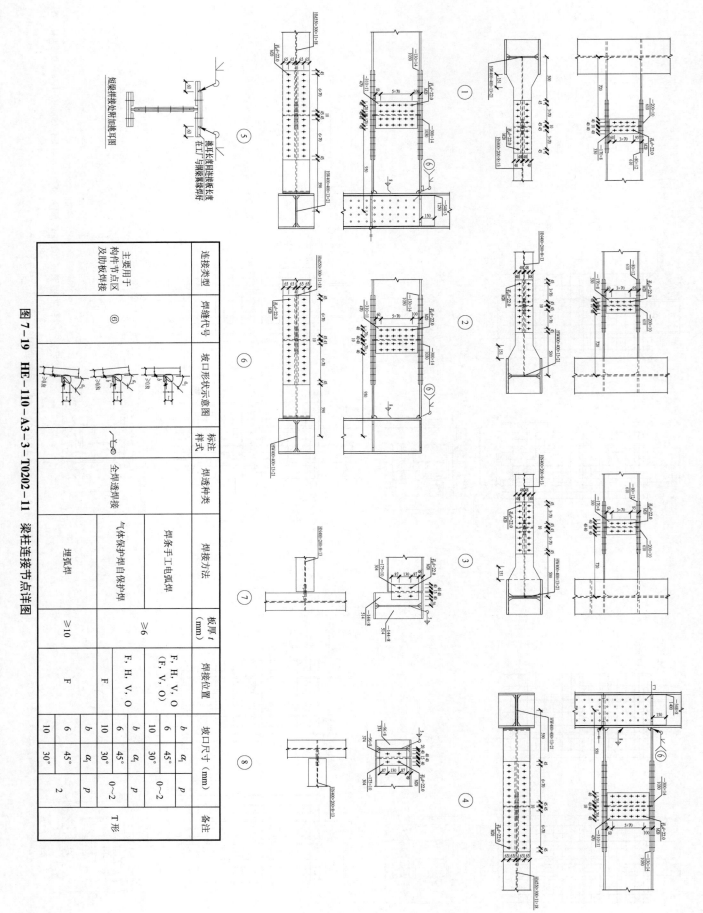

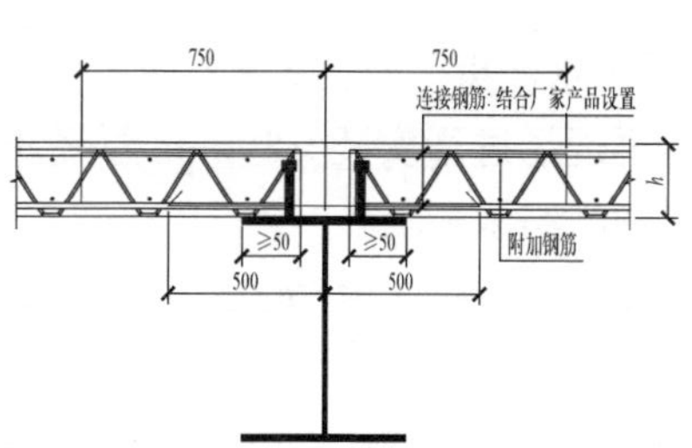

楼承板中间节点一（板断开处）

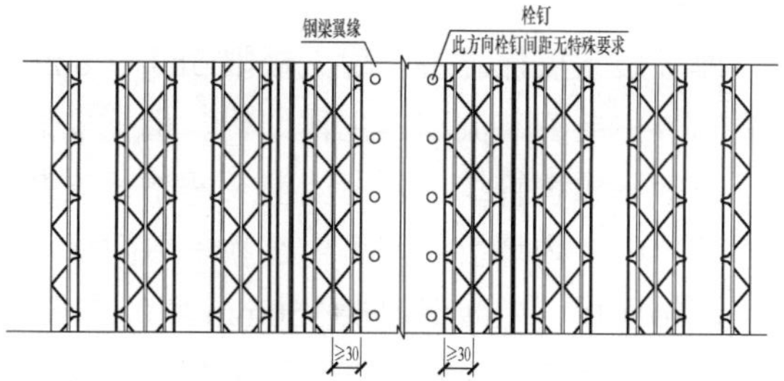

钢筋桁架平行梁布置节点

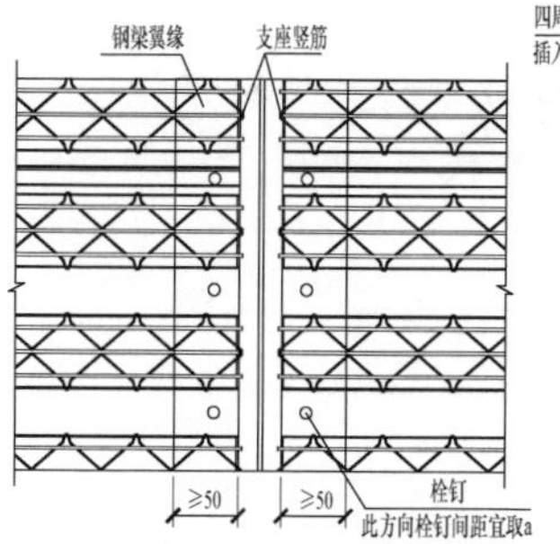

钢筋桁架垂直梁布置节点
保证桁架竖筋焊接在梁的翼缘上

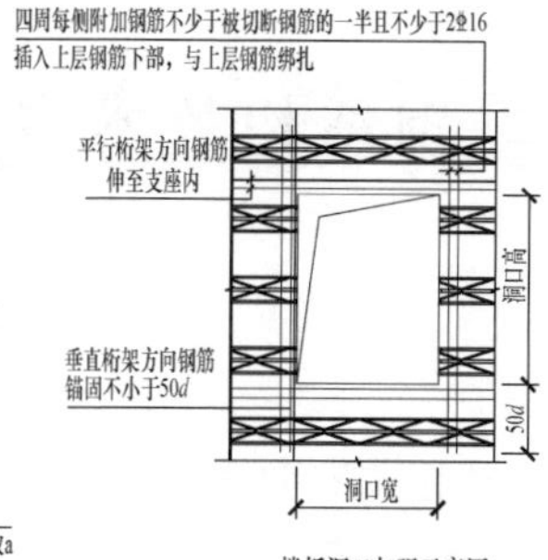

楼板洞口加强示意图

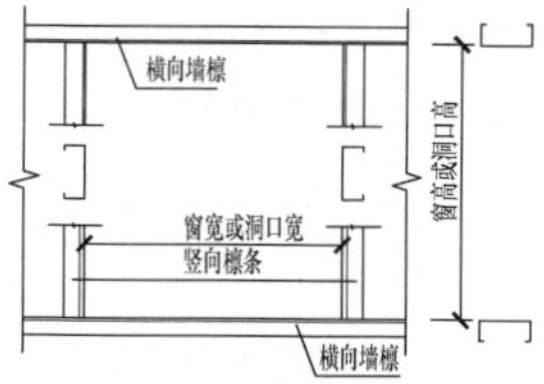

窗洞（穿墙洞口）加固图
（定位详建筑）
墙檩规格按厂家图纸确定

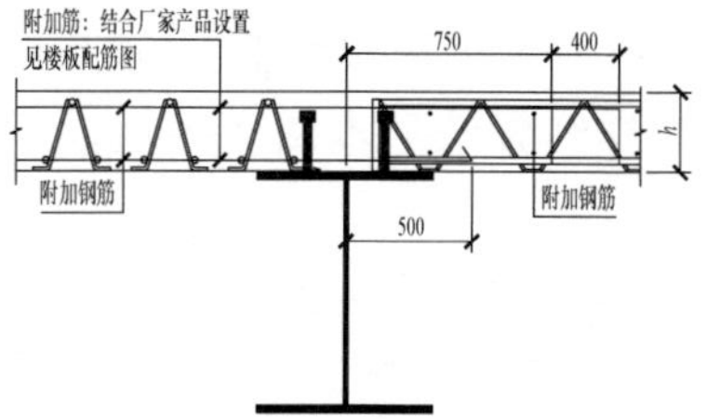

楼承板中间节点二（板断开处）

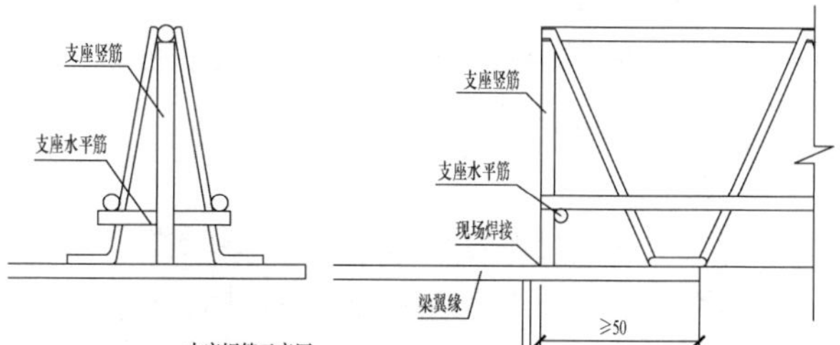

支座钢筋示意图
现场切割后，支座竖筋与支座水平筋需现场焊接

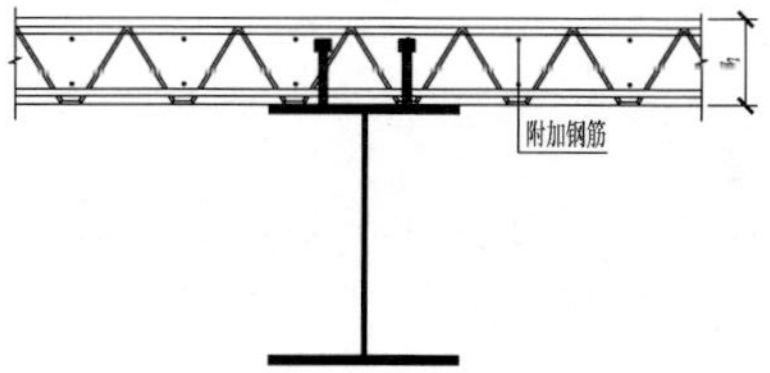

楼承板中间节点三（板连续）

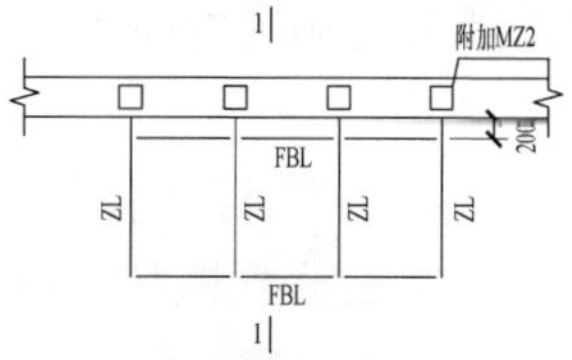

钢雨篷GYP详图

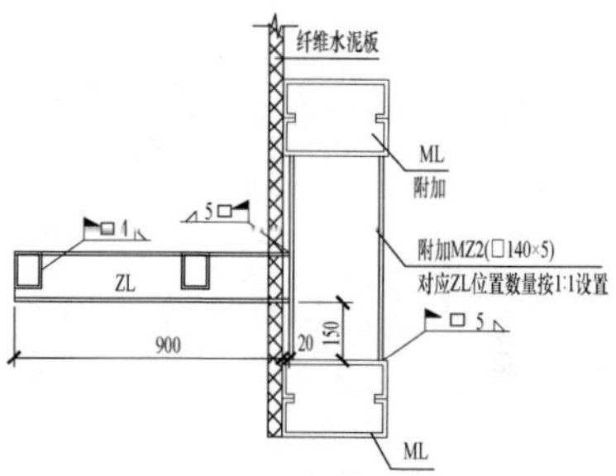

1—1

钢雨篷	构件	截面	数量
GYP1	ZL	□110×5	3
	FBL	□60×4	2
GYP2	ZL	□110×5	4
	FBL	□60×4	2
GYP3	ZL	□110×5	5
	FBL	□60×4	2
GYP4	ZL	□110×5	4
	FBL	□60×4	2
GYP5	ZL	□110×5	5
	FBL	□60×4	2
GYP6	ZL	□110×5	5
	FBL	□60×4	2

注：1. 钢雨篷所用钢材为Q235B。

2. 具体构造详图集《钢雨篷（一）》（07SG528－1）第22页。

钢筋桁架式楼承板说明：

1. 现场附加钢筋详见平面图。
2. l_a为钢筋最小锚固长度，L为楼板短跨计算长度。
3. 钢筋桁架楼承板遇柱时，现场切割多余部分板。切割后应现场焊接支座竖筋。
4. 楼层板施工应满足《组合楼板设计与施工规范》（CECS 273）要求。

图7－20　HE－110－A3－3－T0202－12　结构节点详图

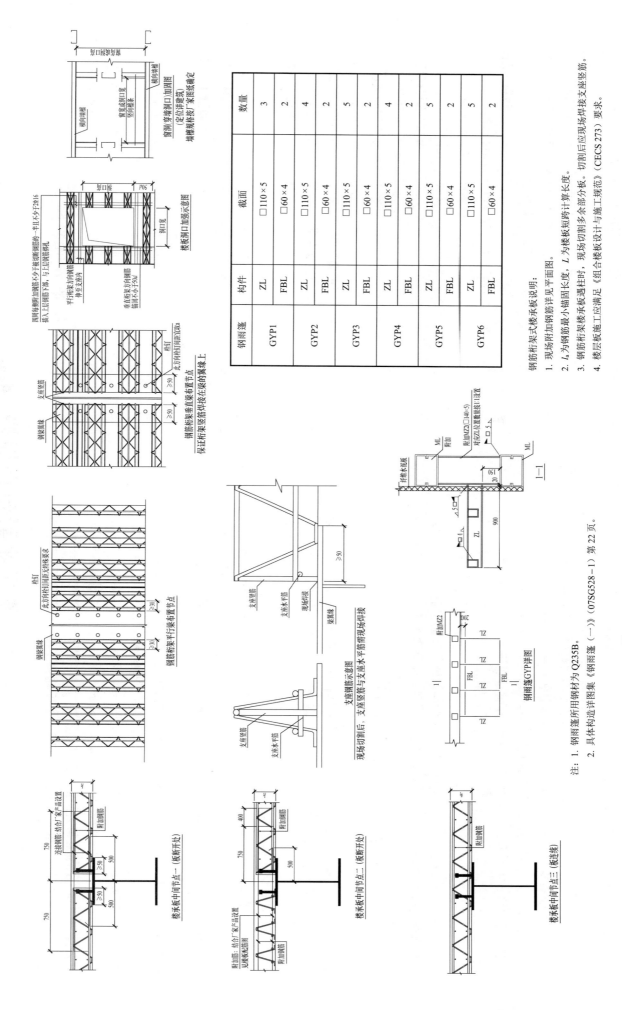

8 辅助用房技术方案

8.1 钢结构技术方案

8.1.1 建筑设计说明

一、设计依据

（1）工程设计合同。

（2）初步设计收口资料及相关专业提资。

（3）现行国家有关建筑设计规范、规定、标准图集。

二、工程概况

（1）本建筑物东西长 6.0m（轴线尺寸），南北长 6.00m（轴线尺寸），建筑高度 4.30m（室外地坪至女儿墙顶），占地面积 48.00m^2，建筑面积 48.00m^2。

（2）建筑层数：地上 1 层。

建筑设计使用年限：50 年；建筑类别：二类；

建筑火灾危险性分类：戊类；耐火等级：二级；

建筑抗震设防烈度：7 度；

建筑屋面防水等级：Ⅰ级。

（3）结构类型：钢框架结构。

三、标高及单位

（1）±0.000m 相当于绝对标高××.×××m。

（2）屋面标高为结构面标高。

（3）本工程标高以米（m）为单位，尺寸以毫米（mm）为单位。

四、墙体

（1）本工程砌体施工质量控制等级为 B 级。

（2）±0.000mm 以上砌体：MU15 混凝土实心砖、M10 混合砂浆砌筑。建筑物周圈墙体砌筑至 0.300m（门洞口处除外），砌体顶部设圈梁，圈梁截面尺寸及配筋。

（3）外墙板：外挂 26mm 厚纤维水泥板＋竖向龙骨（外墙板连接件）（由厂家提供）＋墙梁（由厂家提供）＋自粘性防水隔汽膜（自攻钉加固）＋150mm 厚轻质条板保温层（耐火极限 3h）＋6mm 厚纤维水泥板（室内）。

主要安装流程：主体结构、墙梁安装后，再现场进行安装 150mm 厚轻质条板→预埋管线、预留墙洞及凹槽→安装内外侧纤维水泥板。

（4）内墙板：两侧内墙板＋中间保温层组成。内墙板采用 6mm 厚纤维水泥饰面板，中间保温层 150mm 厚轻质条板。

主要安装流程：先安装 150mm 厚轻质条板，再安装两侧 6mm 厚纤维水泥饰面板。

轻质条板内隔墙连接节点、埋管及开关、插座等做法详见图集 10J113－1 第 D1～D17 页。

（5）钢柱防火做法：先涂非膨胀型防火涂料，耐火极限达到 3.0h，再外包 6mm 厚纤维水泥饰面板，内填满岩棉，详细做法见本图“外墙板示意图一”。

（6）钢梁防火做法：涂膨胀型防火涂料，耐火极限达到 1.5h；有墙体处钢梁外包纤维水泥饰面板做法详见图 8－1 中“外墙板示意图二”及“内隔墙示意图一、二”。

（7）外墙采用成品纤维水泥板，最终应根据甲方要求的外观效果定墙板型号。

（8）泛水、电穿墙管线、固定管线、插头、门窗框连接等构造及技术要求由制作厂家提供，或参见相应的技术规程。

五、门窗

（1）本工程无特殊注明时门窗框中心线与墙中心线一致。窗、门由甲方选定厂家制作安装，厂家根据当地基本风压（0.4kPa）进行设计拼装，保证窗的强度及变形满足要求。门、窗性能详见门窗表处，门窗说明。

（2）窗为断桥铝合金内平开窗，所有门窗可根据甲方要求市场购买。

（3）门窗玻璃采用双层中空玻璃。

（4）图中门窗立面所标尺寸均为洞口尺寸，订货及加工时请注意。

（5）所有木门加球形门锁，所有防盗门采用弹子锁，外窗加防盗网，防盗网市场购买。

六、装修

本工程外装修设计详见表 8－2。内外装修均应先做试样，征得建设单位同意后方可施工。

七、防水

屋面防水等级Ⅰ级。

八、其他

（1）墙体施工时应准确预留孔洞位置，不得直接在墙体上凿槽打洞。

（2）所有埋件均应镀锌防腐，且所有预埋铁件均须按电气相关卷册要求进行接地。

（3）各专业设备管线如穿钢筋混凝土楼板的需预埋管线，留孔留洞施工时请与电气、水工、暖通、通信各专业图纸核对，不宜临时开凿，预留埋管所注直径均为内径，弯曲半径 R 大于等于 10 倍的管径。所有埋管均镀锌防腐，管内预穿铁丝。

（4）智能辅助系统、火灾报警、安全监视等预埋管线详见二次保护专业图纸。

（5）施工时应与电气、水工、暖通、通信等相关专业配合，以便埋设管线、铁件及预留洞施工。所有电气基坑、沟槽、预留洞等，

（6）图中注明墙体留洞尺寸 $a \times b \times c$，a 代表宽度，b 代表高度，c 代表深度。建议施工前先核实箱体留洞具体尺寸。

（7）预埋件：当为手工电弧焊时，HPB300（Φ）级钢筋用 E43 型，HRB400（Φ）级钢筋用 E50 型。

焊缝高度应大于等于 $0.6d$（d 为钢筋直径），且不小于 6mm；直锚筋与锚板采用 T 形焊。

当锚筋直径 $d \leq 20$mm 时宜采用压力埋弧焊。所有焊缝均应满焊，满足钢筋焊接及验收规程的要求。

（8）除按本说明要求外，本工程施工及验收均应遵守现行国家、地方及行业有关施工及验收规范、规程及规定等。

表 8－1 门窗统计表

种类	编号洞口	尺寸（mm）（宽×高）	选用图集	门窗选型	数量	备注
门	M－1	1000×2100			2	成品防盗门（带活动上亮）
	M－2	800×2100	12J4－1	PM1、2－0821	2	断桥铝合金门
	M－3	900×2000	12J4－1	PM1－0921	2	断桥铝合金门
窗	C－1	1500×1500	12J4－1	TC2－1515	3（断桥铝）	合金窗（卫生间采用磨砂玻璃）
	C－2	900×1500	12J4－1	TC2－0915	1	断桥铝合金窗
	C－3	1200×600	12J4－1	TC2－1206	1	断桥铝合金窗（磨砂玻璃）

门窗说明：

1. 门窗玻璃采用中空玻璃（6+12+6），窗台板为人造石。所有门窗及门窗套可根据甲方要求市场购买，但应符合防火要求。
2. 图中所标尺寸为洞口尺寸，定货及加工时请注意，所有防盗门采用弹子锁，市场购买。
3. 门窗选购应明确抗风压、气密性和水密性三项性能指标。外窗的抗风压性能不宜低于 4 级、气密性能不低于 6 级、水密性能不低于 3 级；其性能等级划分应符合《建筑外门窗气密、水密、抗风性能检测方法》（GB/T 7106）的规定。
4. 所有平开窗可开启扇外侧均设不锈钢防蚊纱窗。
5. 所有外窗设不锈钢防盗网。
6. 所有过梁、墙梁布置及节点见钢结构厂家加工图。

表 8－2

工程做法及标准工艺一览表

序号	装修部位		工程做法	标准工艺名称	标准工艺编号	备注
1	内墙	备餐间、卫生间	BDTJ $\frac{1}{8}$	内墙贴瓷砖墙面	0101010103	
2		其他房间	BDTJ $\frac{1}{7}$	内墙涂料墙面	0101010102	
3	地面 警卫	备餐间、卫生间	BDTJ $\frac{1}{13}$	贴通体砖地面	0101010302	有防水层
4		室、保电值班室	BDTJ $\frac{2}{13}$	贴通体砖地面	0101010302	
5	踢脚		BDTJ $\frac{2}{11}$	面砖踢脚板	0101010300－1	高度 120mm
6	顶棚（备餐间、卫生间）		BDTJ $\frac{2}{21}$	铝扣板吊顶顶棚	0101010403	高度 2.4m
7	窗台		01J925－1 $\frac{-}{40}$	人造石窗台板外窗台	0101010201 0101010202	
8	外墙		BDTJ $\frac{1}{24}$	外墙贴砖墙面	0101010701	勒脚贴仿蘑菇石饰面砖
9	踏步		BDTJ $\frac{-}{32}$	板材踏步	0101010801	
10	散水		BDTJ $\frac{-}{36}$	预制混凝土散水	0101011001	宽 600mm
11	空调室外机基础		BDTJ $\frac{-}{70}$	空调室外机布置	0101011502	
12	上屋面爬梯护笼		15J401 WT1c－42	室外钢梯及护笼		护笼距地高度改为 2500mm 首级距地改为 300mm
13	雨水管		12J5－1 $\frac{6}{E2}$ $\frac{2,D}{E3}$ $\frac{1,3}{E7}$ $\frac{4,5}{E7}$			UPVC 管径 110mm（地面以上 1m 范围采用镀锌钢管，卡子采用不锈钢材质）
14	屋面		12J1 屋 105－2F1－65B1	卷材防水		65 厚挤塑式聚苯乙烯泡沫塑料板，燃烧性能不低于 B1 级
15	雨篷		07J501－1	玻璃雨篷		
16	预埋件			普通预埋件	0101020301	镀锌防腐

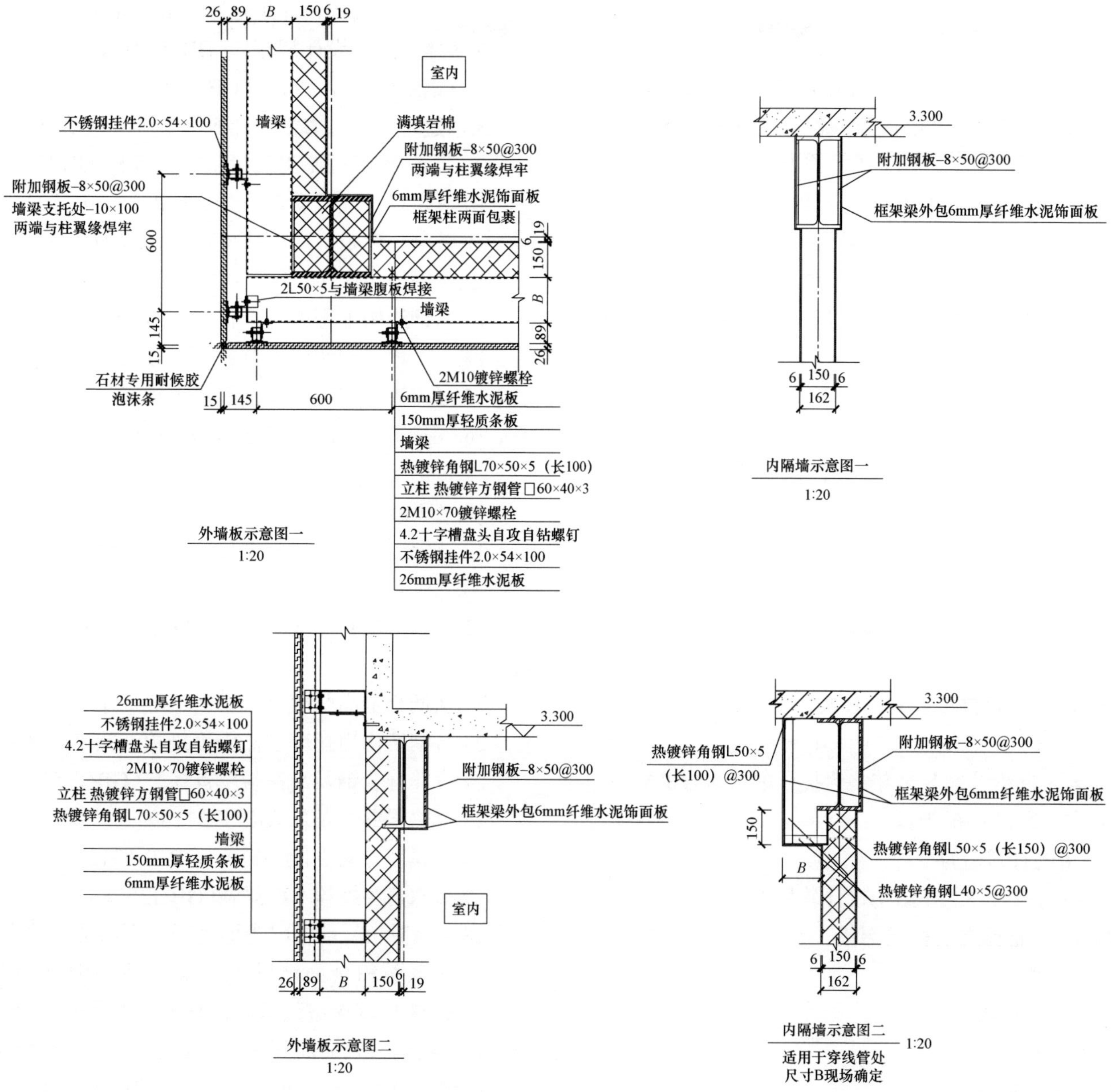

图 8–1　建筑外墙板和内隔墙示意图

8.1.2 结构设计说明

一、一般说明

（1）本卷册全部尺寸均以毫米（mm）为单位，标高以米（m）为单位。

（2）本工程室内地坪±0.000m 相当于 1985 国家高程基准××.××m。

（3）本工程结构安全等级为二级；对应结构重要性系数为$\gamma_0=1.0$。

（4）本工程的地基基础工程与上部结构主体工程设计使用年限为 50 年。

（5）未经技术鉴定或设计许可，不得改变结构的用途和使用环境。在本钢结构建筑使用周期间，应进行正常的定期检查并进行防锈处理等维护工作。未经设计许可与安全鉴定不得改变、损伤结构主体，不得增设结构设计未考虑的荷载。

二、自然条件

（1）抗震设防有关参数。

1）本工程抗震设计的抗震设防烈度为 7 度，设计地震基本加速度值为 0.15g，地震动峰值加速度为 0.1725g，设计地震分组为第三组。

2）建筑的抗震设防类别为丙类。

3）建筑场地类别为Ⅲ类。

4）本工程混凝土结构抗震等级三级；钢框架抗震等级四级。

（2）基本风压：0.40kN/m^2。

（3）基本雪压：0.35kN/m^2，地面粗糙度类别：B 类。

（4）标准冻结深度：×.××m。

（5）地基基础设计依据：××勘察公司××年×月提供的××110kV 变电站新建工程详细勘察阶段《岩土工程勘察报告》。

三、本工程设计计算所采用的计算程序

采用中国建筑科学研究院编制的“PKPM 结构设计软件”。

四、执行的现行规范规程、行业标准及标准图集

（一）中华人民共和国国家标准

1.《电弧螺柱焊用圆柱头焊钉》（GB 10433）

2.《钢结构防火涂料》（GB 14907）

3.《建筑地基基础设计规范》（GB 50007）

4.《建筑结构荷载规范》（GB 50009）

5.《混凝土结构设计规范》（GB 50010）

6.《建筑抗震设计规范》（GB 50011）

7.《钢结构设计标准》（GB 50017）

8.《建筑结构可靠性设计统一标准》（GB 50068）

9.《钢结构工程施工质量验收规范》（GB 50205）

10.《建筑工程抗震设防分类标准》（GB 50223）

11.《电力设施抗震设计规范》（GB 50260）

12.《钢结构焊接规范》（GB 50661）

13.《钢结构工程施工规范》（GB 50755）

14.《工程结构通用规范》（GB 55001）

15.《建筑与市政工程抗震通用规范》（GB 55002）

16.《建筑与市政工程地基基础通用规范》（GB 55003）

17.《钢结构通用规范》（GB 55006）

18.《砌体结构通用规范》（GB 55007）

19.《混凝土结构通用规范》（GB 55008）

20.《碳素结构钢》（GB/T 700）

21.《钢结构高强度大六角头螺栓、大六角螺母、垫圈与技术条件》（GB/T 1231）

22.《低合金高强度合金钢》（GB/T 1591）

23.《钢结构用扭剪型高强度螺栓连接副》（GB/T 3632）

24.《非合金钢及细晶粒钢焊条》（GB/T 5117）

25.《热强钢焊条》（GB/T 5118）

26.《厚度方向性能钢板》（GB/T 5313）

27.《六角头螺栓　C 级》（GB/T 5780）

28.《涂覆涂料前钢材表面处理表面清洁度的目视评定　第 1 部分：未涂覆过的钢材表面和全面清除原有涂层后的钢材表面的锈蚀等级和处理等级》（GB/T 8923.1）、《涂覆涂料前钢材表面处理表面清洁度的目视评定　第 2 部分：已涂覆过的钢材表面局部清除原有涂层后的处理等级》（GB/T 8923.2）、《涂覆涂料前钢材表面处理表面清洁度的目视评定　第 3 部分：焊缝、边缘和其他区域的表面缺陷的处理等级》（GB/T 8923.3）

29.《熔化焊用钢丝》(GB/T 14957)

30.《热轧 H 型钢和剖分 T 形钢》(GB/T 11263)

31.《钢结构防护涂装通用技术条件》(GB/T 28699)

(二)中华人民共和国行业标准

1.《轻骨料混凝土应用技术标准》(JGJ/T 12)

2.《钢结构高强度螺栓连接技术规程》(JGJ 82)

3.《型钢混凝土组合结构技术规程》(JGJ 138)

4.《钢结构、管道涂装工程技术规程》(YB/T 9256)

(三)中国工程建设标准化协会标准

《钢结构防火涂料应用技术规范》(CECS 24)

五、材料

(1)本工程中承重钢构件的钢材均采用 Q355B 级钢，地脚螺栓均采用 Q355B 级钢，其质量标准应分别符合《低合金高强度合金钢》(GB/T 1591)的要求。当采用其他牌号的钢材时须经设计同意。

(2)本工程承重构件用的钢材应按现行国家标准和规范保证抗拉强度、伸长率、屈服点、冷弯试验和碳、硫、磷含量的限值。

(3)本工程结构钢材的屈服强度实测值与抗拉强度实测值的比值不应大于 0.85；应有明显的屈服台，且伸长率应不小于 20%；应有良好的焊接性和合格的冲击韧性。

(4)当钢板厚大于等于 40mm 时应执行《厚度方向性能钢板》(GB 5313)的规定，附加板厚方向的截面收缩率，并不得小于该标准 Z15 级规定的允许值。

(5)当钢板厚大于等于 40mm 时建议钢材订货时规定硫、磷含量控制在 0.01%；当有可靠的焊接经验时可以放宽这项指标。

(6)焊接材料。

所有的焊条、焊丝、焊剂均应与主体金属相适应，应符合现行《钢结构焊接规范》(GB 50661)规定。

1)手工焊：Q235B 钢之间以及 Q355B 和 Q235B 之间的焊接用焊条选用符合《非合金钢及细晶粒钢焊条》(GB/T 5117)的 E43××型焊条。Q355B 钢之间的焊接用焊条选用符合 GB/T 5117 的 E50××型焊条。

2)自动焊接或半自动焊接：自动焊接或半自动焊接采用的焊丝和焊剂，应与主体金属强度相适应，焊丝应符合《熔化焊用钢丝》(GB/T 14957)及《气体保护电弧焊用碳钢、低合金钢焊丝》(GB/T 8110)的规定。焊剂应符合《埋弧焊用碳钢焊丝和焊剂》(GB/T 5293)、《低合金钢埋弧焊用焊剂》(GB/T 12470)及《碳钢药芯焊丝》(GB/T 10045)、《热强钢药芯焊丝》(GB/T 17493)的规定。

自动焊接或半自动焊接采用的焊丝和焊剂，其熔敷金属的抗拉强度不应小于相应手工焊焊条的抗拉强度。

3)焊条、焊剂及焊丝。

表 8-3　钢材焊接的焊材选用

钢材牌号	手工焊	埋弧自动焊		CO_2 气体保护焊
	焊条型号	焊剂	焊丝	焊丝
Q235B	E43××焊条	F4A×	H08A 或 H08MA	ER49-1
Q355B	E50××焊条	F50××	H10MnSi 或 H10Mn2	ER50-3

(7)安装螺栓采用 Q355BF 钢，应符合《六角头螺栓　C 级》(GB 5780)。

(8)本工程地脚锚栓采用普通螺栓(配双螺母)，螺栓、螺母和垫圈采用《低合金高强度合金钢》(GB/T 1591)规定的 Q355B 钢。

(9)高强度螺栓采用性能等级为 10.9 级的扭剪型高强螺栓，扭剪型螺杆及螺母、垫圈应符合《钢结构用扭剪型　高强度螺栓连接副》(GB 3632)中的规定；高强度螺栓的设计预拉力值按《钢结构设计标准》(GB 50017)的规定采用。高强度螺栓连接钢材的摩擦面应进行喷砂处理，抗滑移系数应 0.40。在施工前应做抗滑移系数试验，用于高强螺栓连接的金属表面喷砂处理应该经过专门的工艺评定。构件的加工、运输、存放需保 证摩擦面喷砂效果符合设计要求，安装前需检查合格后，方能进行高强螺栓组装。

高强度螺栓连接的孔径按表 8-4 匹配。

表 8-4　高强度螺栓连接的孔径尺寸匹配　mm

螺栓公称直径	M20	M22	M24	M27
标准圆孔直径	22	24	26	30

高强螺栓的施工及质量验收按照《钢结构高强度螺栓连接技术规程》(JGJ

826）第 7 章相关要求进行。

（10）圆柱头栓钉性能应符合《电弧螺柱焊用圆柱头焊钉》（GB 10433）的规定。

六、制作与安装基本要求

（1）钢结构在制作前，应按本设计要求编制施工详图的深化设计方案，修改设计应取得我院同意；并编制制作工艺和安装施工组织设计，经论证通过后方可正式制作与施工。

（2）钢结构的制作和安装须根据施工详图进行。

（3）钢结构的材料、放样、号料和切割、矫正、弯曲和边缘加工、制作摩擦面的加工、除锈、编号和发运应遵照《钢结构工程施工质量验收规范》（GB 50205）。

（4）钢结构制作、安装和质量检查所用的量具、仪器、仪表等，均应具有相同的精度，并应定期送计量部门检定，合格后方可使用。

（5）高强螺栓连接的施工应遵守《钢结构高强度螺栓连接技术规程》（JGJ82）的规定，有关焊接连接应遵守《钢结构焊接规范》（GB 50661）的规定。

（6）加工单位所订购的钢材及连接材料必须符合设计的要求，当确有必要代用时应经设计认可。所有材料均应有质量合格证明，必要时尚应提供材质、抗滑系数的复验合格证明。

（7）重要接头或构件，应在出厂前进行自由状态的预拼装，其允许偏差应符合《钢结构工程施工质量验收标准》（GB 50205—2020）附录 D 的规定。

（8）焊接用的焊条、焊丝及焊剂应严格按设计要求匹配选用，对重要结构或新材料的焊接应进行焊接工艺评定，编制专门的焊接工艺指导书。

（9）焊件的坡口尺寸、焊接垫板等应符合设计图纸规定的要求。

（10）全焊透焊缝应进行超声波探伤检查，要求按《钢结构工程施工质量验收标准》（GB 50205—2020）中的第 5.2.4 条。

（11）当焊件厚度较大（＞36mm）时，宜按接头的约束条件考虑焊接的预热措施，对重要构件手工焊时，不宜在低于－5℃的环境温度中施焊。

（12）钢结构的冷矫正和冷弯加工的最小曲率半径（r）及最大弯曲矢高（f）应符合《钢结构工程施工质量验收标准》（GB 50205—2020）表 7.3.4 的规定。

（13）钢结构构件的运输及存放应有可靠的支垫及定位，包挎捆绑及临时支撑加固等，均不得造成杆件的变形及损伤。已安装就位的钢构件不允许以钢绳捆绑作为起重吊装的附加支点。

（14）当钢梁跨度 $L \geqslant 9$m 时，要求制作时预起拱 $L/500$。

（15）各类钢构件的外形尺寸允许偏差见《钢结构工程施工质量验收规范》（GB 50205）附录 C 的表 C.0.1～表 C.0.9；安装的允许偏差见附录 E。

（16）对接接头、T 型接头和要求全熔透的角部焊缝，应在焊缝两端配置引弧板和引出板，其材质应与焊件相同。手工焊引板长度不应小于 60mm，埋弧自动焊引板长度不应小于 150mm，引焊到引板上的焊缝不得小于引板长度的 2/3。

（17）对 30mm 以上厚板焊接、为防止在厚度方向出现层状撕裂、建议采取以下措施：

1）对母材焊道中心线两侧各 2 倍板厚加 30mm 的区域内进行超声波探伤检查。母材中不得有裂纹、夹层及分层等缺陷存在。

2）严格控制焊接顺序，尽可能减少板厚方向的约束。

3）采用低氢焊条或超低氢焊条。在满足设计强度要求的前提下，尽可能采用屈服强度低的焊条。

4）根据母材的碳当量及焊接裂纹敏感性系数值选择正确的预热措施和后热处理。

（18）栓钉焊接采用瓷环保护。栓钉在支座的压型钢板凹肋处，穿透压型钢板并将栓钉、钢板均焊牢在钢梁上。

（19）高强度螺栓孔的精度应为 H15 级。

（20）型钢拼接前及栓钉焊接前应将构件焊接面的油、锈清除。

（21）当钢骨梁贯通，其上或梁下有混凝土墙或混凝土柱时，钢骨梁翼缘应根据墙、柱配筋预留穿筋孔。穿筋孔的大小当为螺纹钢时为钢筋直径加 8mm；当为光圆钢筋时为钢筋直径＋3mm。

（22）制孔。

1）除地脚螺栓外，钢结构构件上螺栓钻孔直径比螺栓直径大 1.5～2.0mm。

2）高强度螺栓应采用钻成孔。

3）若现场需制孔，应优先采用钻孔，也可用火焰割小孔，再扩孔至设计要求，孔径壁需磨光。

（23）钢梁及柱上预留孔洞及附设连接件按照钢结构设计图所示尺寸及位置，在加工厂制孔，并按设计要求补强，在现场不得应任何方面的要求以任何方法制孔或焊接连接件。

（24）墙体与钢结构（梁、柱）连接节点，必须在工厂预先做好，严禁在受力构件上现场施焊。

七、除锈及防锈

（1）钢构件的除锈和涂装应在制作质量检验合格后进行。

（2）构件表面采用喷砂除锈，除锈等级 Sa2.5，其质量要求应符合《涂覆涂料前钢材表面处理表面清洁度的目视评定　第 1 部分：未涂覆过的钢材表面和全面清除原有涂层后的钢材表面的锈蚀等级和处理等级》（GB 8923.1）。钢结构防锈涂层由底漆、中间漆和面漆组成，即无机富锌底漆 2 遍，环氧中间漆 2 遍（100μm＋100μm），脂肪族聚氨酯面漆 2 遍（50μm）。

八、钢结构防火

（1）钢柱采用非膨胀型防火涂料 GT－NRF－F_t3.0，耐火极限不低于 3h，再外包纤维水泥板，内填岩棉，具体做法见 T0203－01 说明；其他钢梁采用膨胀型防火涂料 GT－NRP－F_t1.5，耐火极限不低于 1.5h；屋顶承重构件采用膨胀型防火涂料 GT－NRP－F_t1.0，耐火极限不低于 1.0h。

（2）所采用的防火涂料应通过检验并得到当地消防部门的认可。

（3）所采用的防火涂料应与底漆、面漆相适应，并有良好的结合能力。

（4）防火涂料作业的施工、检验与验收必须严格按《钢结构防火涂料应用技术规程》（T/CECS 24）的规定进行。

九、连接节点（详见设计图，设计图未说明时按如下形式连接）

（1）梁柱拼接连接节点采用全栓接头。

（2）梁与梁的连接节点：铰接时，用连接板及 10.9s 高强螺栓与次梁腹板连接；刚接时，梁翼缘采用全溶透等强焊缝连接；腹板采用 10.9s 高强螺栓连接。

（3）焊接：选择的焊丝和焊剂型号应与主体金属强度相匹配：

1）焊接时应选择合理的焊接工艺及焊接顺序，以减小钢结构中产生的焊接应力和焊接变形；

2）组合 H 型钢的腹板与翼缘的焊接应采用自动埋弧焊机焊或气体保护焊；

3）组合 H 型钢因焊接产生的变形应以机械或火焰矫正调直；

4）焊接 H 型钢梁柱如需工厂拼接，须按图 8－2 错缝拼接。

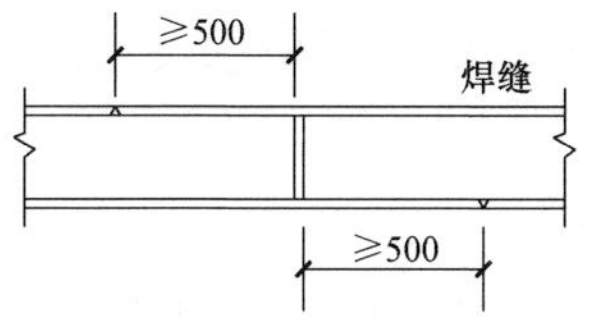

图 8－2　焊接 H 型钢梁柱拼接示意图

（4）角焊缝的尺寸。

除图中注明者外，角焊缝的焊脚尺寸 S 按表 8－5 采用。

表 8－5　角焊缝焊脚尺寸　mm

T	4	5	6	8	10	12	16	20
S	4	4	5	6	8	10	12	14

注：$T<6$mm，可采用单面角焊缝，焊角尺寸同 T，单面熔深＞3mm。

十、构件连接

（1）框架梁和框架柱之间的连接采用刚接（特殊注明者除外）。

连接时，需预先在工厂进行柱与悬臂钢梁段的焊接，然后在工地进行梁的拼接，梁拼接节点处翼缘及腹板均为高强度螺栓连接。

（2）主梁和次梁的连接采用铰接。在工地采用高强度螺栓连接。

（3）上下翼缘和腹板的拼接缝应错开，并避免与加劲肋板重合，腹板拼接缝与它平行的加劲板至少相距 200mm，腹板拼缝与上下翼缘至少相距 200mm。对接焊缝应符合《钢结构工程施工质量验收标准》（GB 50205—2020）要求，且不低于一级。

（4）所有钢梁横向加劲板与上翼缘板连接处，加劲板上端要求刨平顶紧后施焊。

（5）柱脚处柱翼缘、腹板和加劲板，梁支座支承板下端要求刨平顶紧后施焊。

（6）焊缝施工的质量等级应符合设计图纸规定的要求，凡要求与母材等强的对接全熔透焊缝其质量等级为二级；角焊缝质量等级为三级，其外观缺陷的等级检查应符合《钢结构工程施工质量验收标准》（GB 50205—2020）

附录 A 二级焊缝外观质量标准。

（7）直角角焊缝的焊角尺寸除注明外不得小于本图第九、4 条设计要求，且不宜大于较薄焊件厚度的 1.2 倍，长度均为满焊。

（8）钢梁预留孔洞，按照设计图纸所示尺寸、位置，在工厂制孔，并按设计要求进行。

十一、焊缝检查及检测

（1）焊接施工单位在施工过程中，必须做好记录，施工结束时，应准备一切必要的资料以备检查。

（2）焊缝表面缺陷及焊缝内部缺陷应严格按照现行《钢结构工程施工质量验收标准》（GB 50205—2020）表 5.2.4 及相关要求要求进行。所有超声波检查方法遵照《钢焊缝手工超声波探伤方法和探伤结构分类》（GB 11345）及有关的规定和要求进行焊接质量检查。

十二、施工安装要求

（1）楼层标高采用设计标高控制，由柱拼接焊接引起钢柱的收缩变形或其他压缩变形，需在构件制作时逐节进行考虑确定柱的实际长度。

（2）柱安装时，每一节柱的定位轴线不应使用下根柱子的定位轴线，应将地面控制轴线引到高空，以保证每节柱安装正确无误。

（3）对于多构件汇交复杂节点，重复安装接头和工地拼装接头，宜在工厂中进行预拼装。

（4）钢柱柱脚锚栓埋设误差要求：每一柱脚锚栓之间埋设误差需小于 2mm。

（5）钢结构施工时，宜设置可靠的支护体系体系以保证结构在各种荷载作用下结构的稳定性和安全性。

（6）钢构件在运输吊装过程中应采取措施防止过大变形和失稳。

十三、施工中应注意的问题

（1）本设计中考虑的施工荷载系指与楼面荷载性质相同的竖向均布荷载，钢框架梁在未浇灌楼板之前，不得施加其他性质方向的荷载，不得用钢梁的下翼缘支撑混凝土模板或其他集中力。柱身上不得施加设计以外的任何侧向荷载。

（2）本工程设计没有考虑冬季、雨雪、高温等特殊的施工措施，施工单位应根据相关施工规程规范采取相应的措施。

十四、荷载取值（钢结构部分）

1. 屋面荷载

（1）恒荷载（含楼承板）： 6.5kN/m^2；

（2）活荷载： 0.5kN/m^2。

2. 风、雪荷载

（1）基本风压： 0.40kN/m^2；

（2）基本雪压： 0.35kN/m^2；

（3）女儿墙附近考虑积雪不均匀分布系数雪压：0.70kN/m^2。

十五、构件变形控制值

（1）檩条挠度： $L/200$；

（2）屋面主梁挠度： $L/400$；

（3）屋面次梁挠度： $L/250$。

十六、制图有关说明

（1）未注明长度单位为 mm；未注明标高单位为 m。

（2）图中梁、柱加劲肋均须成对设置。加劲肋未注明尺寸见表 8－6 制作。

表 8－6　加劲肋焊缝设计尺寸　mm

加劲肋厚度	H 构件板厚度	
	6～8	10～12
8	6.0	6.0
10～12	6.0	8.0
14～18	8.0	10.0

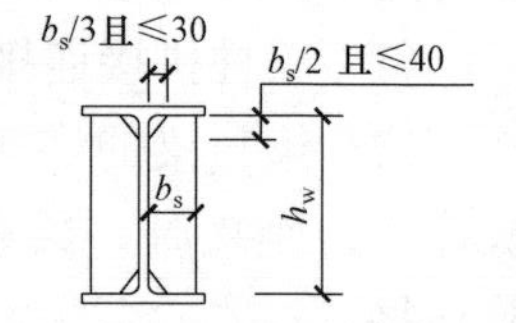

加劲肋外伸宽度 $b_s \geq h_w/30+40$

加劲肋厚度 $t_s \geq b_s/15$ 且≥5

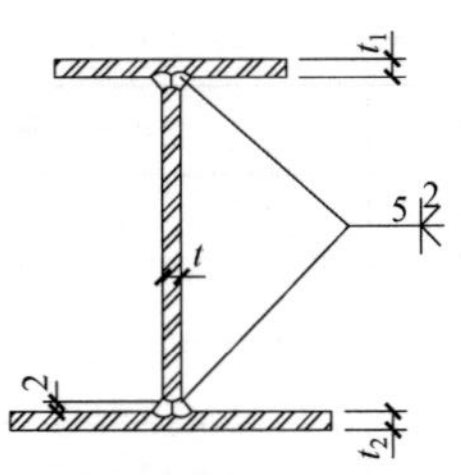

钢梁焊接详图
采用双面剖口焊缝

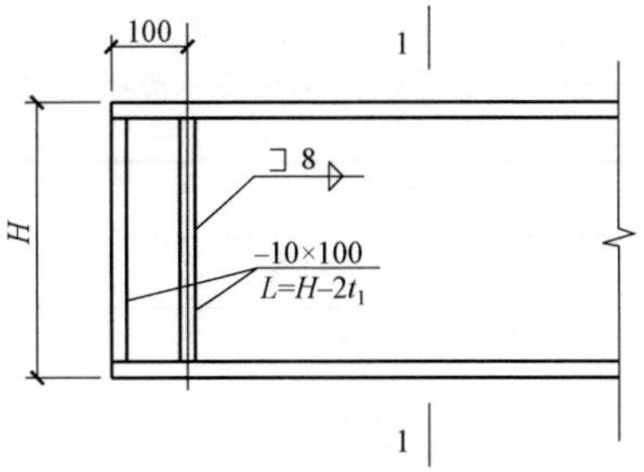

钢梁端头加固详图
(等高钢梁)

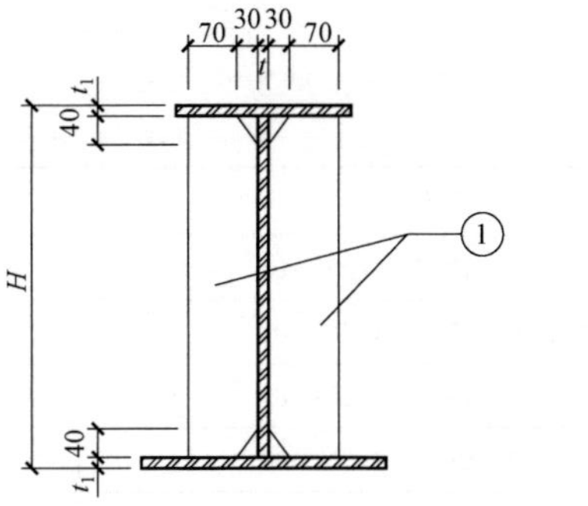

1—1

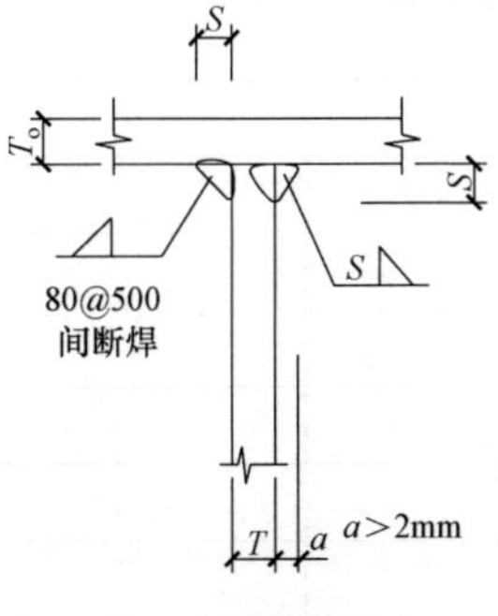

单面角焊缝 $T \leqslant T_o$
$t<6$mm

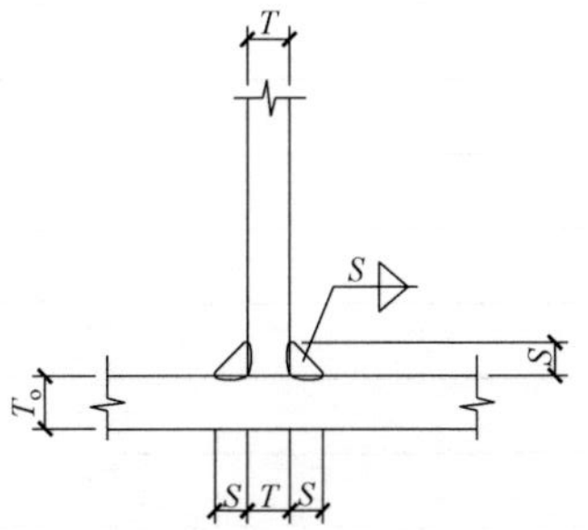

双面角焊缝

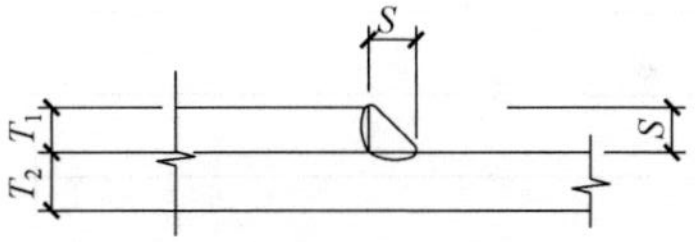

角焊缝连接详图

$T_1 < T_2$	$T_1 > T_2$
$S = T_1 - 3$	$S = T_2$

图 8-3　角焊缝尺寸示意图

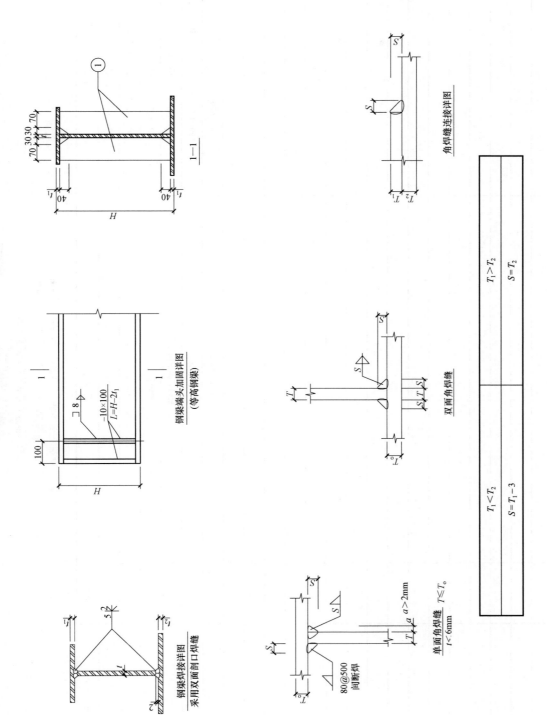

8.1.3 建筑、结构图纸

施工图图纸目录

110kV 变电站建筑物施工图设计图集

卷册名称 辅助用房建筑结构施工图

图纸____张　　说明____本　　清册____本

序号	图号	图名	张数	套用原工程名称及卷册检索号，图号
1	HE-110-A3-3-T0203-01	辅助用房建筑施工图	3	
2	HE-110-A3-3-T0203-02	辅助用房结构施工图	1	
3	HE-110-A3-3-T0203-03	辅助用房基础施工图	2	
4	HE-110-A3-3-T0203-04	辅助用房钢结构施工图	2	
5	HE-110-A3-3-T0203-05	构造详图	1	
6	HE-110-A3-3-T0203-06	结构节点详图	2	

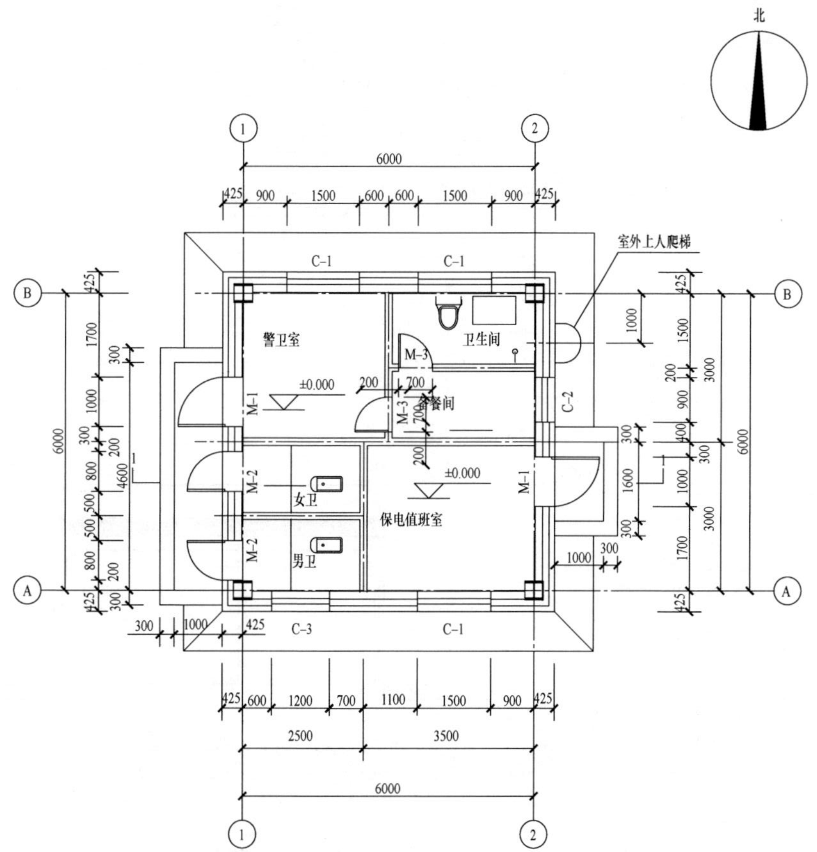

辅助用房平面图 1:100

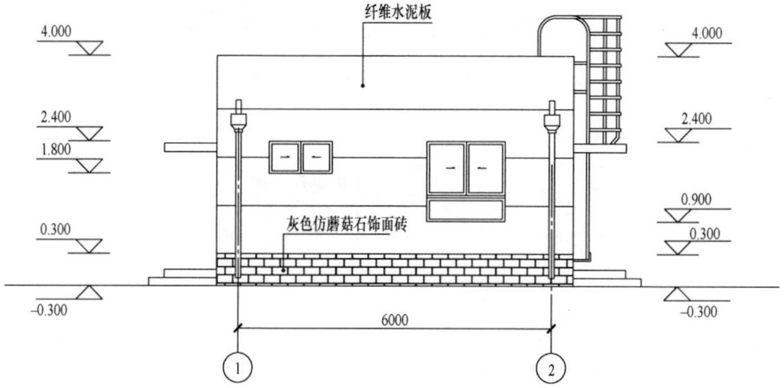

①~② 轴立面图 1:100

说明：1. 建筑物内所有内墙均轴线居中。

2. 纤维水泥板建筑外墙要求厂家做二次设计，考虑檩条排板、开洞加固、门窗洞口位置封边及雨篷等问题。

图 8-4 HE-110-A3-3-T0203-01 辅助用房建筑施工图（一）

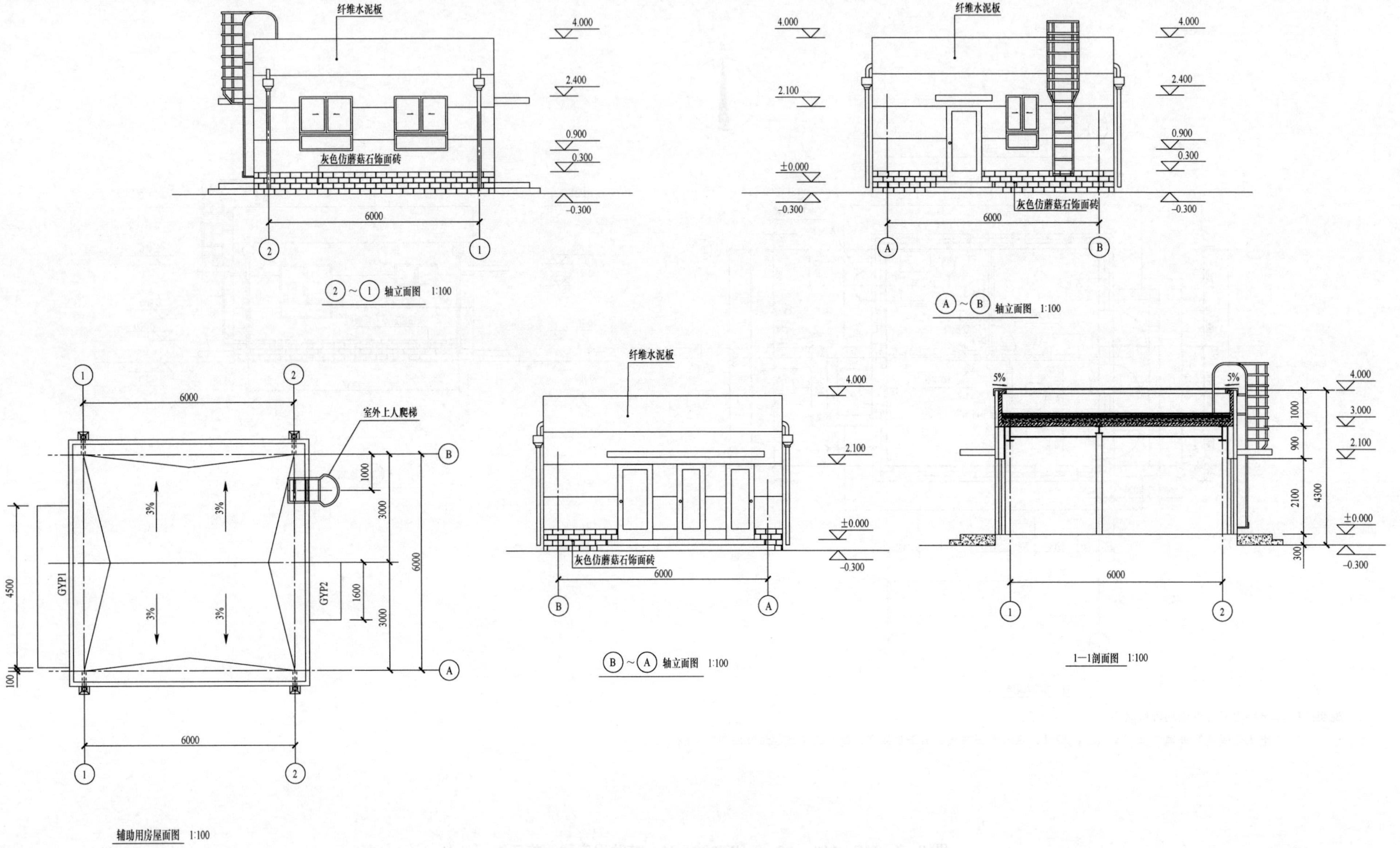

图 8-5 HE-110-A3-3-T0203-01 辅助用房建筑施工图（二）

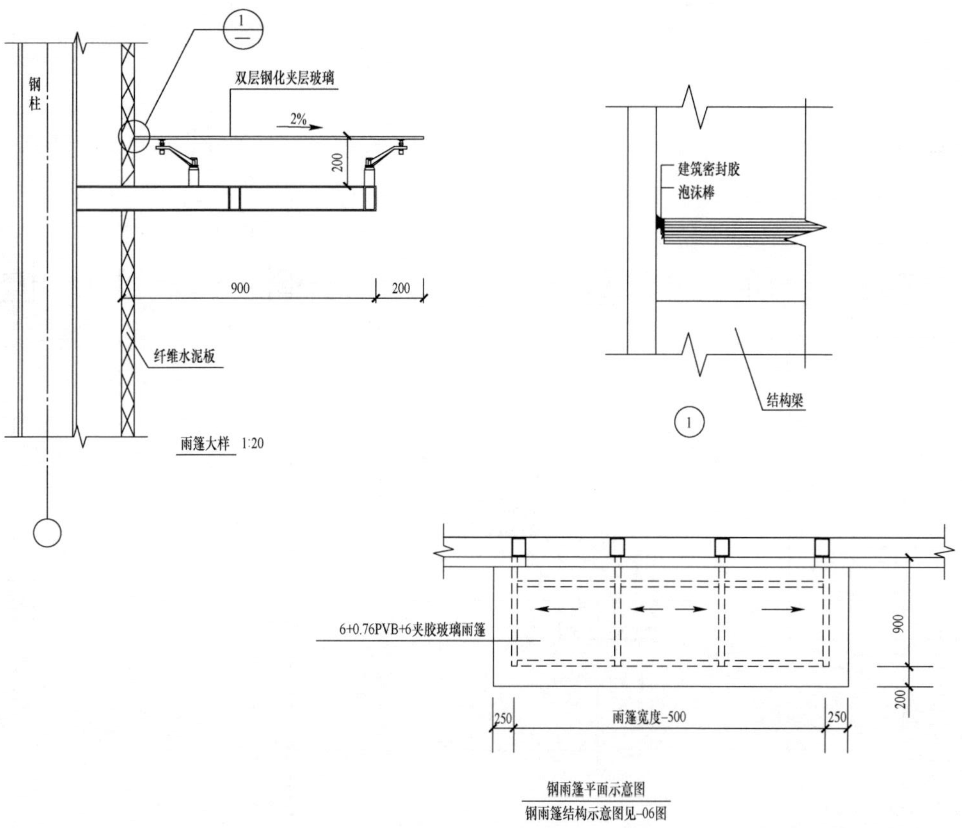

钢雨篷说明：

1. 钢雨篷细部做法参见图集《钢雨篷（一）玻璃面板》（07J501–1）中 JP1–C127（a）。
2. 雨篷上雨水采取无组织排水，坡度为 0.5%。
3. 雨篷安装方法以厂家施工工艺为准，并与外墙做法相协调。

图 8–6　HE–110–A3–3–T0203–01　辅助用房建筑施工图（三）

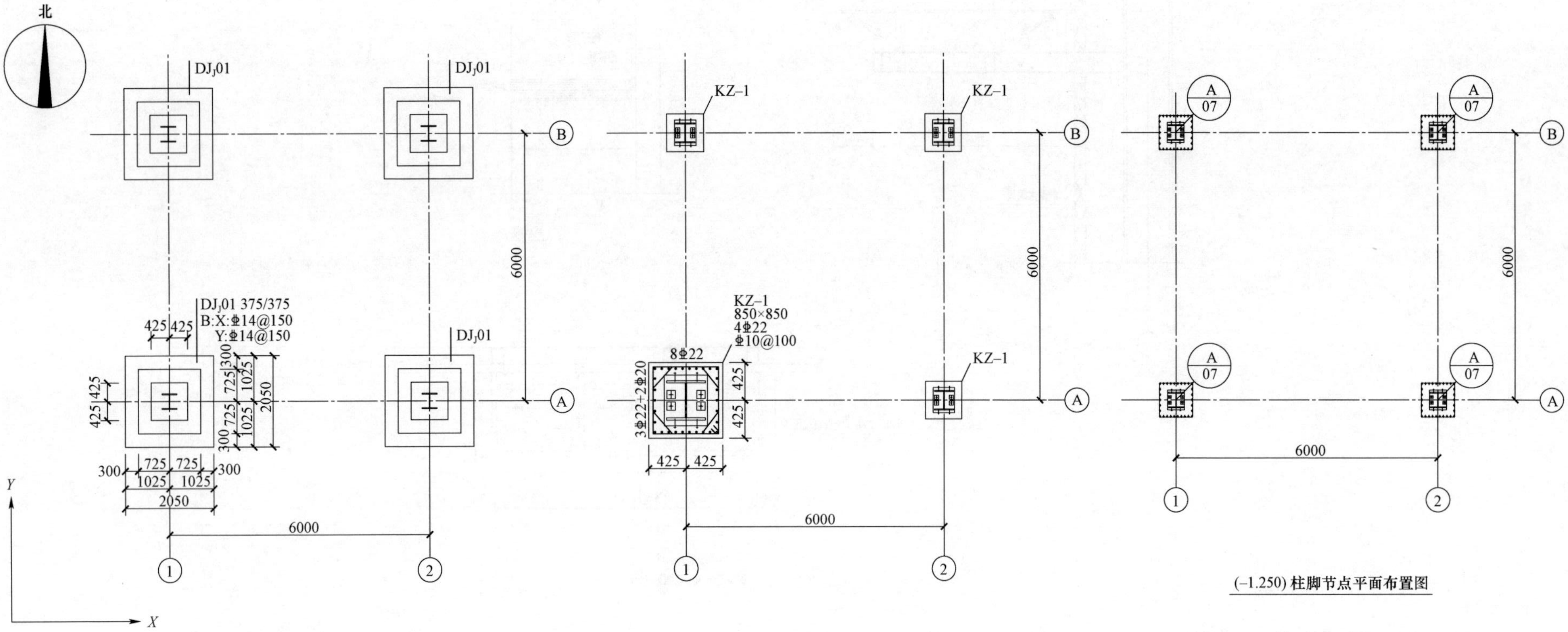

辅助用房基础平法施工图

基底标高-2.000

-1.250～-0.060混凝土柱平法施工图

1:100(1:50)

(-1.250) 柱脚节点平面布置图

图 8-7　HE-110-A3-3-T0203-02　辅助用房结构施工图

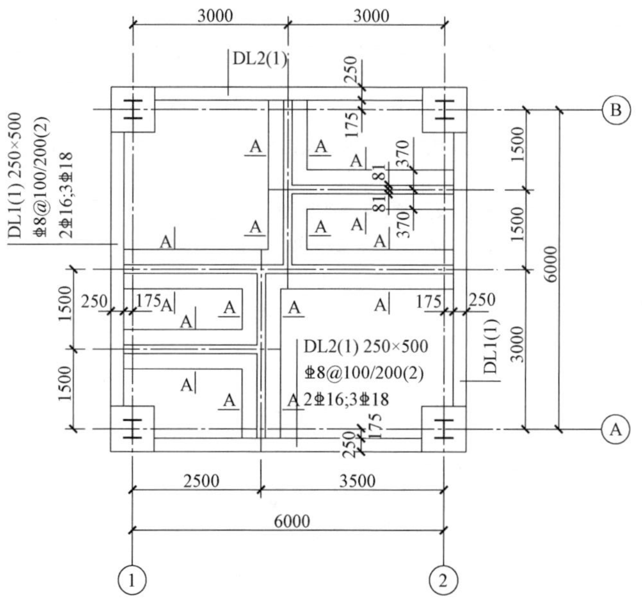

辅助用房-0.240m地梁平法施工图

辅助用房内隔墙基础施工图

地梁顶标高为-0.240

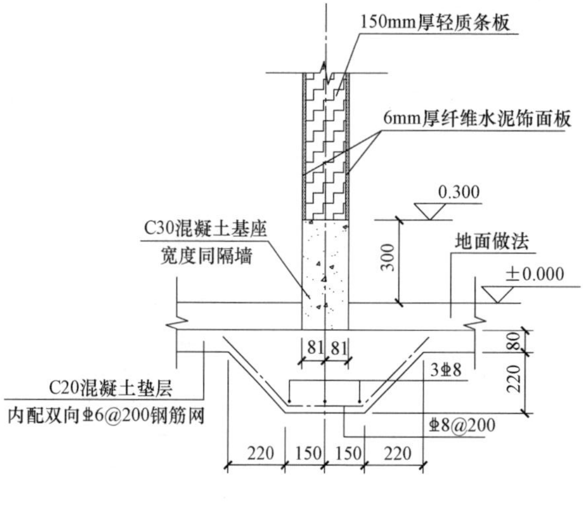

A—A 1:20

内隔墙基础

外墙室内一侧轻质条板墙基础参照此图施工

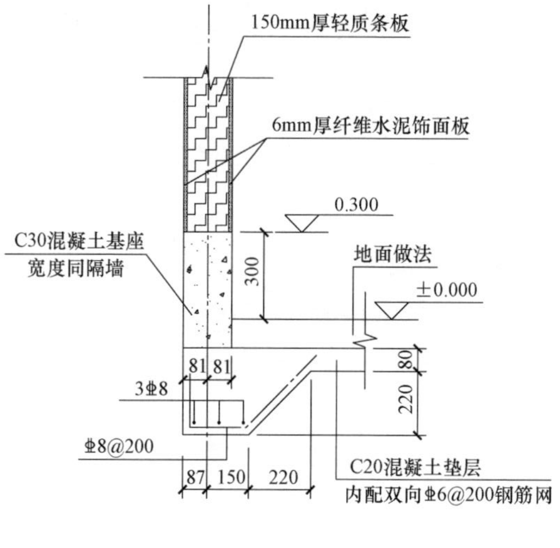

外墙室内一侧轻质条板墙基础

1:20

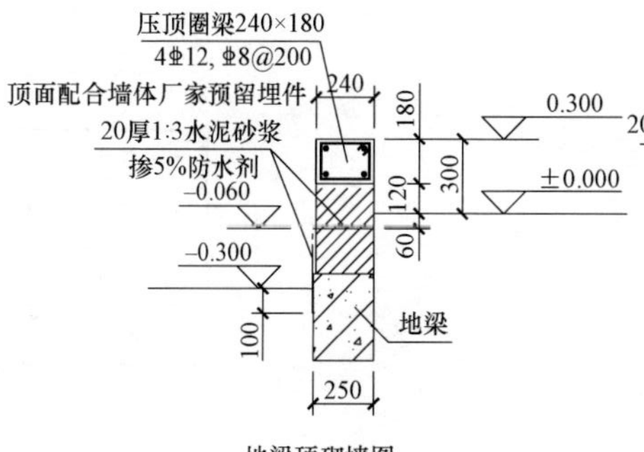

地梁顶砌墙图 1:30

非门口处

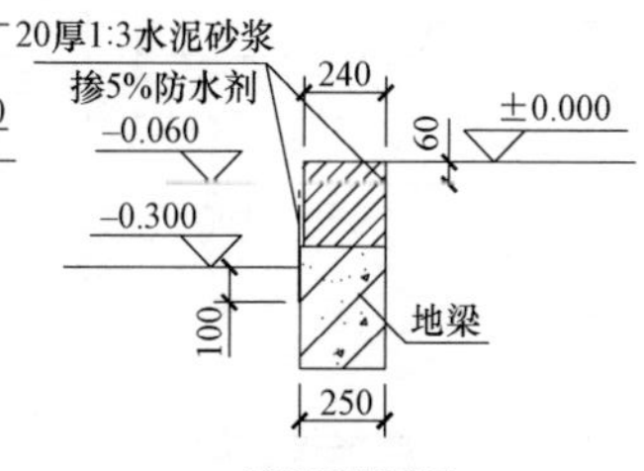

地梁顶砌墙图 1:30

门口处

图 8-8　HE-110-A3-3-T0203-03　辅助用房基础施工图（一）

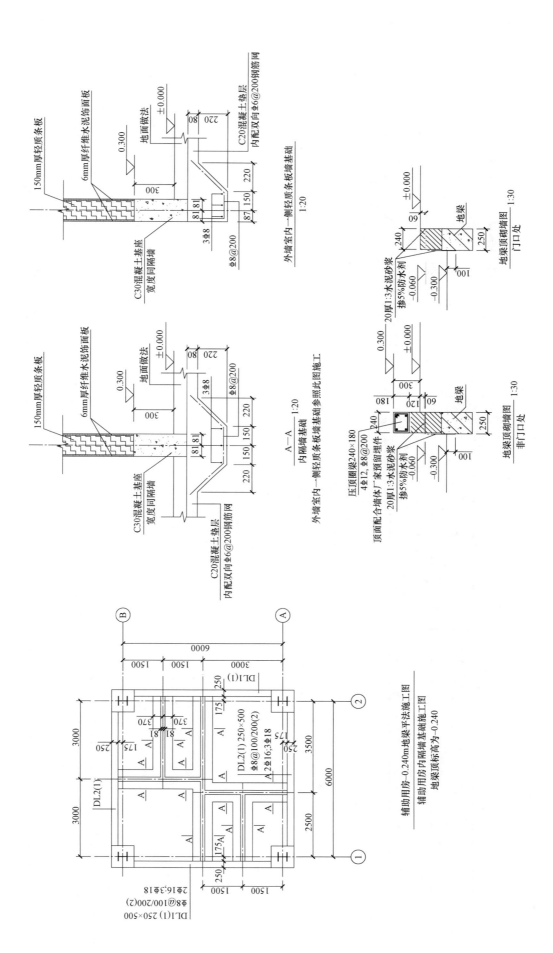

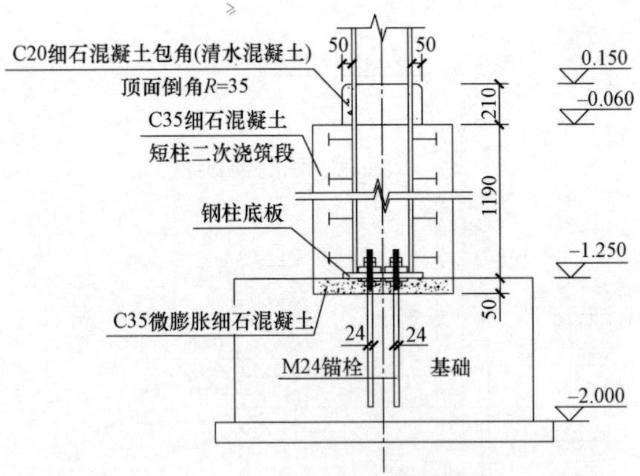

钢柱脚连接示意图
1:30

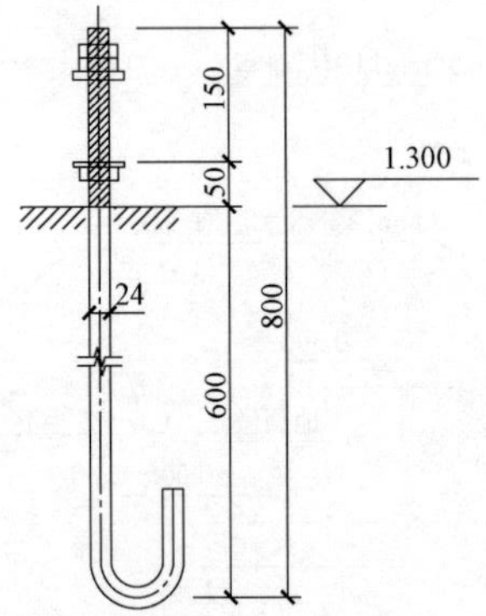

M24 锚栓 1:10
弯钩内径≥2.5d
直段长度≥3.0d

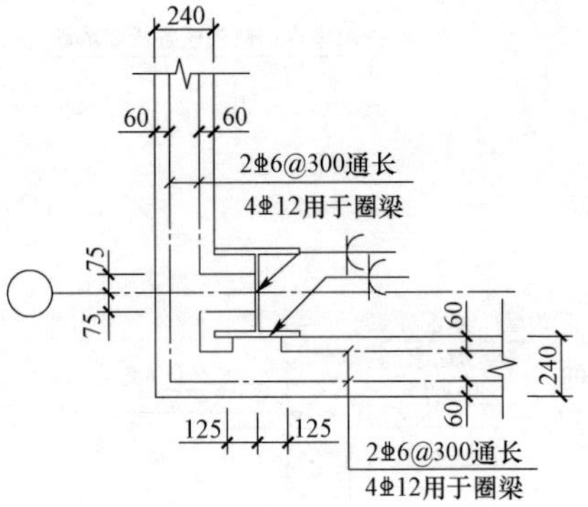

外贴砌体墙及圈梁与钢柱拉结节点
1:30

说明：1. 根据××公司××年××月提供的××110kV 变电站新建工程详细勘察阶段《岩土工程勘察报告》，配电装置室基础座在第⊗层××土层上，地基承载力特征值$f_{ak}=110kPa$。

基槽开挖至设计标高后应进行钎探，并组织相关单位进行验槽，确认满足设计要求后方可进行基础施工的下一道工序。

基坑开挖时，应注意周围环境检测及基坑施工安全。

地下结构施工完成后应进行回填，回填土应分层夯实，每层厚度 200～300mm，回填土应选用最优含水量的黏土或粉土，不得使用淤泥、耕土、冻土以及有机物含量大于 5%的土，分层回填应先深后浅施工，压实系数$\lambda_c \geq 0.94$，干容重不小于 1.8t/m^3。

基坑开挖后，应按相关规范要求进行钎探并及时组织相关单位人员验槽；如有与报告不符或其他问题时，应会同相关参建单位技术人员研究解决。

2. 本卷册基础、混凝土短柱及地梁配筋采用平法表示，未注明部分参照图集《平面整体表示方法制图规则和构造详图》（22G101－1、3）施工，柱纵向钢筋在基础中的锚固构造详见图集 22G101－3 第 2～10 页。

钢筋混凝土结构抗震等级为三级。

基础底设 100mm 厚垫层，垫层每边超出基础 100mm。

3. 混凝土强度等级：垫层 C20；外包混凝土柱及地梁 C35；其他 C30。
4. 钢筋：Φ－HPB300，ф－HRB400。
5. 钢筋混凝土保护层厚度：板及女儿墙 15mm；圈梁 25mm；混凝土短柱、地梁 35mm；基础 40mm。
6. ±0.000 以下砌体墙采用 MU15 混凝土实心砖，M10 水泥砂浆砌筑。
7. 混凝土环境类别：±0.000 以上：一类；±0.000 以下：二 b 类。
8. 要求地梁纵筋锚入混凝土短柱纵筋内，不得在混凝土短柱的钢筋保护层范围内锚固。
9. 地梁底及地梁外侧回填不小于 200mm 厚中粗砂，防止土冻胀将地梁挤坏。
10. 内隔墙基础下素填土应分层压实，压实系数$\lambda_c \geq 0.94$。
11. 混凝土耐久性要求：

环境类别	最大水胶比	最低强度等级	最大氯离子含量（%）	最大碱含量（kg/m^3）
一	0.60	C20	0.30	不限制
二 a（b）	0.55（0.50）	C25（C30）	0.20（0.15）	3.0
三 a（b）	0.45（0.40）	C35（C40）	0.15（0.10）	3.0

图 8－9　HE－110－A3－3－T0203－03　辅助用房基础施工图（二）

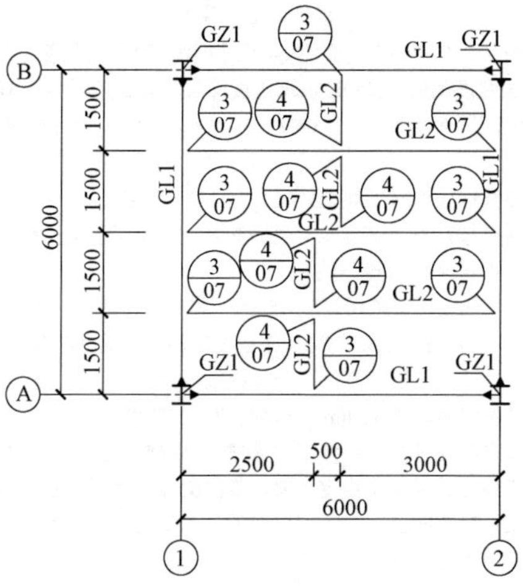

(3.000)第1层节点平面布置图

3.000为梁顶标高

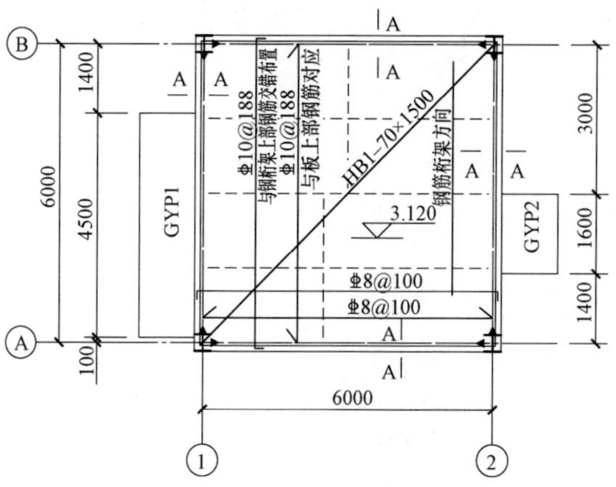

(3.120)第1层屋面板配筋图

图中所注标高为板面标高

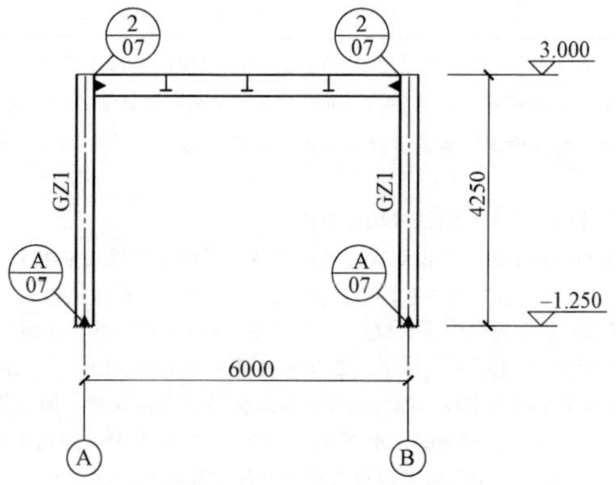

①、②轴框架节点立面布置图

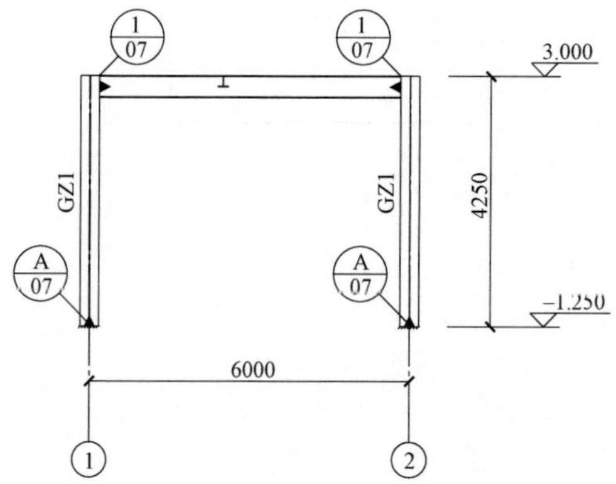

Ⓐ、Ⓑ轴框架节点立面布置图

图 8-10　HE-110-A3-3-T0203-04　辅助用房钢结构施工图（一）

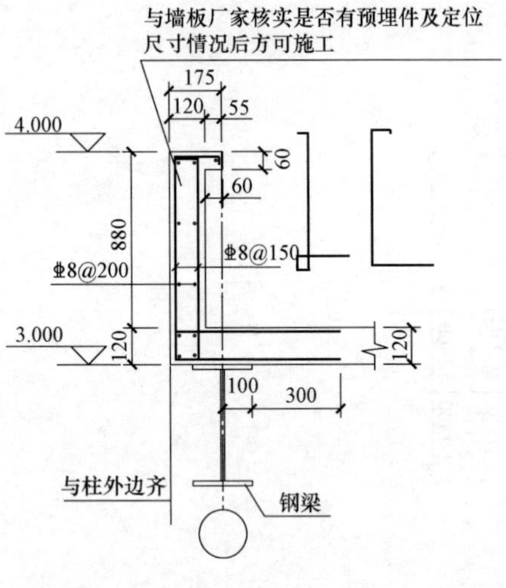

A—A 1:20
板钢筋见板配筋图

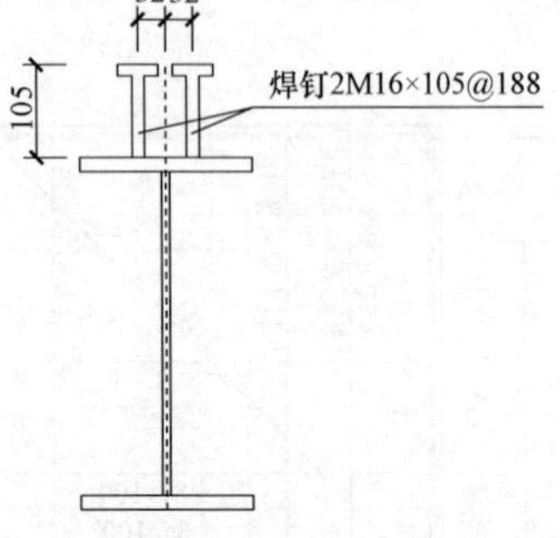

梁上栓钉详图
1:10

截 面 表

构件号	名称	截面	材质	备注
GZ1	框架柱	HW350×350×12×19	Q355B	
GL1	框架梁	HN400×200×8×13	Q355B	
GL2	框架梁	HM294×200×8×12	Q355B	

说明：1. 楼承板选自《钢筋桁架楼承板》(JG/T 368)，图┷中表示楼板的铺设方向。楼板采用 HB1－90 钢模板自承式楼板：楼板总厚度 120mm，底板采用 1mm 厚镀锌钢板，楼板浇筑混凝土前，本层楼板钢筋必须全部绑扎完毕，检查无误后方可浇筑。施工时楼板的混凝土不可堆积，楼板施工荷载不可大于 1.5kN/m^2。

上、下弦钢筋采用 HRB400 级，腹杆钢筋采用性能等同 CRB550 冷轧钢筋；

底模钢板采用镀锌板，屈服强度不低于 260N/mm^2，镀锌层两面总计不小于 1220g/m^2。

2. 栓钉应采用《电弧螺柱焊用圆柱头焊钉》(GB/T 10433) 规定的 M15 或 M15AL 钢制作，梁上栓钉均为焊钉 2M16X105@188。
3. 楼承板施工应满足《组合楼板设计与施工规范》(CECS 273) 的要求。
4. 楼板施工时所有楼面上层钢筋布置于钢筋桁架上层钢筋之下；楼层下层钢筋布置于钢筋桁架下层筋之上。钢筋支座处楼板搭接、连接详图见－06 图楼承板节点详图。
5. 楼承板混凝土强度等级 C30，混凝土保护层厚度 15mm，搭接长度 35d，并不小于 300mm。
6. 楼板混凝土强度未达到 100%设计强度前，不得在楼层上附加任何其他荷载，也不得拆除临时支撑。

6.1 施工阶段为简支或两跨连续的钢筋桁架模板，跨度超过一定范围时，需在跨中设置临时支撑。

6.2 遇边梁有悬挑板时，悬挑板距离超过 150mm 时，均应设置临时支撑。

6.3 楼承板边无梁或其他可靠支撑点时，应设置临时支撑，且临时支撑宜支撑在下层楼面上。

6.4 所有临时支撑的设置，需保证其刚度及稳定可靠，临时支撑间距不得超过 3m。

6.5 模板的临时支撑如支撑在下层楼面上，需下层楼面的混凝土强度达到设计值的 100%后方能设置。

7. 钢承板在边梁上最小支承长度为 100mm。

钢筋桁架楼承板材料表

材料 / 楼承板型号	上弦钢筋	下弦钢筋	腹杆钢筋	楼板厚度	底模钢板	施工阶段最大无支撑跨度	
						简支板	连续板
HB1－90	8mm	8mm	4.5mm	120mm	1.0mm	2.1m	2.8m

注：1. 上、下弦钢筋采用热轧钢筋 HRB400 级，腹杆钢筋采用性能等同 CRB550 的冷轧钢筋。

2. 底模板屈服强度不低于 260N/mm^2，镀锌层两面总计不小于 120g/m^2。

3. 当板跨超过楼承板施工阶段最大无支撑跨度时需在跨中加设一道临时支撑。

8. 除特殊标注外，钢梁均沿轴线居中布置。
9. 钢框架梁与柱接头采用刚性连接，节点区域梁翼缘及腹板均采用 10.9 级摩擦型高强螺栓连接。
10. 梁柱连接节点宜按先焊后栓的方式进行施工：在工厂将拼接短梁与框架柱按节点详图焊好，现场进行钢梁翼缘及腹板的栓接。运输过程中应采取有效的保护措施，防止短梁与柱的焊接部位不会变形或损伤。
11. 梁与柱（强轴）刚接时，水平加劲肋应设置于柱上相连的梁上下翼缘的位置上，且水平加劲肋的水平中心线应与梁翼缘的水平中心线重合；加劲肋需在柱腹板两侧对称设置，加劲肋厚度同梁翼缘厚度（两边梁规格不同时，取厚度较大者，且不小于 10mm）。水平加劲肋的自由外伸宽度与加劲肋厚度之比需小于 14，图中外伸宽度仅为示意。
12. 与柱翼缘连接之短梁翼缘和腹板板厚和其所刚接的框架梁一致；与柱腹板连接之短梁翼缘作为水平加劲肋用，见说明 11，短梁腹板厚度与其所刚接的框架梁一致。
13. 梁梁连接时所用连接板厚度同腹板厚度。

图 8－11 HE－110－A3－3－T0203－04 辅助用房钢结构施工图（二）

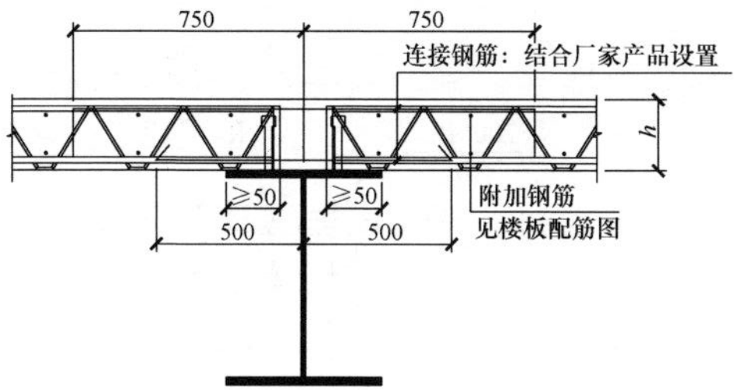

楼承板中间节点一（板断开处）

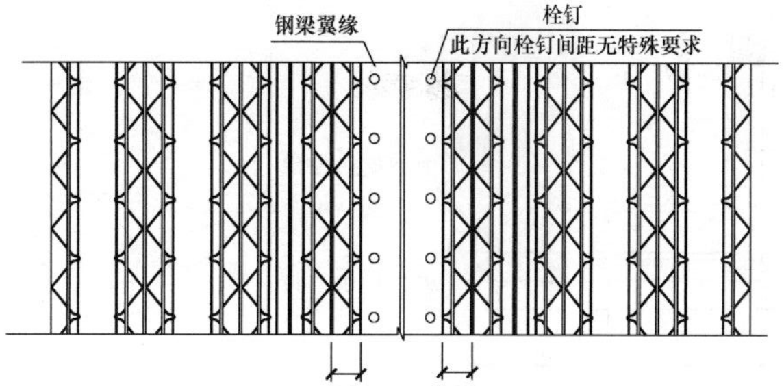

钢筋桁架平行梁布置节点

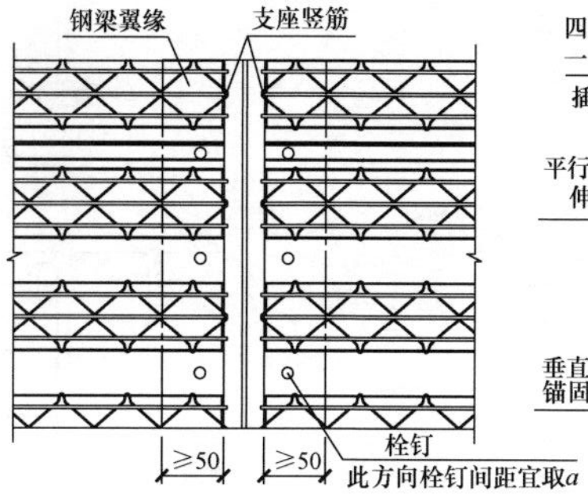

钢筋桁架垂直梁布置节点

保证桁架竖筋焊接在梁的翼缘上

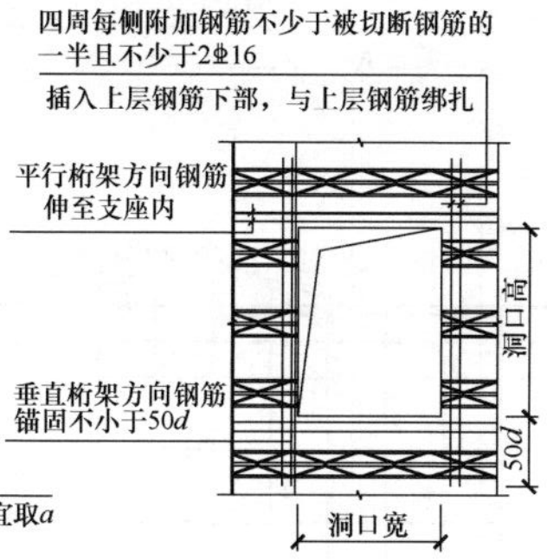

楼板洞口加强示意图

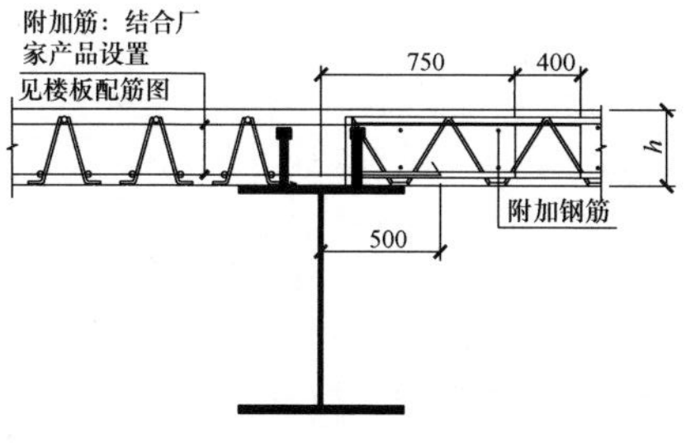

楼承板中间节点二（板断开处）

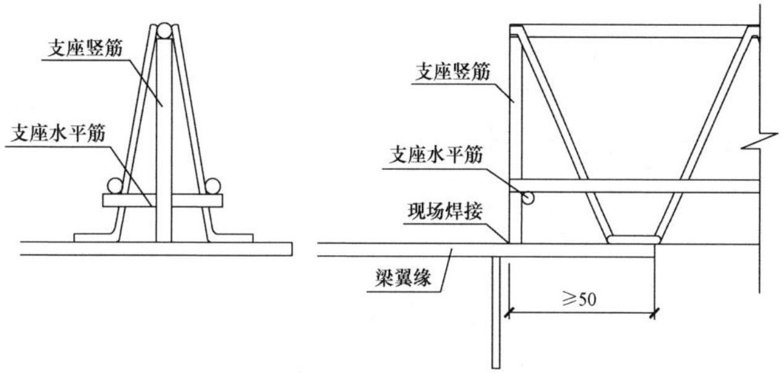

支座钢筋示意图

现场切割后，支座竖筋与支座水平筋需现场焊接

钢筋桁架式楼承板说明：

1. 现场附加钢筋详见平面图。
2. l_a 为钢筋最小锚固长度，L 为楼板短跨计算长度。
3. 钢筋桁架楼承板遇柱时，现场切割多余部分板。切割后应现场焊接支座竖筋。
4. 楼层板施工应满足《组合楼板设计与施工规范》（CECS 273）要求。

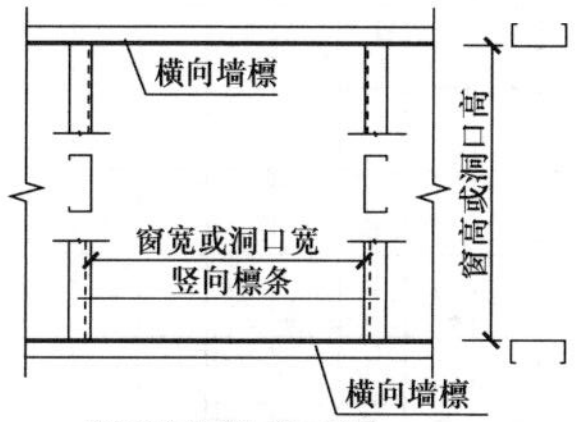

窗洞(穿墙洞口)加固图

(定位详建筑)

墙檩规格按厂家图纸确定

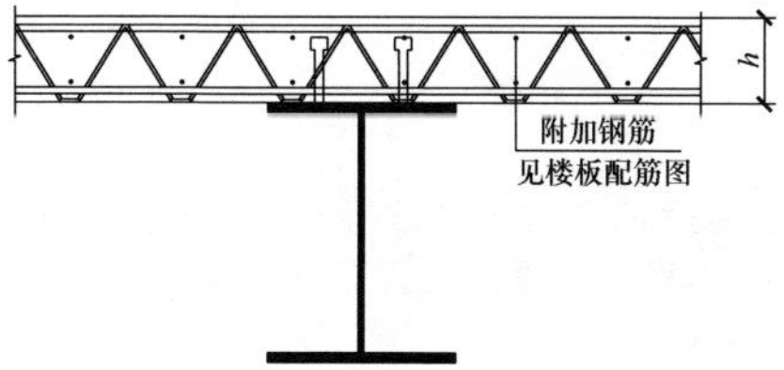

楼承板中间节点三（板连续）

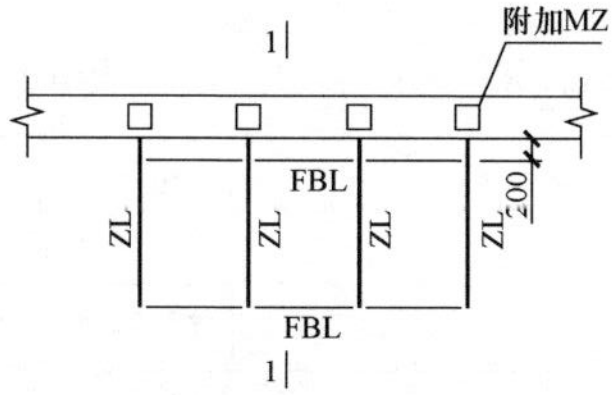

钢雨篷GYP结构示意图

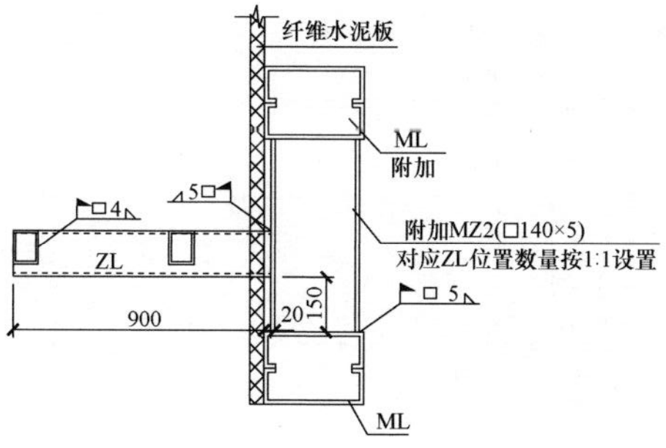

1—1

钢雨篷	构件	截面	数量
GYP1	ZL	□110×5	3
	FBL	□60×4	2
GYP2	ZL	□110×5	5
	FBL	□60×4	2

注：1. 钢雨篷所用钢材为 Q235B。
2. 钢雨篷建筑构造详见 – 02 图。

图 8 – 12　HE – 110 – A3 – 3 – T0203 – 05　构造详图

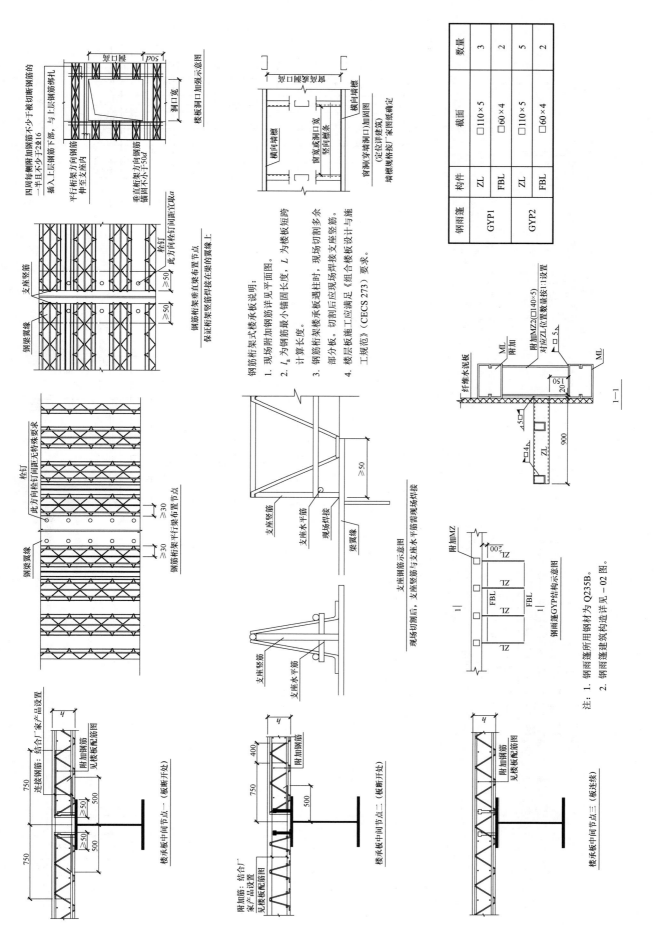

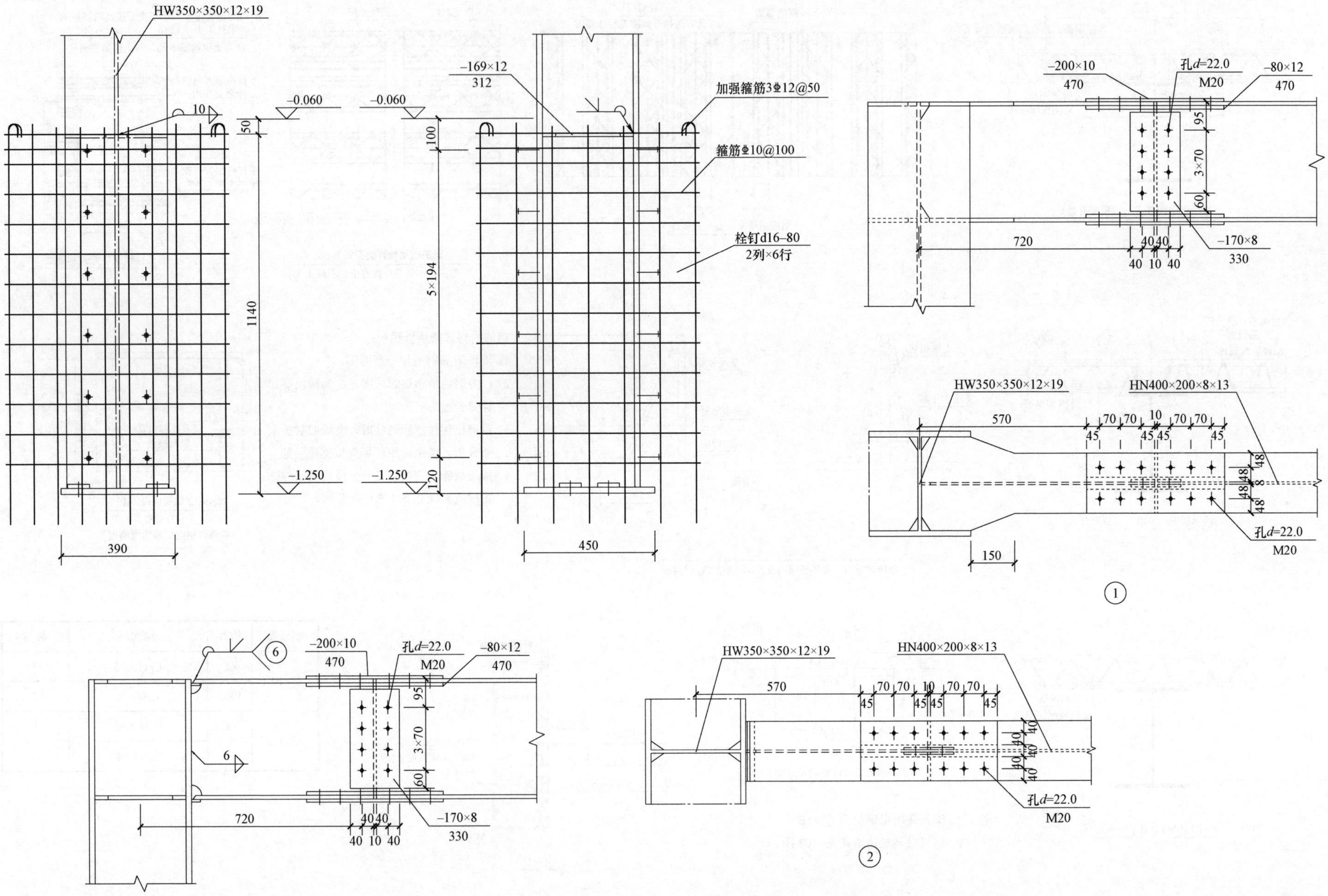

图 8-13　HE-110-A3-3-T0203-06　结构节点详图（一）

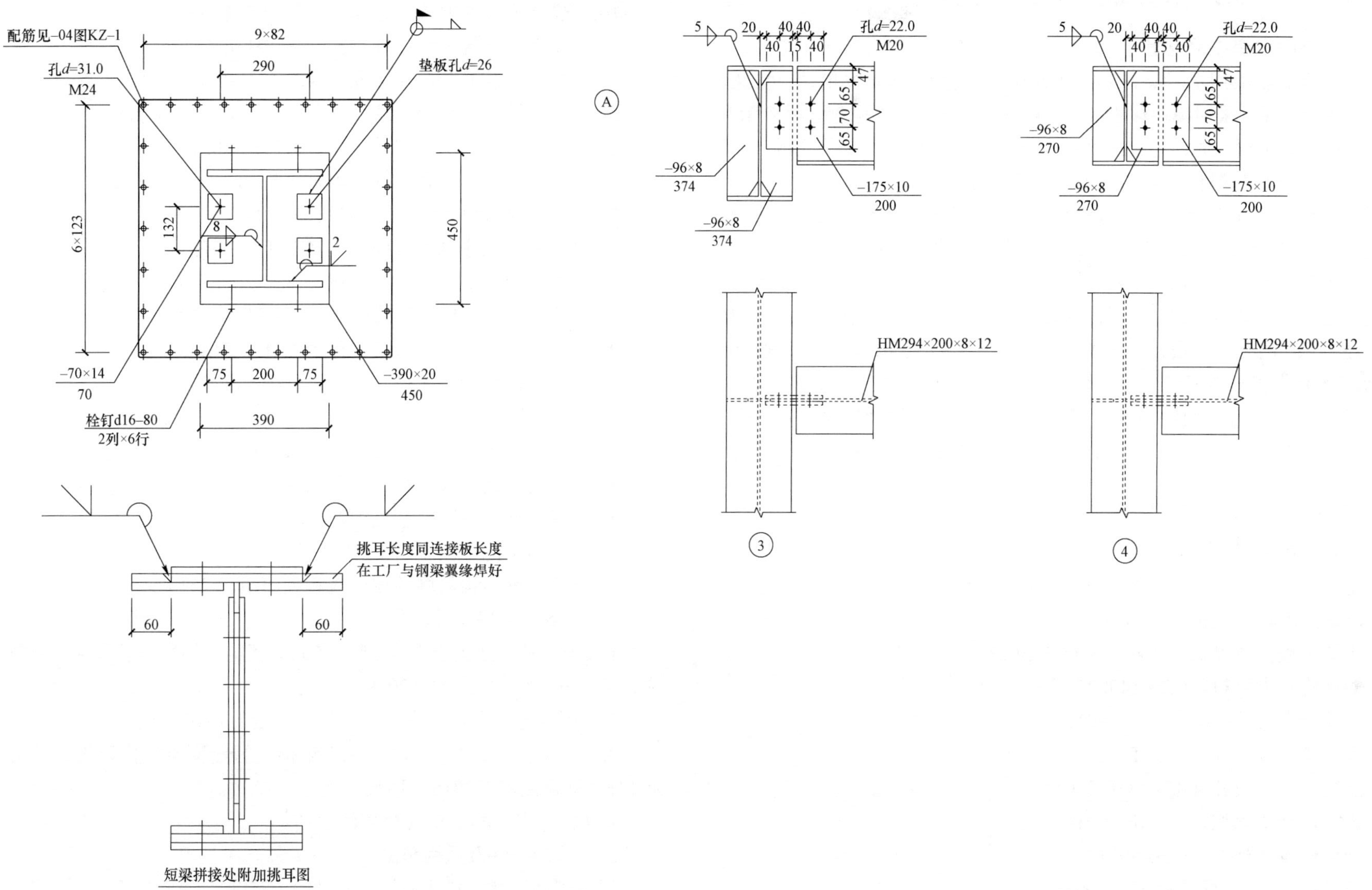

注：外包柱四角主筋应加设 180°弯钩，下弯长度不小于 150mm，且下弯段与钢柱焊接。

图 8–14　HE–110–A3–3–T0203–06　结构节点详图（二）

8.2 单元式小型建筑技术方案

8.2.1 单元式辅助用房技术说明

变电站单元式辅助用房（以下简称辅助用房）是指为满足变电站值班及供电等生产、生活需求，采用模块化设计、工厂化生产，其主体刚架、围护体系、生活，以及电气、水暖、通信等设施及预留接口均在工厂内一体化完成，一次性整体运输，现场吊装拼接后即能使用的高度集成化建筑成品。

国网河北电力遵循建筑全寿命周期原则，贯彻标准化设计、工厂化加工、装配式建设的工程建设思路，组织编制了辅助用房的技术规范书和成套施工图，协同推进设计、施工、物资采购等各环节有机结合，旨在统一河北南网的技术方案、提升模块化变电站的装配式建设水平，以“七化”引领公司电网建设实现跨越升级，同时减少设计人员的工作量、提升设计效率、精准控制造价。

根据国网河北省电力有限公司 110～220kV 输变电工程通用实施方案，分别编制了正方形、长方形两种布置方案的单元式辅助用房通用施工图，平面布置方案与实施方案保持一致，可结合具体工程的总平面布置方案进行适当调整。

一、编制依据

（一）规范标准

1.《建筑结构荷载规范》（GB 5000）
2.《建筑抗震设计规范》（GB 5011）
3.《建筑工程抗震设防分类标准》（GB 5023）
4.《钢结构防火涂料》（GB 14907）
5.《室外给水设计标准》（GB 50013）
6.《室外排水设计规范》（GB 50014）
7.《建筑给排水设计标准》（GB 50015）
8.《建筑设计防火规范》（GB 50016）
9.《钢结构设计标准》（GB 50017）
10.《建筑照明设计标准》（GB 50034）
11.《供配电系统设计规范》（GB 50052）
12.《低压配电设计规范》（GB 50054）
13.《通用用电设备配电设计规范》（GB 50055）
14.《建筑物防雷设计规范》（GB 50057）
15.《建筑结构可靠性设计统一标准》（GB 50068）
16.《建筑灭火器配置设计规范》（GB 50140）
17.《民用建筑热工设计规范》（GB 50176）
18.《公共建筑节能设计标准》（GB 50189）
19.《火力发电厂与变电站设计防火标准》（GB 50229）
20.《综合布线系统工程设计规范》（GB 50311）
21.《建筑物电气信息系统防雷技术规范》（GB 50343）
22.《民用建筑设计统一标准》（GB 50352）
23.《绿色工业建筑评价标准》（GB/T 50878）
24.《消防给水及消火栓系统技术规范》（GB 50974）
25.《建筑内部装修设计防火规范》（GB 50222）
26.《工业建筑节能设计统一标准》（GB 51245）
27.《建筑钢结构防火技术规范》（GB 51249）
28.《建筑工程建筑面积计算规范》（GB/T 50353）
29.《民用建筑电气设计规范》（JGJ 16）
30.《钢筋焊接验收规程》（JGJ 18）
31.《建筑玻璃应用技术规程》（JGJ 113）
32.《纤维水泥平板》（JC/T 412.1）
33.《建筑钢结构防腐蚀技术规程》（JGJ/T 251）

（二）国家电网公司文件

1.《国网基建部关于发布 35～750kV 变电站通用设计通信、消防部分修订成果的通知》（基建技术〔2019〕51 号）
2.《国家电网公司输变电工程标准工艺》（2022 年版）
3.《国网基建部关于印发 2016 年推进智能变电站模块化建设工作要点的通知》（基建技术〔2016〕18 号）
4.《输变电工程质量通病防治手册》

二、应用条件及适用范围

根据国网河北省电力有限公司 110～220kV 输变电工程通用实施方案，施工图对应了正方形、长方形两种布置方案的单元式辅助用房，分别适用于河北南网 HE－110－A2－4（正方形）、HE－110－A3－3（正方形）。平面布置方案与通用实施方案保持一致，实际应用过程中可结合具体工程的总平面布置方案进行适当调整。

本方案基础设计采用独立基础方案，对应于辅助用房单独布置的形式。为提升变电站建设品质、减少站内建筑物数量，当采用辅助用房与消防泵房并排布置、辅助用房坐落在蓄水池之上时，可结合蓄水池的结构方案对辅助用房基础进行设计调整，基础埋件及与上部单元房的连接方式可保持不变，仍可按照图纸中的设计方案进行连接固定。

施工图中辅助用房的设计基本性能如表 8-7 所示，当工程建设条件及要求超出以下范围时应重新进行计算调整。

表 8-7　　单元式辅助用房主要基本性能参数

序号	性能指标	具体参数
1	设计使用年限	50 年
2	抗震设防烈度	≤7.5 度（7 度，0.15g）
3	环境温度	−25～+55℃
4	隔音性能	外墙≥55dB，内隔墙≥45dB
5	耐火等级	≥Ⅱ级
6	燃烧性能	A 级

三、方案技术规范

（一）主要技术要求

1. 一般要求

（1）辅助用房应符合现行国家标准、规范要求。

（2）辅助用房的结构设计应简单，布局合理，满足产品的技术要求和使用要求，便于生产、运输、安装和维护。外观配色应与变电站主体建筑协调。

（3）辅助用房应模数协调，采用模块化、标准化设计，将结构系统、外维护系统、设备与管线系统和内装系统进行集成。

（4）辅助用房应根据建筑功能、主体结构、设备管线及装修等要求，确定合理的层高及净高尺寸。

（5）辅助用房应按照集成设计原则，将建筑、结构、给水排水、暖通空调、电气、智能化和燃气等专业之间进行协同设计。

（6）辅助用房应满足建筑全寿命期的使用维护要求，宜采用管线分离的方式。

（7）辅助用房可根据不同的使用环境，合理选用不同的材料，保证结构在运输、安装及吊装过程中满足强度、稳定性和刚度要求及防水、防火、防腐、耐久、可维护、安全性等要求。

（8）辅助用房的内外表面不应有影响质量和外观的凹凸、擦伤、毛刺、碰伤、沟痕、锈蚀等缺陷。

（9）辅助用房应符合国家现行标准对建筑适用性能、安全性能、环境性能、经济性能、耐久性能等综合规定。

（10）辅助用房的耐火等级应符合《建筑设计的火规范》（GB 50016）的有关规定。

（11）辅助用房钢构件应根据环境条件、材质、部位、结构性能、使用要求、施工条件和维护管理条件进行防腐蚀设计，并应符合现行行业标准《建筑钢结构防腐蚀技术规程》（JGJ/T 251）的有关规定。

（12）辅助用房应根据功能部位、使用要求等进行隔声设计。在易形成声桥的部位应采用柔性连接或间接连接等措施，并应符合《民用建筑隔声设计规范》（GB 50118）的有关规定。

（13）辅助用房的热工性能应符合《民用建筑热工设计规范》（GB 50176）、《公共建筑节能设计标准》（GB 50189）、《严寒和寒冷地区居住建筑节能设计标准》（JGJ 26）的有关规定。

2. 主体结构技术要求

（1）辅助用房的结构系统应按传力可靠、构造简单、施工方便和确保耐久性的原则进行设计。

（2）辅助用房的结构设计应符合《工程结构可靠性设计统一标准》（GB 50153）的规定，结构的设计使用年限不应少于 50 年，其安全等级不应低于二级。

（3）辅助用房荷载和效应的标准值、荷载分项系效、荷载效应组合、组合值系数应符合《建筑结构荷载规范》（GB 50009）的规定。

（4）辅助用房应按现行国家标准《建筑工程抗震设防分类标准》（GB 50223）的规定确定其抗震设防类别，并应按《建筑抗震设计规范》（GB 50011）进行抗震设计。

（5）装配式钢结构的结构构件设计应符合《钢结构设计标准》（GB 50017）、《钢管混凝土结构技术规范》（GB 50936）和《冷弯薄壁型钢结构技术规范》（GB 50018）的规定。

（6）墙体围护构件应结合变电站站内主建筑物建设方案进行设计，宜采用具有功能性和免装饰的水泥基板材或铝镁锰板等，中间保温层应采用阻燃环保、保温隔热效果好的材料。

（7）房间地坪宜采用轻质高强、耐腐蚀、防水性能好的板材。板缝之间可采用压条和美缝剂勾缝。卫生间地坪及内墙面进行防水处理。

（8）屋面板宜采用轻质高强、耐腐蚀、防水性能好的水泥基板材，板缝之间应采用压条和美缝剂勾缝；中间保温层应采用阻燃环保、保温隔热效果好的材料。

（9）屋面宜采用结构找单坡形式，坡度不小于 5%，二层柔性防水，防水等级应达到 I 级。

（10）外门窗气密性能分级不低于 4 级，水密性能分级不低于 3 级、抗风压等级为 3 级、隔声性能分级为 3 级。门窗玻璃的选用应符合《建筑玻璃应用构造》（J508）和《建筑玻璃应用技术规程》（JGJ 113）中相关要求。

（11）辅助用房应采用钢框架箱体结构，骨架的主材可采用 H 型钢、工字钢、槽钢或方钢管等，主体梁柱结构采用方钢管，整体结构计算应满足使用、运输及吊装的需要。

（12）承重结构的钢梁、钢柱材料应采用 Q355B 钢，质量应符合《碳素结构钢》（GB/T 700）和《低合金高强度结构钢》（GB/T 1591）的规定。其钢材应具有抗拉强度、伸长率、屈服强度和硫、磷含量的合格保证，对焊接结构应有碳含量的合格保证。

（13）对于外露环境，且对大气腐蚀有特殊要求的或在腐蚀性气态和固态介质作用下的承重结构，其质量要求应符合《焊接结构用耐候钢》（GB/T 4172）的规定。

（14）辅助支撑系统采用方钢管及 C 型钢，屋盖采用冷弯薄壁型钢檩条。壁厚均不小于 2.5mm，且必须按国家规范进行防腐处理。

（15）结构自重、地坪活载、屋面雪荷载和积灰荷载等应按《建筑结构荷载规范》（GB 50009）的规定采用，其他悬挂荷载应按实际情况取用。

（16）辅助用房构件之间的连接设计应符合下列规定：

1）抗震设计时，连接设计应符合构造要求，并应按弹塑性设计，连接的极限承教力应大于构件的全塑性承载力。

2）连接和连接件的计算模型应与连接的实际受力性能相符合，并应按承载力极限状态和正常使用极限状态分别计算和设计单个连接件。

3）对于普通螺栓连接、铆钉连接、高强度螺栓连接，应计算螺栓（铆钉）受剪、受拉、拉剪联合承载力，以及连接板的承压承载力，并应考虑螺栓孔削弱和连接板撬力对连接承载力的影响。

4）紧固件应有出厂质量保证书，其质量应符合设计要求和国家现行有关标准的规定。应进行表面发黑防锈处理。

5）普通螺栓采用《碳素结构钢》中规定的 Q235B 钢制成。扭剪型高强度螺栓连接副包括一个螺栓、一个螺母和一个垫圈。高强度螺栓的材料应为高强度材料，且符合《钢结构用强度大六角头螺栓、大六角螺母、垫圈技术条件》（GB/T 1231）要求。

6）焊钉应满足现行国家标准的要求。

3. 结构耐久性要求

（1）结构应能承受在正常施工和使用期间可能出现的、设计荷载范围内的各种作用，在正常使用和正常维护条件下应具有能达到设计工作年限的耐久性能。

（2）钢结构部件应有相应的防腐蚀涂镀层，应符合《涂覆涂料前钢材表面处理　表面清洁度的目视评定　第 1 部分：未涂覆过的钢材表面和全面清除原有涂层后的钢材表面的锈蚀等级和处理等级》（GB/T 89231）和《钢结构腐蚀防护热喷涂（锌、铝及合金涂层）及其试验方法》（DL/T 1114）的规定。

（3）结构紧固件宜选用不锈钢材料或有锌电镀层的 Fe 基材，锌电镀层的厚度不应低于《金属及其他无机覆盖层钢铁上经过处理的锌电镀层》（GB/T 9799—2011）表 C.1 使用条件为 3 时的要求。

（4）在火灾条件，应能在规定时间内正常发挥功能。

4. 电气技术要求

（1）辅助用房的设备与管线宜采用集成化技术，标准化设计，当采用集成化新技术、新产品时应有可靠依据。

（2）设备与管线应合理选型、准确定位。各类设备与管线应综合设计、减少平面交叉，合理利用空间。设备与管线宜在架空层或吊顶内设置。

（3）设备与管线穿越楼板和墙体时，应采取防水、防火、隔声、密封等措施，防火封堵应符合现行国家标准《建筑设计防火规范》（GB 50016）的规定。

（4）设备与管线的抗震设计应符合《建筑机电工程抗震设计规范》（GB 50981）的有关规定。

（5）辅助用房内应设置安装配电单元，配电单元应具备交流 380V 和（或）交流 220V 若干组电源输出端口，以满足空调、照明等所用电源要求。

（6）辅助用房内照明系统由正常照明和应急照明组成，房内正常照明应符合《消防应急照明和疏散指示系统》（GB 17945）、《建筑照明设计标准》（GB/T 50034）、《低压配电设计规范》（GB 50054）、《发电厂和变电站照明设计技术规定》（DL/T 5390）等相关规范的要求。正常照明采用380/220V三相五线制。部分正常照明灯具自带蓄电池，兼作应急照明，应急时间不小于60min。

（7）辅助用房内应设置配电盒、开关面板、插座等，配电盒底部距地面高度为1.3m，开关面板采用嵌入式安装，面板底部距地面1.3m，侧边距门框0.2m，面板间距不小于0.2m，插座底边离地0.3m，其他应满足相关规程规范要求，相关走线宜采用暗敷方式。

（8）辅助用房的接地应符合《交流电气装置的接地设计规范》（GB/T 50065）的规定。辅助用房底框四角各设一个接地点，供辅助用房钢结构接地时选择使用。

5. 通信、暖通、水工及其他

（1）应配置有线电话、有线电视及网络接口等通信设施设计要求满足《建筑与建筑群综合布线系统工程设计规范》（GB 50311）的规定。

（2）房内火灾探测及报警系统的设计和消防控制设备及其功能应符合《建筑设计防火规范》（GB 50116）的规定。

（3）应配置手提式灭火器，灭火器级别及数量可按火灾危险类别为轻危险等级配置。

（4）应设置空调、排气扇等采暖通风设施，符合《工业建筑供暖通风与空气调节设计规范》（GB 50019）的规定。空调宜采用分体式，壁挂式安装，电源线及冷凝水管采用暗敷或外墙槽盒方式。

（5）室内给排水管道及卫生器具的安装应满足《建筑给水排水设计标准》（GB 50015）的规定。

（二）附属设施的配置

1. 电气

（1）照明设施。

1）配电箱设置。

辅助用房共设置配电箱2个，分别布置于警卫室及资料室。其中布置于警卫室的配电箱主要给备餐间、警卫室及保电值班室的负荷供电；布置于资料室的配电箱主要给资料室及卫生间的负荷供电。

配电箱箱体采用厚度不小于1.5mm的304冷轧钢板制作，外形尺寸90mm×460mm×290mm（深×宽×高），嵌入式安装，布置于进门处，箱底距地面1.3m。

2）开关及插座设置。

保电值班室、警卫室、资料室、备餐间及卫生间等应设置照明开关，其中，保电值班室、警卫室采用额定电压250V，额定电流10A的单联双控暗开关，布置于进门处及床头旁，面板底部距地面1.3m；备餐间及卫生间采用额定电压250V，额定电流10A的单联单控暗开关，布置于进门处，面板底部距地面1.3m。保电值班室、资料室及警卫室应设置插座，选用额定电压250V，额定电流10A的两极加三极联体插座，底边离地0.3m。

3）灯具设置。

警卫室、保电值班室、备餐间、资料室、卫生间等均应设置正常照明设施，其中警卫室、保电值班室、资料室、正常照明采用LED灯具，额定工作电压为220V AC，0.75水平面照度不小于300lx，安装方式为嵌入式；备餐间正常照明采用LED灯具，额定工作电压为220V AC，0.75水平面照度不小于200lx，安装方式为嵌入式；卫生间正常照明采用LED防水灯具，额定工作电压为220V AC，地面照度不小于100lx，安装方式为嵌入式。

（2）接地设施。

每单元房底框四角底框四角各设一个接地槽钢，为便于现场安装，长方形及L形方案设置在单元房的长边方向，正方形方案设置在单元房的短边方向。

接地端子采用[8mm槽钢，尺寸为160mm×80mm（长×宽），接地槽钢在中心处开两个$\phi 15$接地孔。做法见图8－15、图8－16。

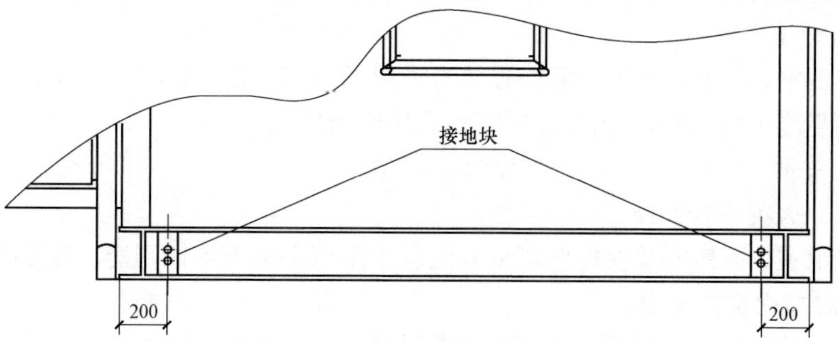

图8－15　辅助用房接地块位置示例图

辅助用房门及其他活动金属部件与主体刚架应可靠电连接，以保证辅助用房整体接地的连续性。

2. 水工

卫生间和备餐间设有生活给水系统、生活污水系统。

（1）生活给水系统。

室内生活给水管采用 PP－R 管，热熔连接，采用暗装形式。

（2）生活污水系统。

室内生活污水排水管采用 UPVC 塑料排水管，胶黏连接，采用暗装形式。生活污水平均时排水量约为 0.064m^3/h。排水横支管宜按 0.026 的标准坡度布置，带水封防干涸型地漏安装时应保持地漏面低于周围地面 5～10mm。

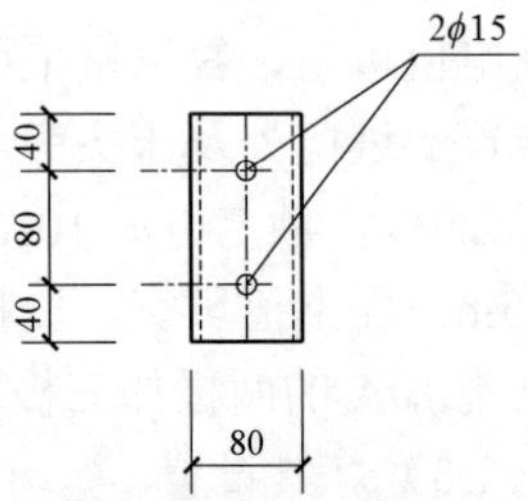

图 8－16　接地块尺寸

埋地排水管道在隐蔽前必须做灌水试验，其灌水高度应不低于底层地面高度。

3. 暖通

警卫室、资料室及保电值班室各设置一台壁挂式分体式空调，夏季制冷，冬季制热。型号为 KFR－25GW，$Q\{L\}=2.5$kW，$Q\{R\}=3.2$kW，能效等级 2 级及以上。电源线及冷凝水管采用暗敷或外墙槽盒方式，空调室外机放置在室外混凝土散水上。

卫生间、备餐间采用自然进风，机械排风方式。排气扇安装于吊顶内，其风口应有防尘、防雨、防小动物措施，换气次数不应小于 10 次/h。内侧宜设置不锈钢防鸟隔网，孔径 15mm×15mm，外侧设置不锈钢百叶窗。

4. 通信

警卫室、保电值班室房间应设置有线电话及网络信息接口各 1 个，信息面板安装高度离地 0.3m，线缆及预埋管采用暗敷方式。

5. 安防

（1）火灾报警系统。

警卫室、资料室及保电值班室各设置 1 个感烟型火灾探测器，备餐间设置 1 个感温型火灾探测器。

火灾探测器均为吸顶安装，探测器尽量布置在各个房间的中部。手动报警按钮安装高度为 1.5m，报警器安装在室内吊顶下方。

（2）图像监控系统。

辅助用房室外外墙应设 1 台监控变电站大门用的数字红外高清网络枪机和 1 台声光报警器，安装位置应为面朝大门方向屋檐下方 0.2m 左右。

（3）消防系统。

警卫室、资料室及保电值班室房间应配置手提式灭火器，灭火器级别及数量可按火灾危险类别为轻危险等级配置，每处配置二具手提式 3kg 装磷酸铵盐干粉灭火器在大门旁，每 2 只灭火器设 1 个壁龛。

6. 生活设施

（1）警卫室。

房间配置一套办公桌椅，桌面宽度不宜大于 400mm，长度不宜大于 1400mm；一张 1.2m×2.1m 单人床及床头柜、衣柜；一台电冰箱，其宽深尺寸不宜大于 600mm，能效等级应为 2 级及以上。

（2）保电值班室。

配置一张单人床，尺寸宜为 1.2m×2.1m 及床头柜、衣柜，且床头柜宽深尺寸不宜大于 600mm×800mm。

（3）备餐间。

房间设厨房案台、洗菜池、储藏柜及预留相关的管线接口。

厨房案台长宽尺寸宜为 2000mm×600mm，内嵌式洗菜池，下部设置储藏柜。

（4）卫生间。

男女卫生间配置蹲便器、小便器（男卫）、洗手池、拖把池（女卫）、地漏等设施。

卫生陶瓷器具的任何部位胚体厚度不小于 6mm，吸水率 $E\leqslant0.5\%$，其配套的排水件应采用耐热塑料制品或金属制品，所有卫生器具自带存水弯，水封深度不得小于 50mm。

卫生器具安装高度：

1）洗脸盆上边缘离地面 0.80m。

2）沐浴器花洒下沿离地面高度为 2.1m。

3）洗脸盆水龙头中心离地面高度为 0.90m，连接洗脸盆水龙头的支管管径采用 De15。

4）拖把池水龙头中心离地面高度为 0.60m，连接拖把池水龙头的支管管径采用 De15。

5）沐浴器阀门中心离地面高度为 1.15m，连接沐浴器阀门的支管管径采用 De15。

6）大便器延时自闭阀中心离地面高度为 0.8m，连接自闭阀的支管管径采用 De25。

表 8－8　　各房间附属设施配置一览表

项目	警卫室	保电值班室	备餐间	资料室	男卫生间	女卫生间
壁挂式空调（型号 KFR－25GW）	●	●		●		
电冰箱			◐			
办公桌椅（桌面 400mm 宽）	◐	◐				
单人床（1.2m×2.1m）及床头柜、衣柜	◐	◐				
厨房案台（带洗菜池、储藏柜）			●			
排气扇			●		●	●
LED 吸顶灯具	●	●	●	●	●	●
配电箱	●			●		
有线电话及网络信息接口面板	●	●				
插座	●	●	●	●	●	●
火灾探测器、报警器、控制器及数字红外线网络枪机	◐	◐	◐	◐		
手提式干粉灭火器（带壁龛）	◐	◐		◐		
洗脸池					●	●
梳妆镜					●	●
毛巾架					●	●
即热式电热水器					●	
蹲便器					●	●
小便器					●	
拖把池						●
不锈钢地漏（水封高度≥50mm）					●	●

注：● 表示制造厂家购买，并在工厂内完成安装。
◐ 表示制造厂家之外的其他方供货，由变电站施工方或设备厂家在现场安装。

（三）外部接口

外部接口含给排水管网、电气、安防、通信、基础接口等，由变电站的施工单位负责引接和安装。

1. 给排水管网接口

辅助用房在工厂生产时应预留给排水接口，现场就位后，卫生间及备餐间的生活污水管接入站内化粪池，落水管就近接入雨水检查井。排水管采用 UPVC 管，胶粘连接。给水管与站区给水管网相连，采用 PP－R 管，热熔连接。

给排水管道的敷设深度管顶最小覆土深度不得小于土壤冰冻线以下 0.15m，道路下的管线覆土深度不宜小于 0.70m。给水管道与各种管道之间的净距，需满足安装操作的需要，且不宜小于 0.30m。

2. 电气接口

（1）电缆接口。

从站内电源屏或与辅助用房临近的配电装置室动力箱引接两回路 220V AC 至警卫室和保电值班室配电箱，配电箱底部应预留一根ϕ50 的 PVC 阻燃管，用于穿进线电缆用。

（2）接地接口。

辅助用房就位后，采用接地扁钢从接地端子引接至接地主网上，接地扁钢型号见具体工程。

（3）安防接口。

辅助用房在工厂生产时应设置消防监控设备安装孔，预留线缆进线接口。供电线及报警线通过金属管或可挠（金属）电气导管或 B1 级以上的刚性塑料管就近接入电缆沟，与变电站火灾报警主机连接。

辅助用房在工厂生产时应设置视频系统摄像头安装孔，预留线缆进线接口。供电线及通信线通过金属管就近接入电缆沟，与变电站二次设备的图像监控主机柜连接。

（4）通信接口。

警卫室、保电值班室房间在工厂生产时应预留通信线缆进线接口，电话线及网络线通过 PVC 管就近接入电缆沟后，与变电站通信机房内的音频、网络配线架连接。

（5）基础接口。

辅助用房与基础连接采用焊接方式。

基础浇筑时，顶面预埋好钢板，待上部结构吊装就位后，与上部结构钢柱底板采用现场焊接进行固定。焊接完成后，需要对焊接及损伤部位进行镀锌防腐处理。

（四）安全要求

1. 接地

为防止电击伤害，辅助用房钢骨架或外露金属构件（如有）导电部分应实现导电性互连，并应可靠接地。

辅助用房门及其他活动部件与辅助用房底框或骨架应可靠电连接，以保证辅助用房整体接地的连续性。安全接地导体的截面积应符合表 8－9 的规定。

表 8－9　安全接地导体的最小截面积　mm²

电路上的导线截面积 S	相应的接地导体的最小截面积
$S<16$	S^{*}
$16 \leq S \leq 35$	16
$S>35$	$S/2$

* 不宜小于 4mm²

2. 耐火等级

辅助用房墙体和构件（梁、柱）的耐火等级应满足《建筑设计防火规范》（GB 50016）的相关要求。

3. 燃烧性能

外墙材料如纤维水泥板、金邦板及中间夹层内保温材料的燃烧性能等级应符合《建筑材料及制品燃烧性能分级》（GB 8624—2012）中表 1 规定的 A 级要求。

4. 机械安全

辅助用房的机械部分应无锐边和毛刺，以防止在安装、运行和使用维护中对人员造成危害。

辅助用房应有足够的稳定性和牢固的连接及安装，同时应考虑吊装、运输过程中的安全。

（五）加工制造要求

（1）建筑部品部件生产企业应有固定的生产车间和自动化生产线设备，应有专门的生产、技术管理团队和产业工人，并应建立技术标准体系及安全、质量、环境管理体系。

（2）建筑部品部件生产前，应服据设计要求和生产条件编制生产工艺方案，对构造复杂的部品或构件宜进行工艺性试验。

（3）建筑部品部件生产前，应有经批准的构件深化设计图或产品设计图，设计深度应满足生产、运输和安装等技术要求。

（4）生产过程质量检验控制应符合下列规定：

1）首批（件）产品加工应进行自检、互检、专检，产品经检验合格形成检验记录，方可进行批量生产。

2）首批（件）产品检验合格后，应对产品生产加工工序，特别是重要工序控制进行巡回检验。

3）产品生产加工完成后，应由专业检验人员根据图纸资料、施工单等对生产产品按批次进行检查，做好产品检验记录。并应对检验中发现的不合格产品做好记录，同时应增加抽样检测样本数量或频次。

4）检验人员应严格按照图样及工艺技术要求的外观质量、规格尺寸等进行出厂检验，做好各项检查记录，签署产品合格证后方可入车，无合格证产品不得入库。

（5）建筑部品部件生产应按下列规定进行质量过程控制：

1）凡涉及安全、功能的原材料，应按现行国家标准规定选行复验，见证取样、送样。

2）各工序应按生产工艺要求进行质量控制、实行工序检验。

3）相关专业工种之间应进行交接检验。

4）隐蔽工程在封闭前应进行质量验收。

（6）建筑部品部件生产检验合格后，生产企业应提供出厂产品质量检验合格证。建筑年品应符合设计和国家现行有关标准的规定，并应提供执行产品标准的说明、出厂检验合格证明文件、质量保证书和使用说明书。

（7）建筑部品部件的运输方式应根据部品部件特点、工程要求等确定。建筑部品或构件出厂时，应有部品或构件重量、重心位置、吊点位置、能否倒置等标志。

（8）钢构件加工制作工艺和质量应符合《钢结构工程施工规范》（GB 50755）和《钢结构工程施工质量验收标准》（GB 50205）的规定。

（9）钢构件与墙板、内装部品的连接件室在工厂与钢结构一起加工制作。

（10）外围护部品应采用节能环保的材料，材料应符合《民用建筑工程室内环境污染控制规范》（GB 50325）和《建筑材料放射性核素限量》（GB 6566）的规定，外围护部品室内侧材料尚应满足室内建筑装饰材料有害物质限量的要求。

（11）外围护部品生产，应对尺寸偏差和外观质量进行控制。

（12）一体化墙板制造要求：

1）龙骨布置原则：窗框四周布置加强龙骨；竖龙骨最大间距 1800mm，宜以满足内饰板布置要求，由中间向两边进行对称布置。

2）节点布置原则：节点布置宜避免碰撞：门窗洞口边距离框架柱应有足够空间。

3）饰面板布置原则：纤维水泥板标准尺寸 1200mm×2400mm；由中间向两边进行对称布置：纤维水泥板可切割成小于标准尺寸的板块。

4）一体化墙板宜水平制作，工厂钢框架组装时，焊接质量应满足《钢结构焊接规范》（GB 50661）和《钢结构工程施工质量验收标准》（GB 50205）的规定。

5）一体化墙板的组装应符合下列规定：应按照设计图纸要求进行：距门窗洞口 200mm 内应采用整块板材切割成型，不得拼接。

（13）预制外墙部品生产时，应符合下列规定：

1）外门窗的预埋件设置应在工厂完成。

2）不同金属的接触面应避免电化学腐蚀。

（六）运输、吊装、测量及监测

1. 一般规定

（1）施工前，施工单位应编制下列技术文件，并按规定进行审批和论证：

1）施工组织设计及配套的专项施工方案。

2）安全专项方案。

3）环境保护专项方案。

（2）施工单位应根据单元式辅助用房的特点，选择合适的施工方法，制定合理的施工顺序，并应尽量减少现场支模和脚手架的用量，提高施工效率。

（3）施工用的设备、机具，工具和计量器具，应满足施工要求，并应在合格检定有效期内。

（4）单元式辅助用房应遵守国家环境保护的法规和标准采取有效措施减少各种粉尘、废弃物、噪声等对周边环境造成的污染和危害；并应采取有效的防火等安全措施。

（5）施工单位应对单元式辅助用房的现场包工人员进行相应专业的培训。

（6）施工单位应对进场的部品部件进行检查，合格后方可使用。

（7）贮存辅助用房的场所应干净、清洁、空气流通，并能防止各种有害气体和小动物的侵入，严禁与有腐蚀作用的物品存放在同一场所。

2. 整体吊装

（1）单元式辅助用房的安装应合理选择起重吊装设备。起吊宜采用 25t 起吊机，建议采用 6 点起吊（每长边侧 3 点），采用顶部吊装法，起吊时应保证箱体两端平衡，不得倾斜。选用非定型产品作为起重设备时，应编制专项技术方案，并应经评审后再组织实施。对于有较大开孔后刚度削弱的箱体，应采用专用吊装架吊装。

（2）吊装用钢丝绳、卸扣、吊钩等吊具不得超出其额定许可荷载，专用机具和工具应满足施工要求，并经检验合格。

（3）集装箱组合房屋的安装作业应符合下列要求：

1）构件宜划分成吊装流水段安装，流水区段可按建筑物的平面形状、结构形式、安装机核规格和现场施工条件等因素划分。

2）箱体吊装与安装过程中应保证整体结构形成稳定的结构体系，必要时应增加临时支撑结构等措施。

3）不得利用已安装就位的箱体构件起吊其他重物。不得在主要受力部位加焊其他物件。

4）箱体安装前应先对连接角件之间的距离、孔边距等相关尺寸进行测量，并在安装过程中进行调校。若采用加垫块调整偏差尺寸时，可采用不多于一块的整体垫块，并在定位后与角件焊接牢固。

（4）辅助用房安装就位后，两单元房之间外墙、屋脊及地坪接缝，雨棚安装，PVC 成品排水天沟及落水管的安装应由制作厂家负责施工。

3. 设备与管线安装

（1）设备与管线需要与钢结构构件连接时，宜采用预留埋件的连接方式。当采用其他连接方法时，不得影响钢结构构件的完整性与结构的安全性。

（2）应按管道的定位、标高等绘制预留套管图，在工厂完成套管预留及质量验收。

（3）构件中预埋管线、预埋件、预留沟（槽、孔、洞）的位置应准确，不应在围护系统安装后凿剔。楼地面内的管道与墙体内的管道有连接时，应与构件安装协调一致，保证位置准确。

（4）预留套管应按设计图纸中管道的定位、标高同时结合装饰、结构专业，绘制预留套管图。预留预埋应在预制构件厂内完成，并进行质量验收。

4. 测量与监测

（1）钢结构工程测量应符合下列规定：

1）钢结构安装前应设置施工控制网；施工测量前，应根据设计图和安装方案，编制测量专项方案。

2）施工会阶段的测量应包括平面控制、高程控制和细部测量。

（2）钢结构安装前应设置施工控制网。

（3）平面控制网、高程控制网、单层钢结构施工测量等，应满足《钢结构工程施工规范》（GB 50755）相关要求。

（4）施工监测方法应根据工程监测对象、监测目的、监测频度、监测时长、监测精度要求等具体情况选定。

（5）其他施工测量的相关要求，应满足《钢结构工程施工规范》（GB 50755）相关要求。

8.2.2 单元式辅助用房图纸

施工图图纸目录

110kV 变电站建筑物施工图设计图集

卷册名称 单元式辅助用房建筑结构施工图-长方形方案

图纸____张 说明____本 清册____本

序号	图号	图名	张数	套用原工程名称及卷册检索号，图号
1	HE-110-A3-3-T0203-01	长方形方案平面布置图	1	
2	HE-110-A3-3-T0203-02	长方形方案屋面布置图	1	
3	HE-110-A3-3-T0203-03	长方形方案立面图	1	
4	HE-110-A3-3-T0203-04	长方形方案立面及剖面图	1	
5	HE-110-A3-3-T0203-05	建筑大样图（一）	1	
6	HE-110-A3-3-T0203-06	建筑大样图（二）	1	
7	HE-110-A3-3-T0203-07	给水平面布置图	1	
8	HE-110-A3-3-T0203-08	排水平面布置图	1	
9	HE-110-A3-3-T0203-09	结构平面布置图（一）	1	
10	HE-110-A3-3-T0203-10	结构平面布置图（二）	1	
11	HE-110-A3-3-T0203-11	基础平面布置图及基础配筋图	1	
12	HE-110-A3-3-T0203-12	接地大样图	1	

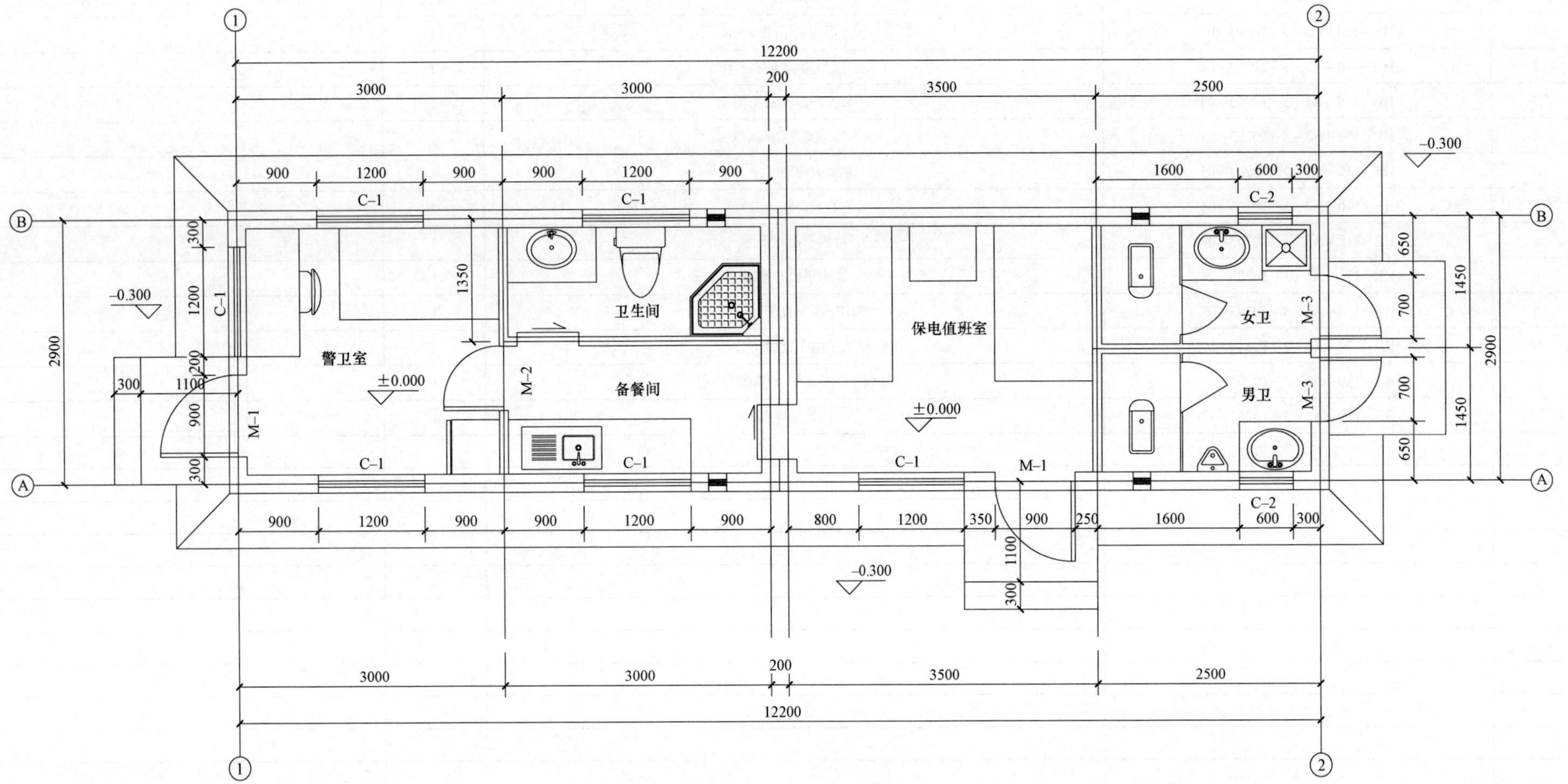

图 8-17　长方形方案平面布置图

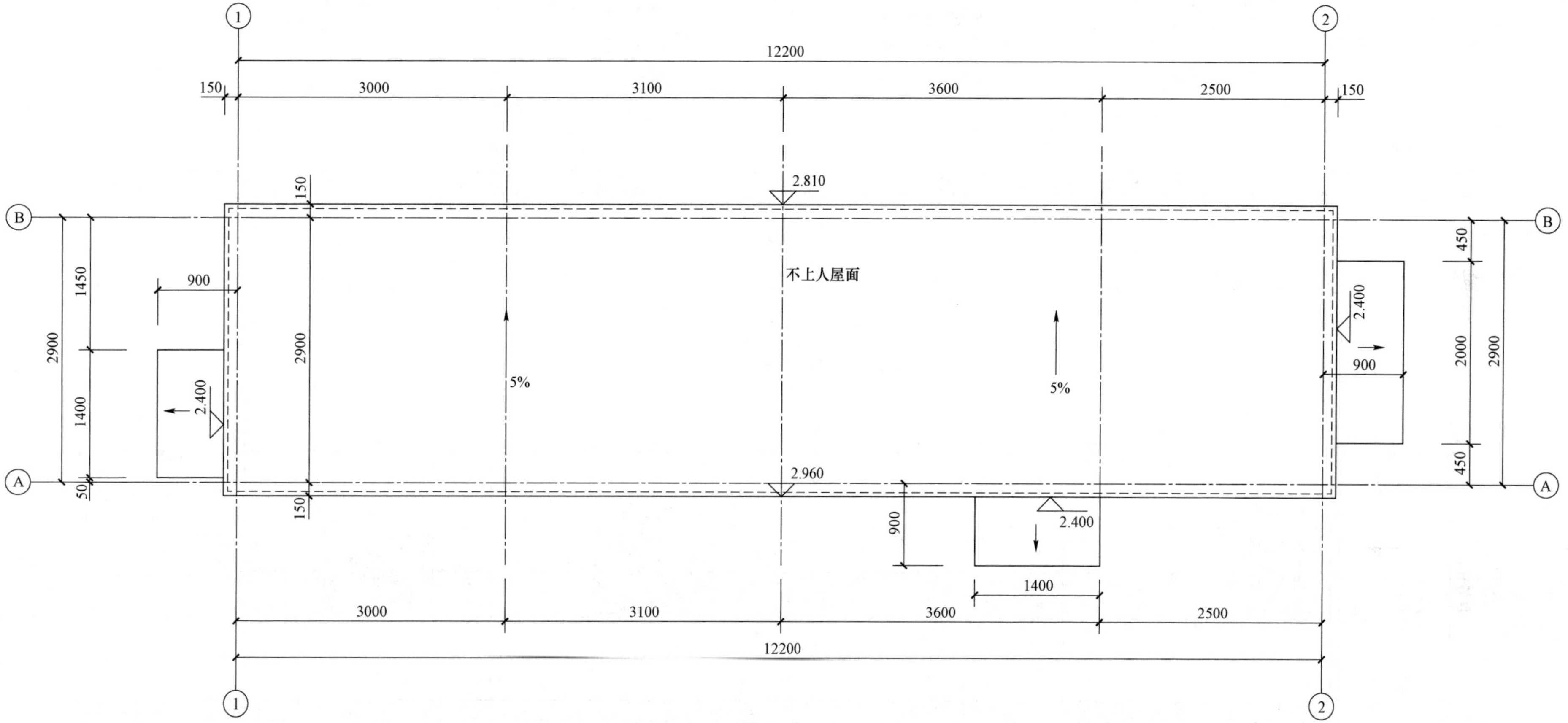

图 8-18　长方形方案屋面布置图

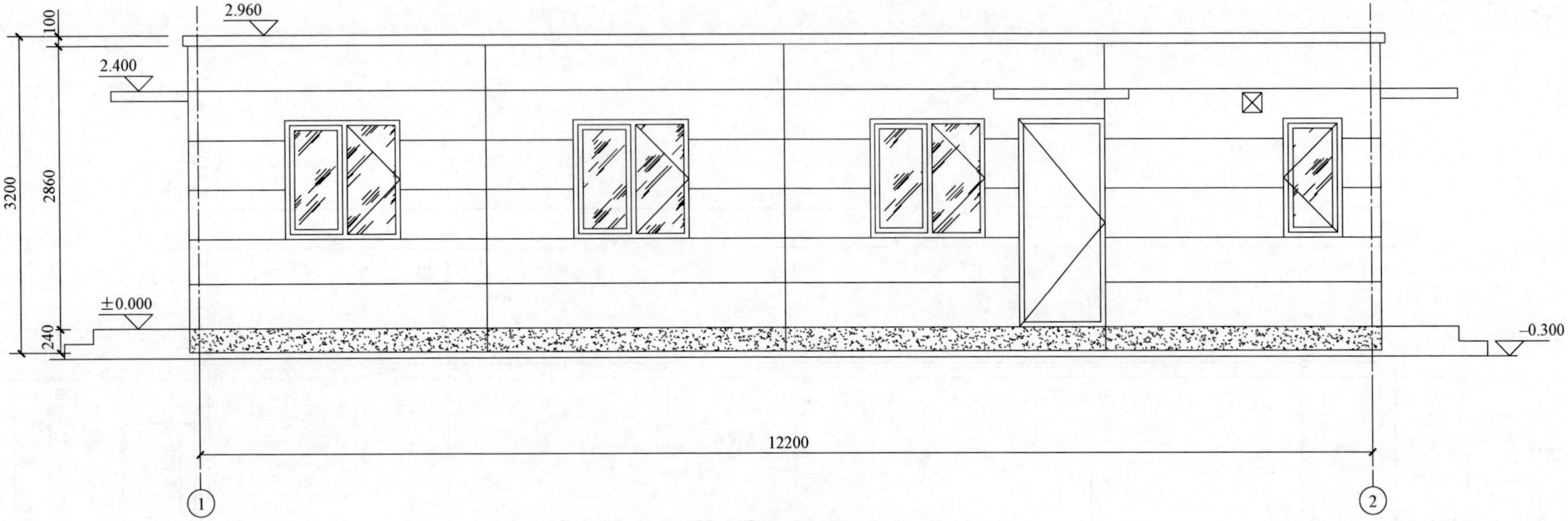

(a) ①—② 立面图

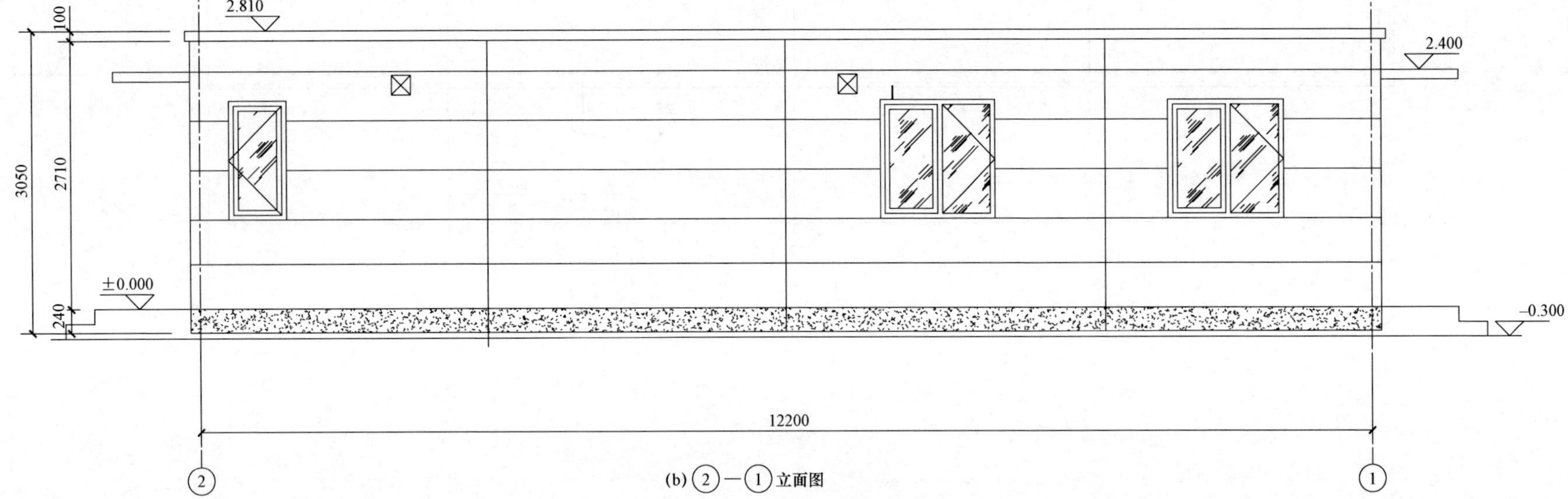

(b) ②—① 立面图

图 8-19　长方形方案立面图

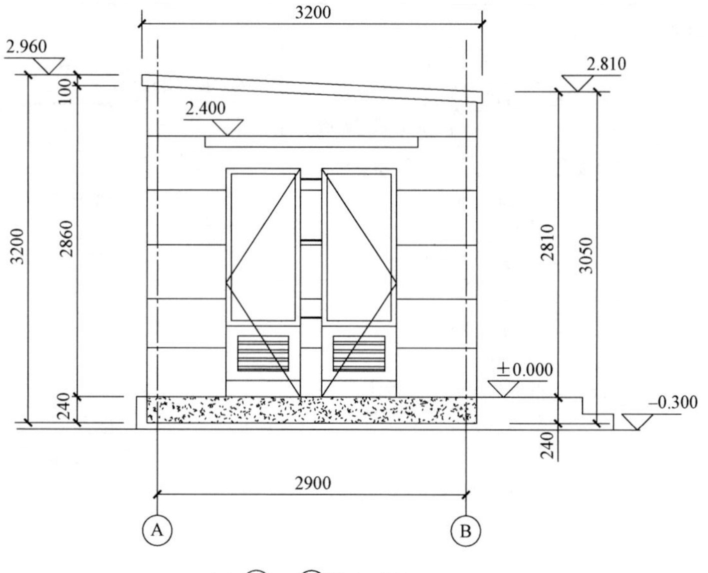

(a) A—B 轴立面图

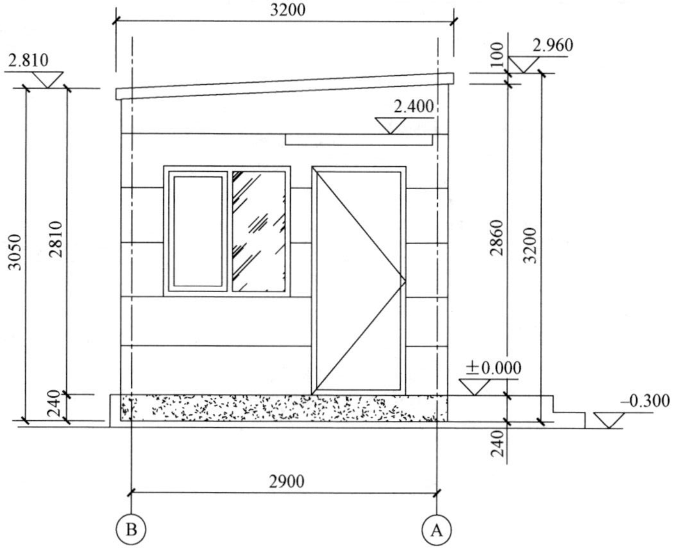

(b) B—A 轴立面图

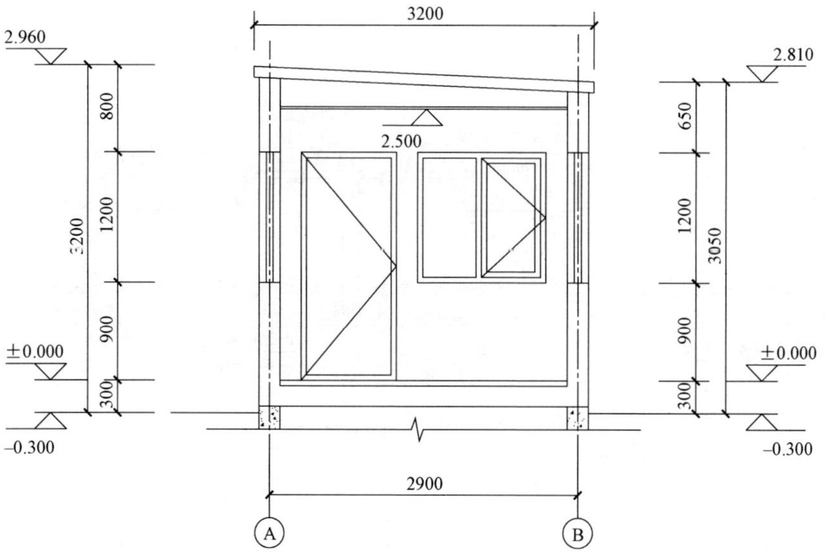

(c) 剖面图

图 8-20　长方形方案立面及剖面图

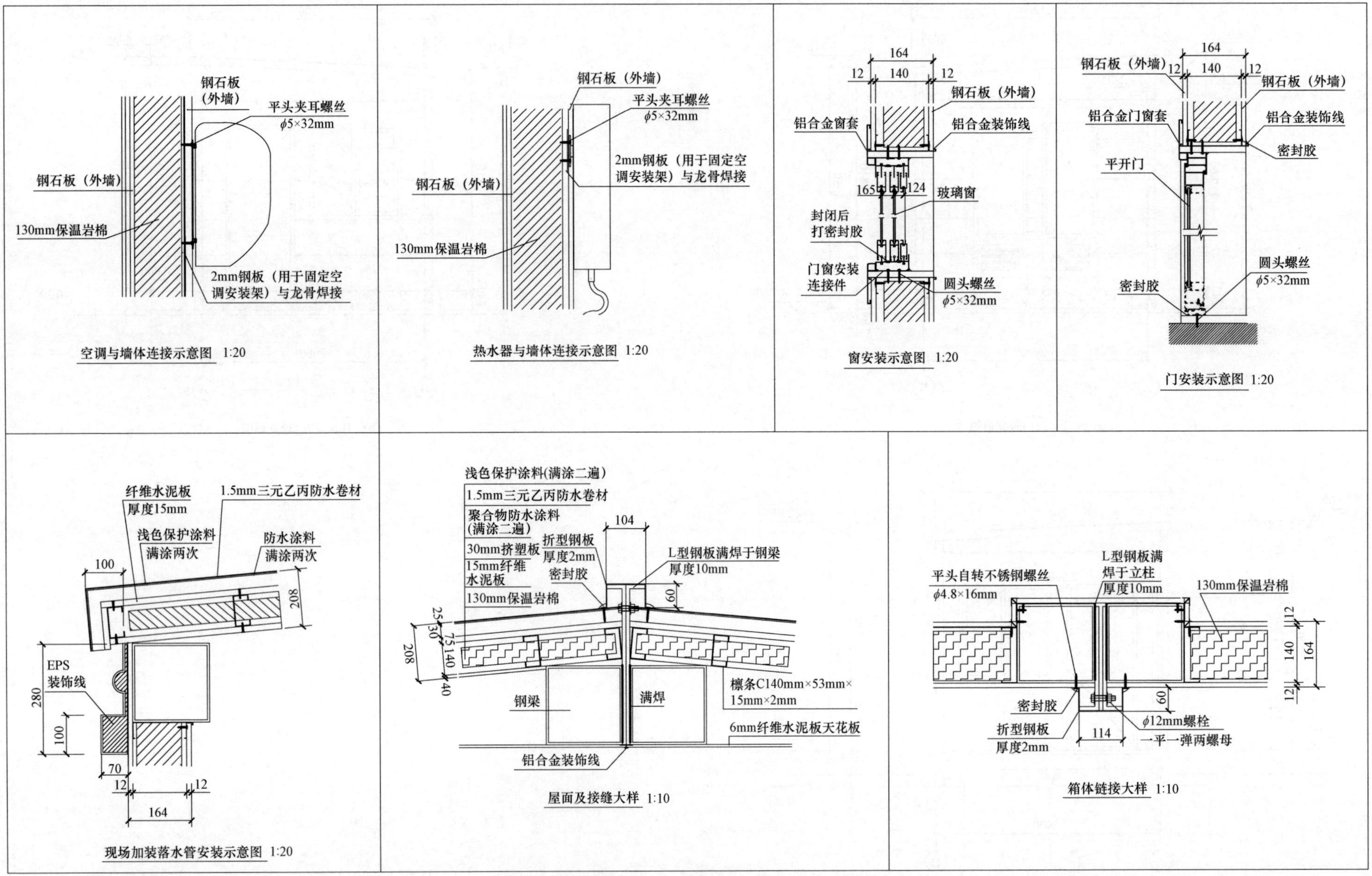

钢石板（外墙）
平头夹耳螺丝
ϕ5×32mm
钢石板（外墙）
130mm保温岩棉
2mm钢板（用于固定空调安装架）与龙骨焊接
空调与墙体连接示意图 1:20
钢石板（外墙）
平头夹耳螺丝
ϕ5×32mm
2mm钢板（用于固定空调安装架）与龙骨焊接
钢石板（外墙）
130mm保温岩棉
热水器与墙体连接示意图 1:20
164
12
140
12
钢石板（外墙）
铝合金窗套
铝合金装饰线
165
124
玻璃窗
封闭后打密封胶
门窗安装连接件
圆头螺丝
ϕ5×32mm
窗安装示意图 1:20
164
钢石板（外墙）
12
140
12
钢石板（外墙）
铝合金门窗套
铝合金装饰线
密封胶
平开门
圆头螺丝
ϕ5×32mm
密封胶
门安装示意图 1:20
纤维水泥板
厚度15mm
1.5mm三元乙丙防水卷材
浅色保护涂料
满涂两次
防水涂料
满涂两次
100
208
EPS
装饰线
280
100
70
12
12
164
现场加装落水管安装示意图 1:20
浅色保护涂料(满涂二遍)
1.5mm三元乙丙防水卷材
聚合物防水涂料
(满涂二遍)
30mm挤塑板
15mm纤维水泥板
折型钢板
厚度2mm
密封胶
130mm保温岩棉
104
L型钢板满焊于钢梁
厚度10mm
60
25
30
75
140
40
208
檩条C140mm×53mm×15mm×2mm
钢梁
满焊
6mm纤维水泥板天花板
铝合金装饰线
屋面及接缝大样 1:10
平头自转不锈钢螺丝
ϕ4.8×16mm
L型钢板满焊于立柱
厚度10mm
130mm保温岩棉
12
140
164
12
60
密封胶
ϕ12mm螺栓
一平一弹两螺母
折型钢板
厚度2mm
114
箱体链接大样 1:10

图 8–21 建筑大样图（一）

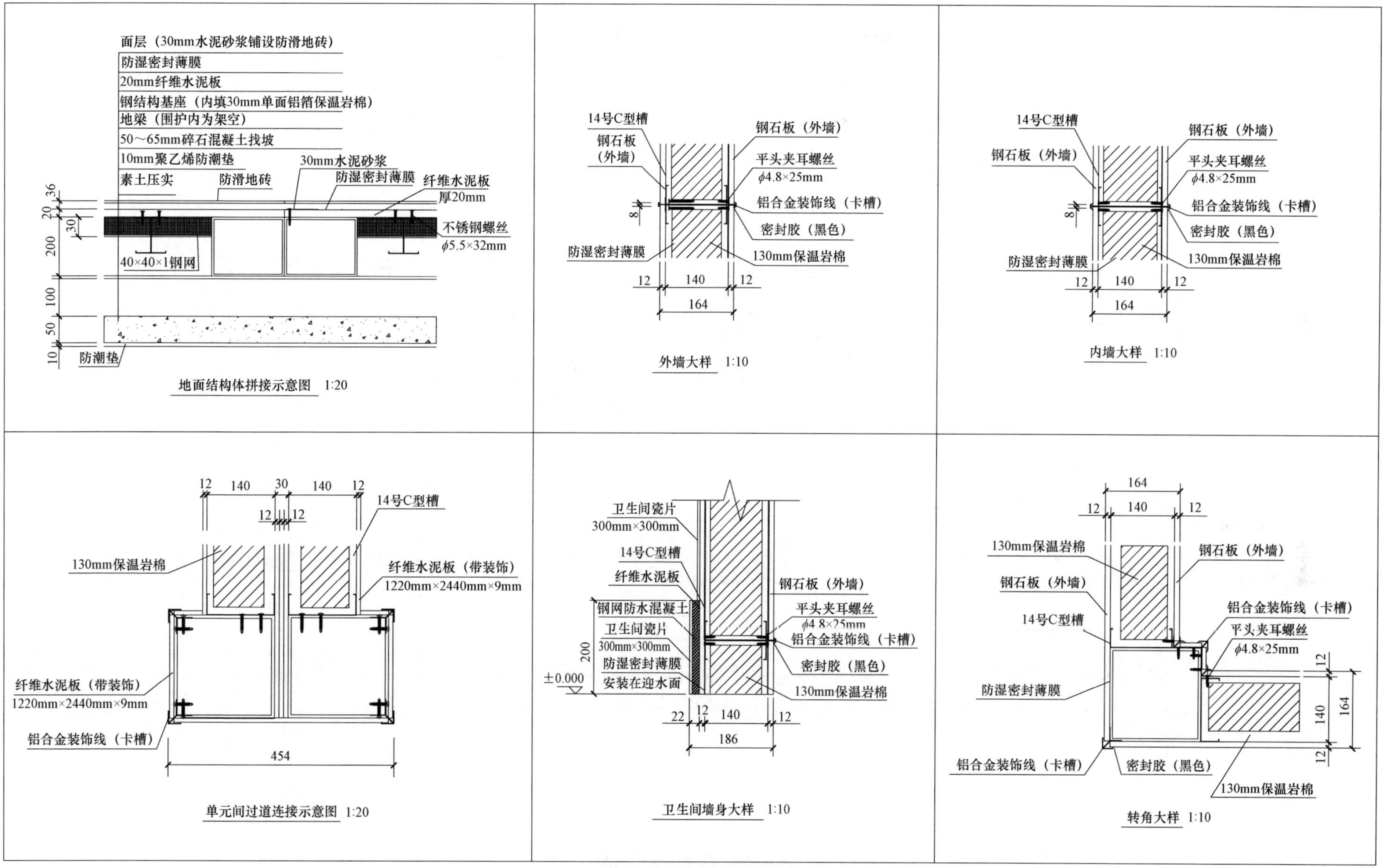
面层（30mm水泥砂浆铺设防滑地砖）
防湿密封薄膜
20mm纤维水泥板
钢结构基座（内填30mm单面铝箔保温岩棉）
地梁（围护内为架空）
50～65mm碎石混凝土找坡
10mm聚乙烯防潮垫
素土压实
防滑地砖
30mm水泥砂浆
防湿密封薄膜
纤维水泥板厚20mm
不锈钢螺丝 ϕ5.5×32mm
40×40×1钢网
防潮垫
地面结构体拼接示意图 1:20
14号C型槽
钢石板（外墙）
平头夹耳螺丝 ϕ4.8×25mm
铝合金装饰线（卡槽）
密封胶（黑色）
防湿密封薄膜
130mm保温岩棉
外墙大样 1:10
内墙大样 1:10
130mm保温岩棉
纤维水泥板（带装饰）1220mm×2440mm×9mm
铝合金装饰线（卡槽）
单元间过道连接示意图 1:20
卫生间瓷片 300mm×300mm
纤维水泥板
钢网防水混凝土
防湿密封薄膜
安装在迎水面
±0.000
卫生间墙身大样 1:10
转角大样 1:10

图 8-22 建筑大样图（二）

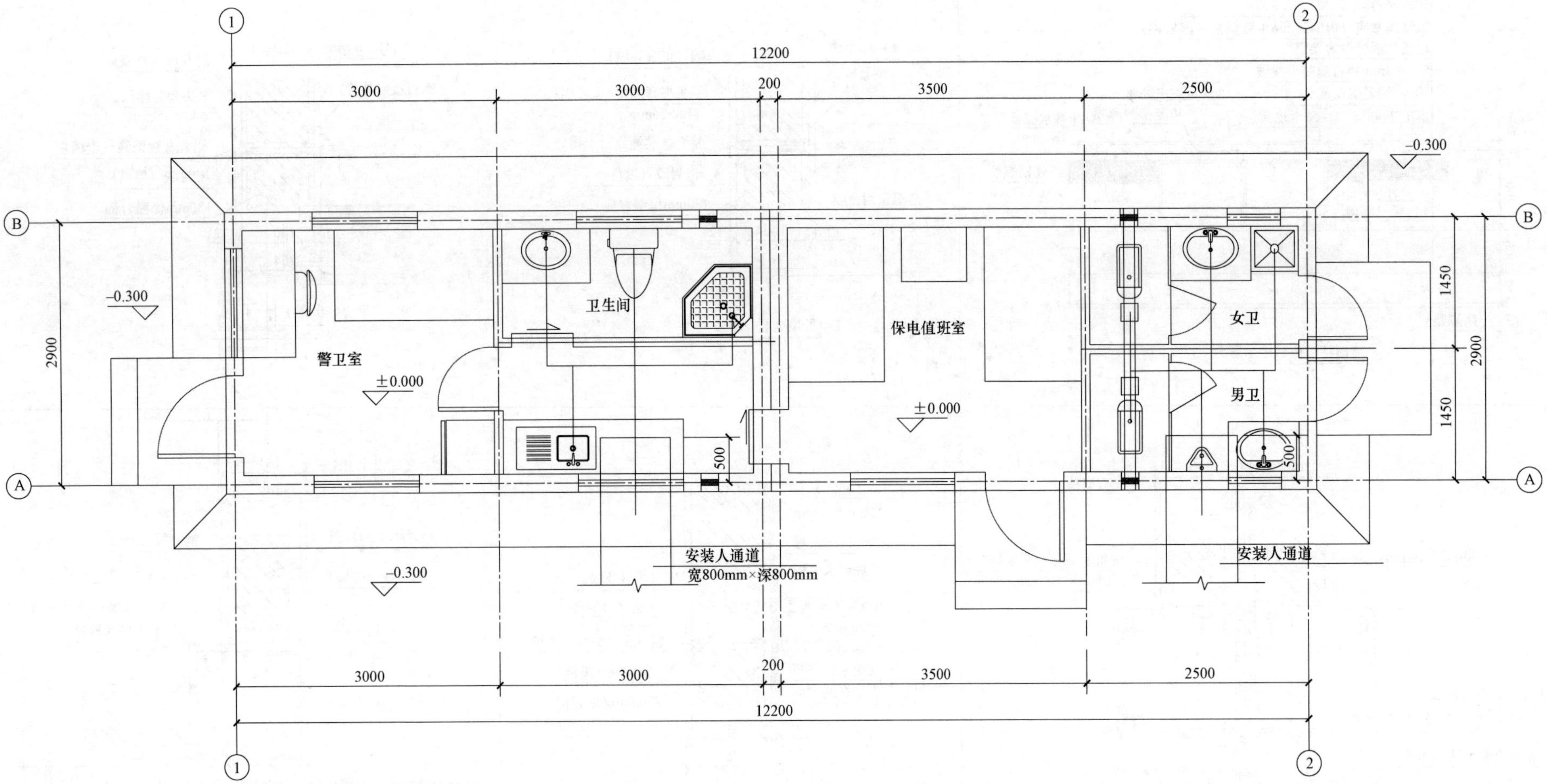

图 8-23　给水平面布置图

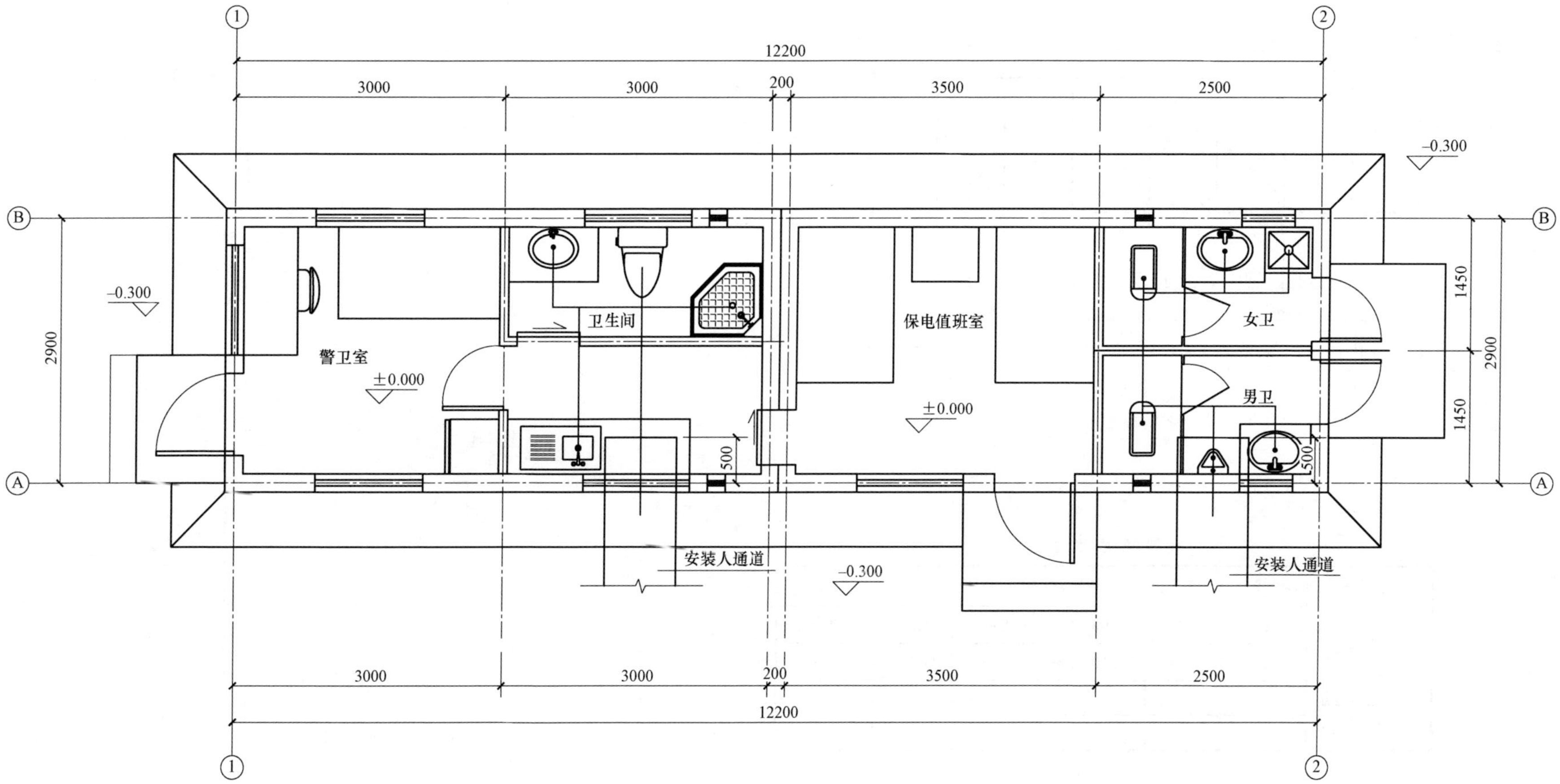

图 8-24 排水平面布置图

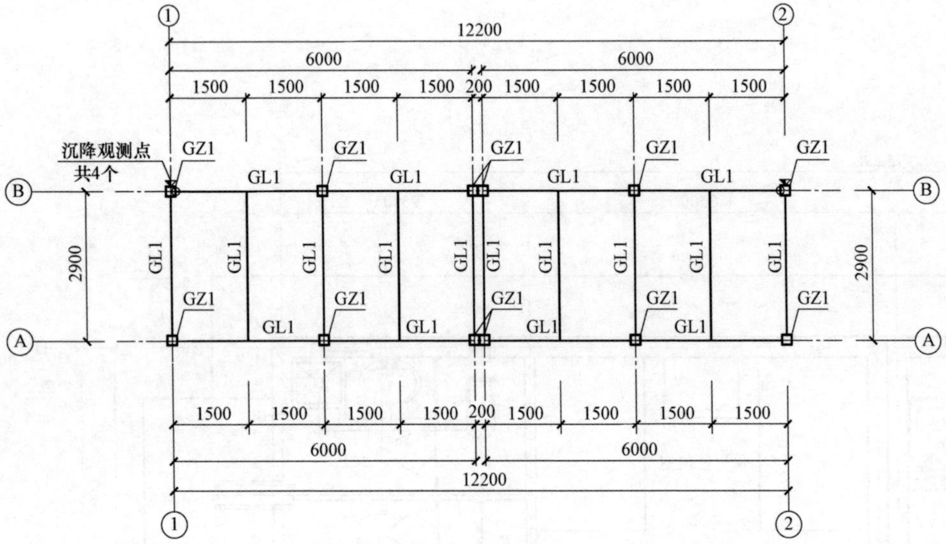

结构平面布置图 1:100

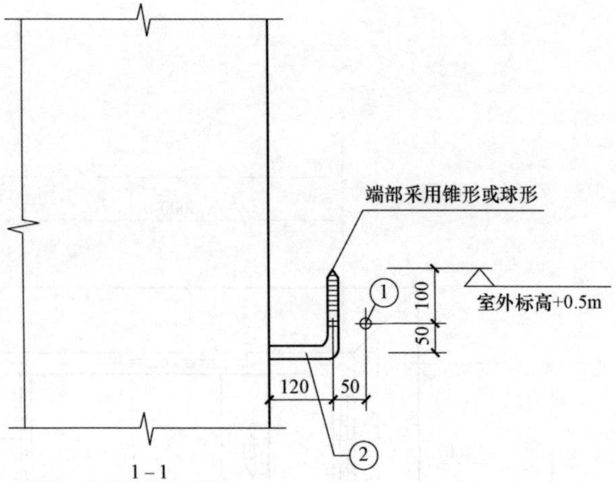

1－1

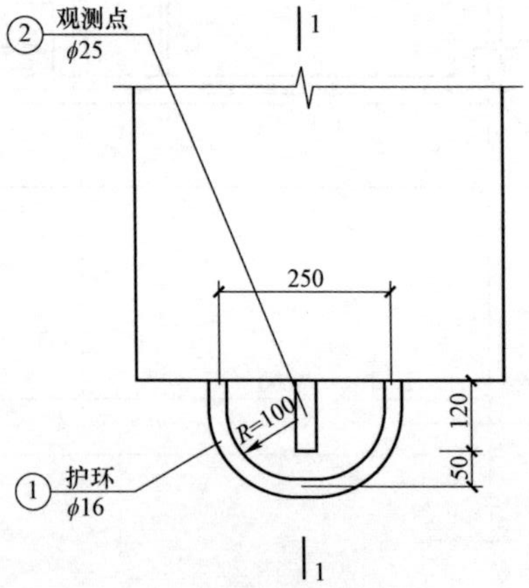

建筑物沉降观测点

钢 梁 截 面 表

截面型式	构件名称	编号	规格 $H\times B\times T_w$	材质	备注
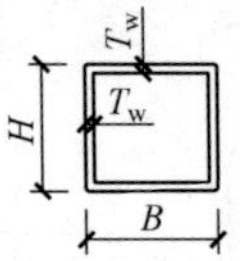	钢柱	GZ1	□200×200×6.0 方钢管	Q355B	国标
	钢梁	GL1	□200×200×6.0 方钢管	Q355B	国标

图 8－25　结构平面布置图（一）

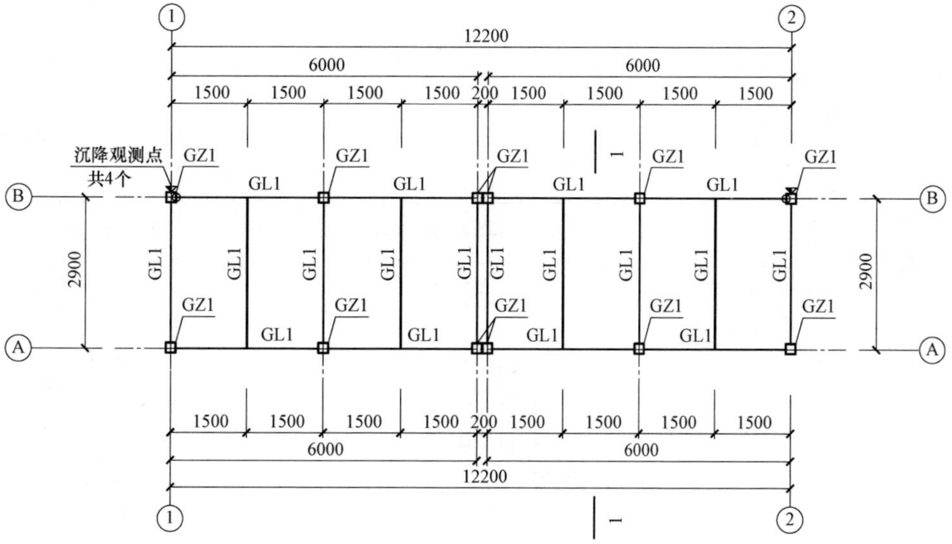

屋面结构平面布置图 1:100

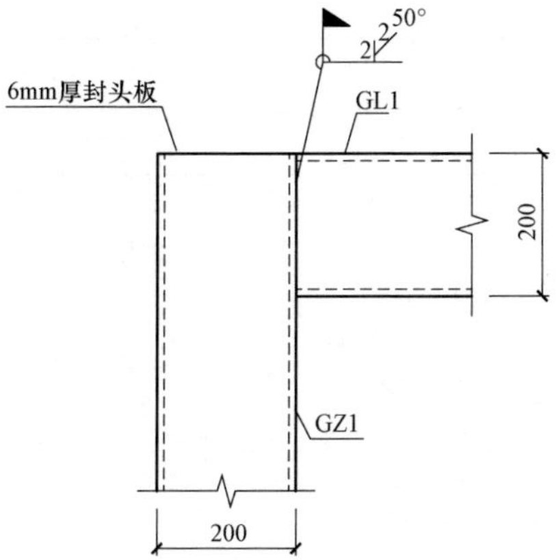

GL1与GZ1连接节点 1:10
焊缝等级不小于二级

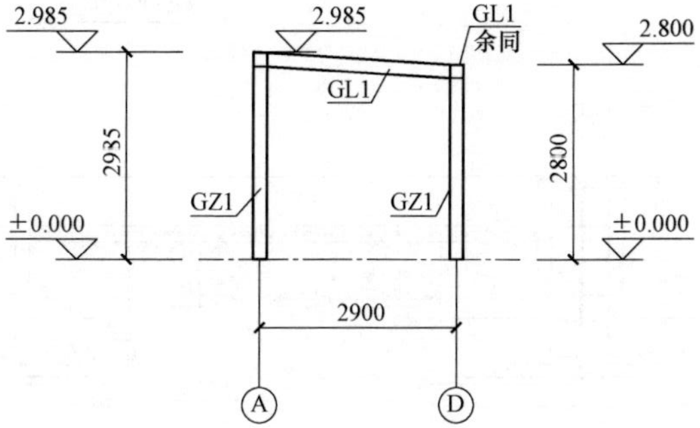

1-1剖面图 1:100

钢梁截面表

截面型式	构件名称	编号	规格 $H\times B\times T_w$	材质	备注
T_w T_w H B	钢柱	GZ1	□200×200×6.0 方钢管	Q355B	国标
	钢梁	GL1	□200×200×6.0 方钢管	Q355B	国标

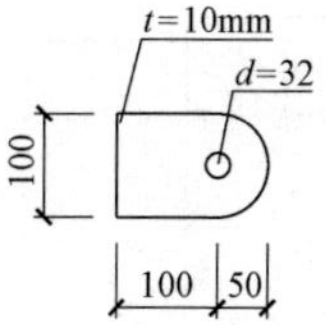

耳板大样图 1:10
具体位置详平面图

图 8-26　结构平面布置图（二）

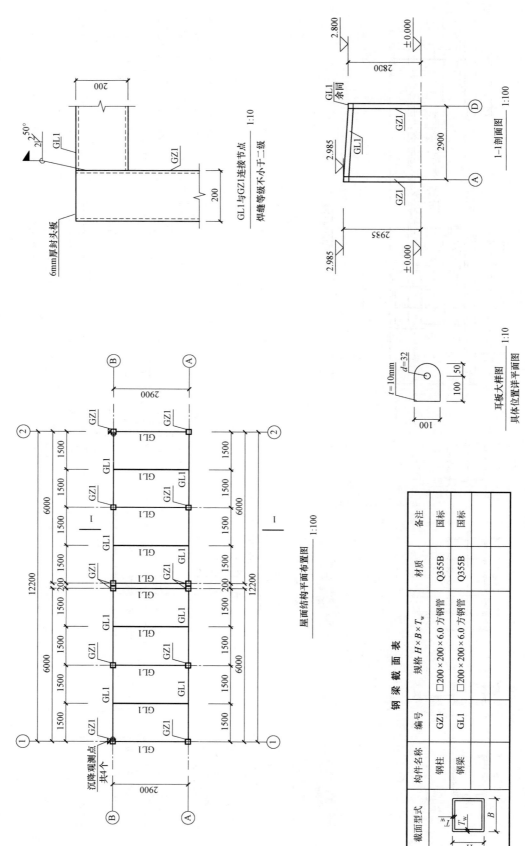

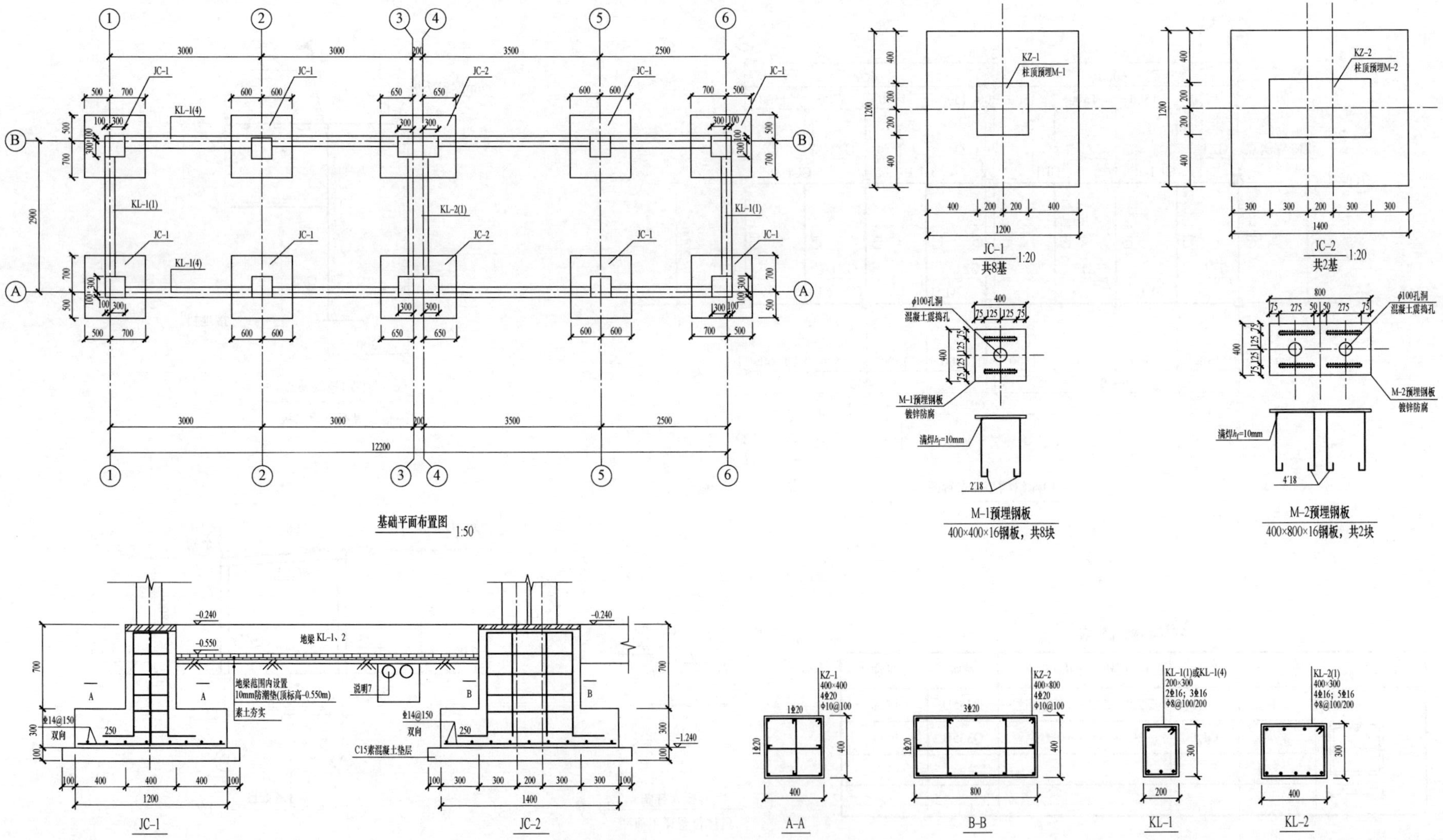

图 8–27 基础平面布置图及基础配筋图

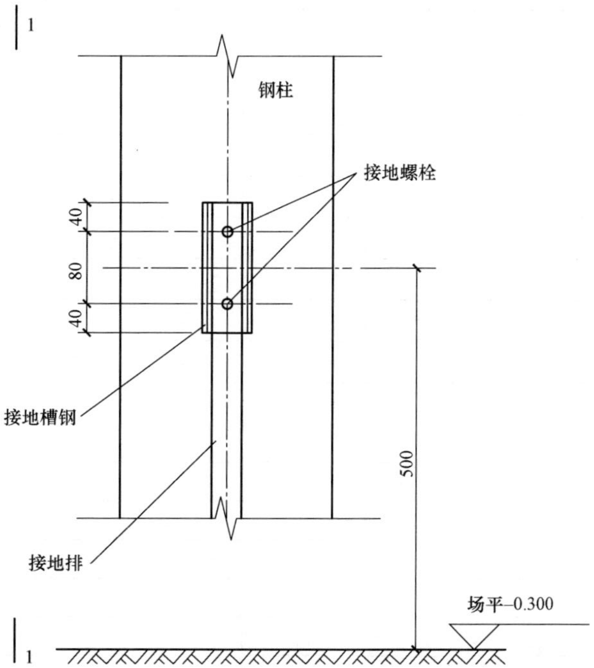

接地连接点

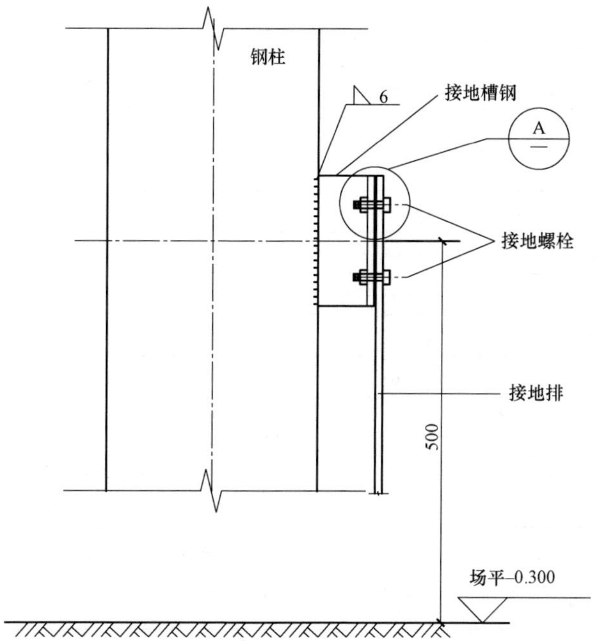

1－1

材料选用一览表

名称	型号	备注
接地排	宽度 70～80mm	变电站施工单位提供并安装
接地螺栓	2×M14	变电站施工单位提供并安装
接地槽钢	[8	辅助用房厂家制作

图 8－28　接地大样图

施工图图纸目录

110kV 变电站建筑物施工图设计图集

卷册名称 单元式辅助用房建筑结构施工图－正方形方案

图纸____张　　说明____本　　清册____本

序号	图号	图名	张数	套用原工程名称及卷册检索号，图号
1	HE－110－A3－3－T0203－01	正方形方案平面布置图	1	
2	HE－110－A3－3－T0203－02	正方形方案屋面布置图	1	
3	HE－110－A3－3－T0203－03	正方形方案立面图	1	
4	HE－110－A3－3－T0203－04	正方形方案立面及剖面图	1	
5	HE－110－A3－3－T0203－05	给水平面布置图	1	
6	HE－110－A3－3－T0203－06	排水平面布置图	1	
7	HE－110－A3－3－T0203－07	结构平面布置图（一）	1	
8	HE－110－A3－3－T0203－08	结构平面布置图（二）	1	
9	HE－110－A3－3－T0203－09	基础平面布置图及基础详图	1	

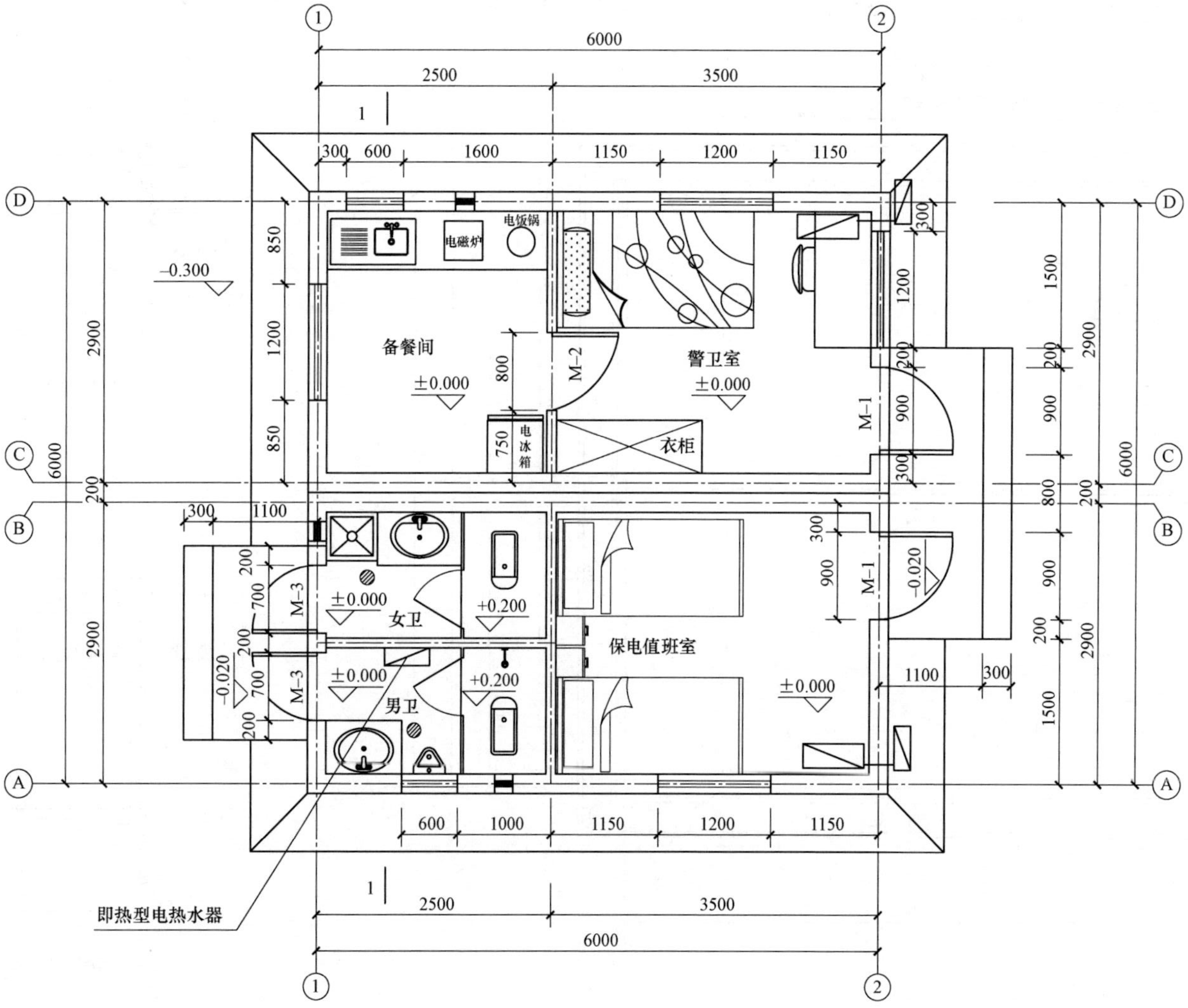

图 8-29　正方形方案平面布置图

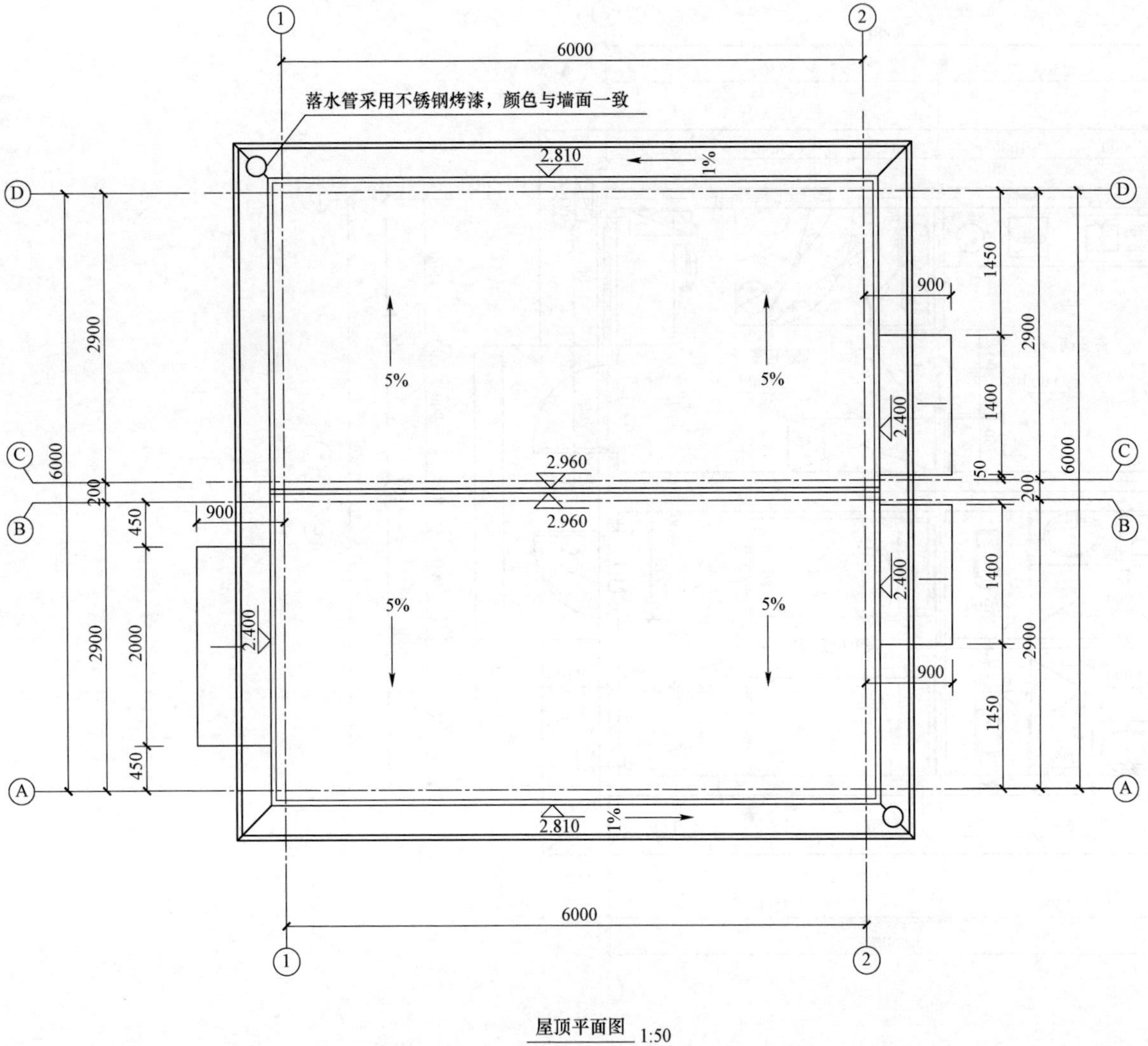

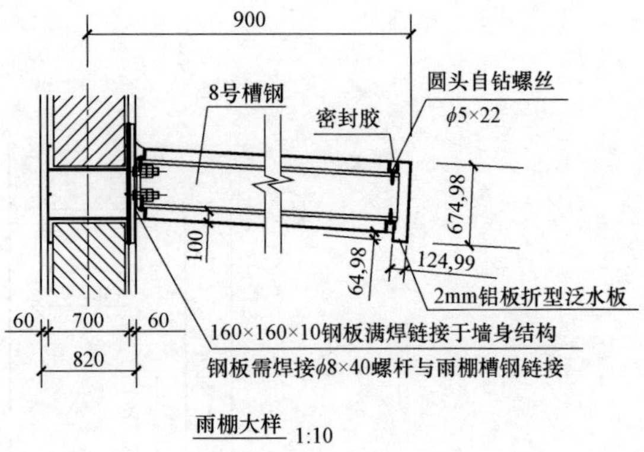

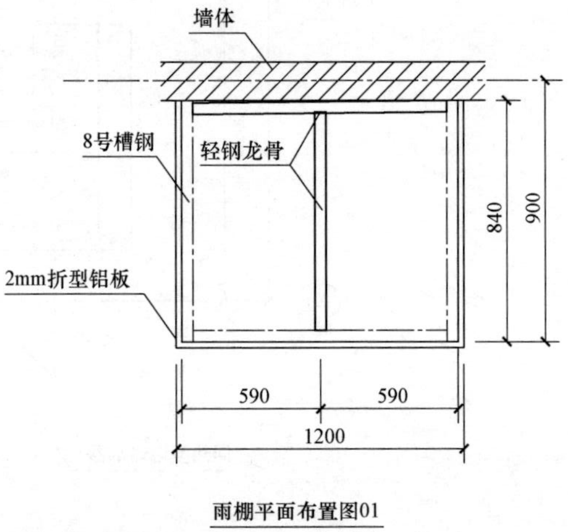

图 8–30 正方形方案屋面布置图

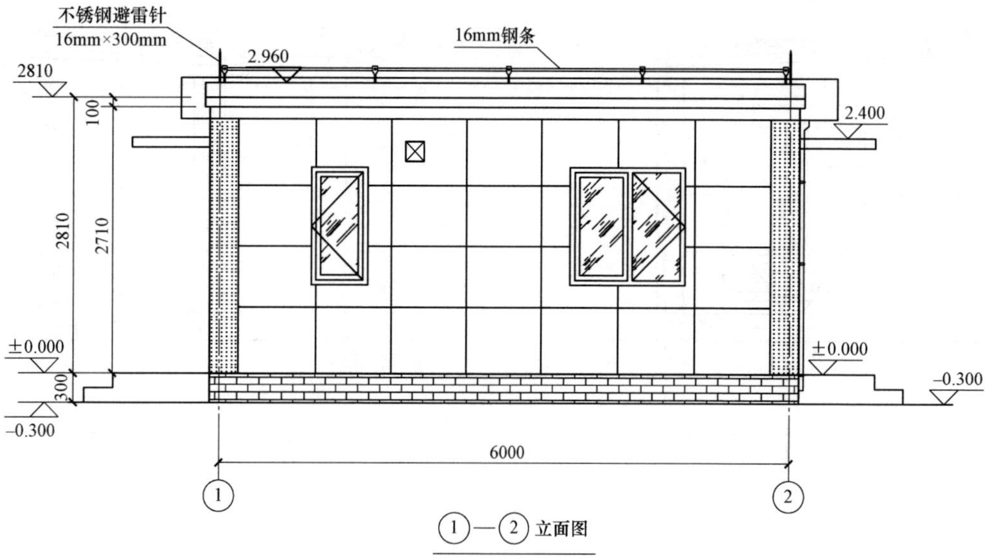

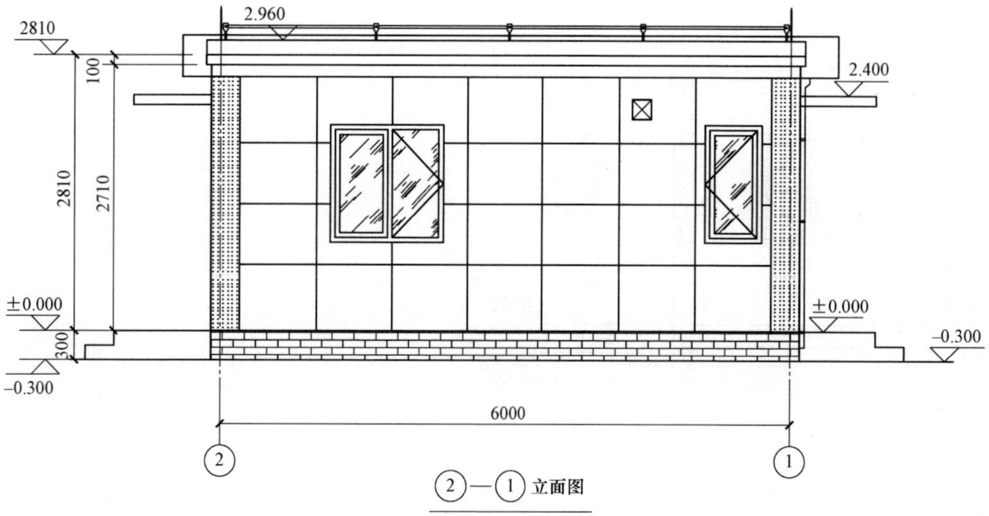

图 8-31　正方形方案立面图

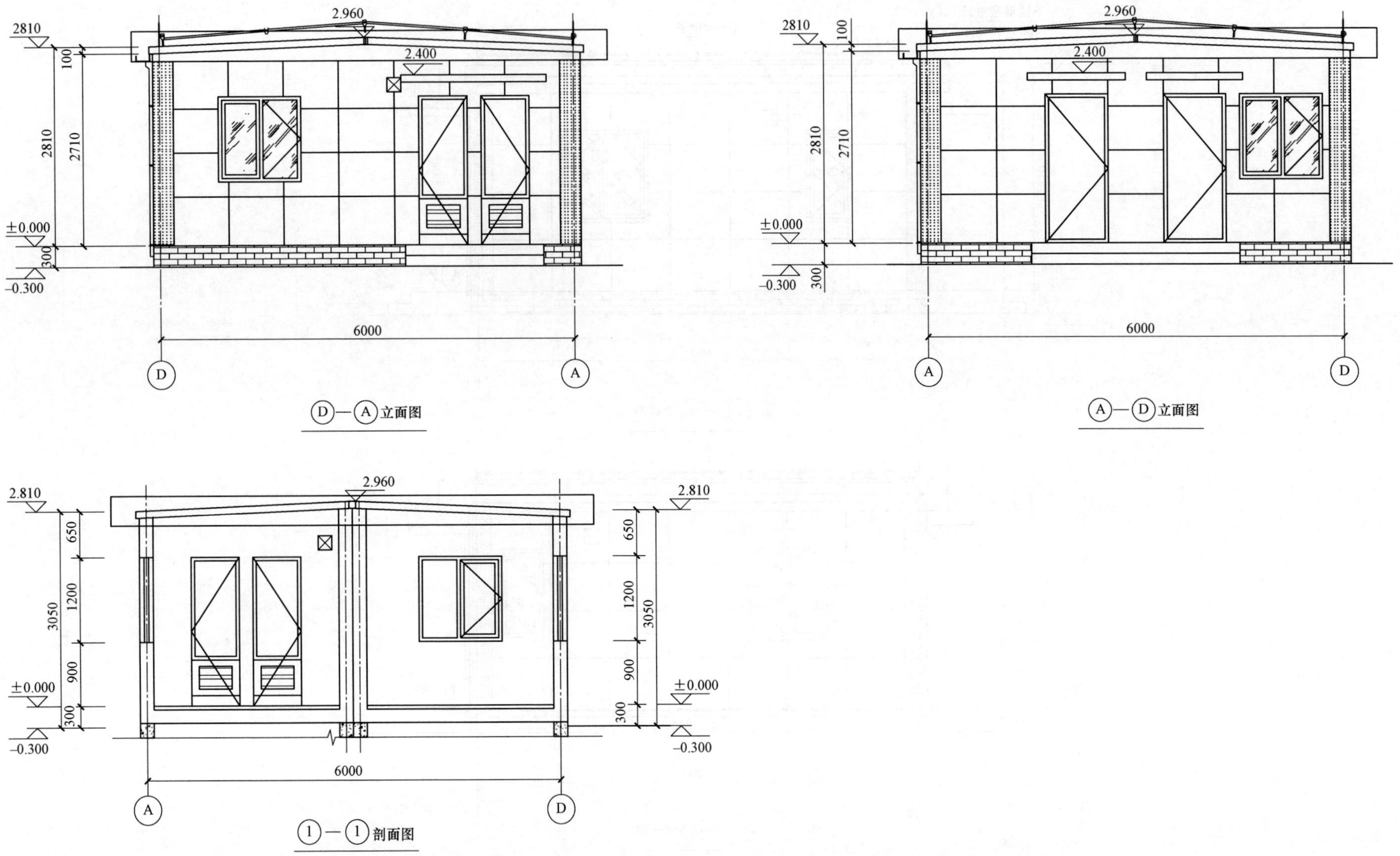

图 8-32　正方形方案立面及剖面图

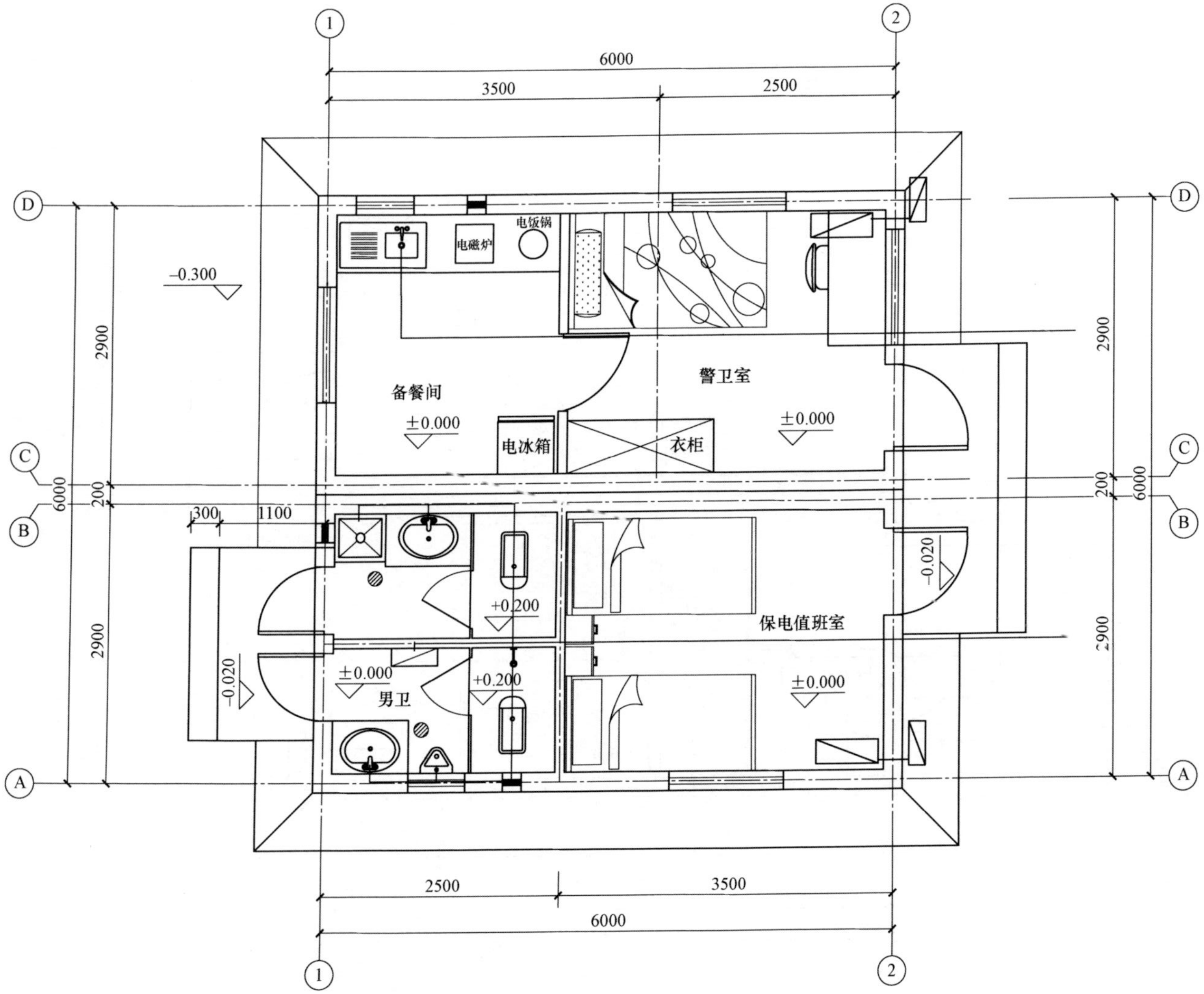

图 8-33　给水平面布置图

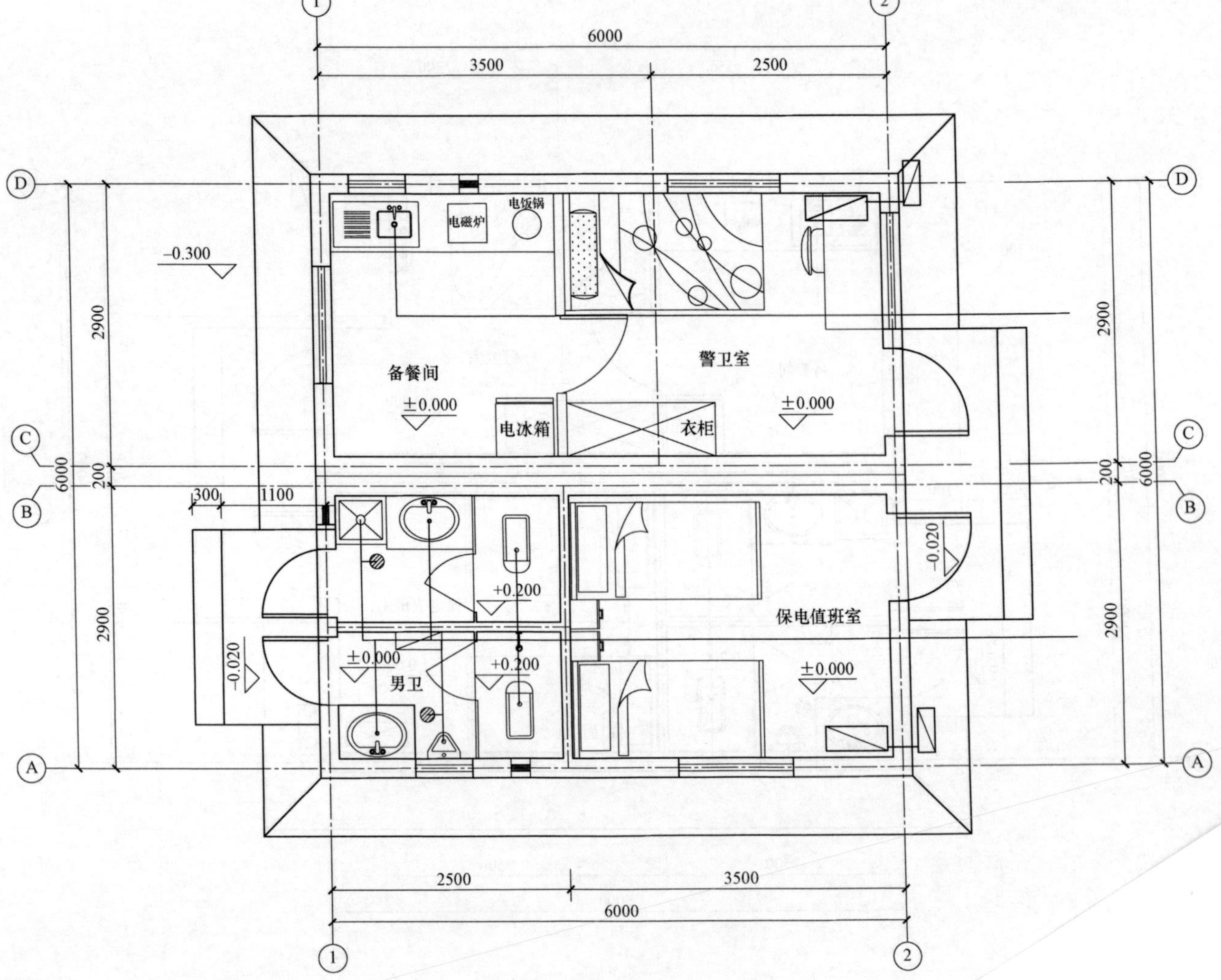

图 8-34　排水平面布置图

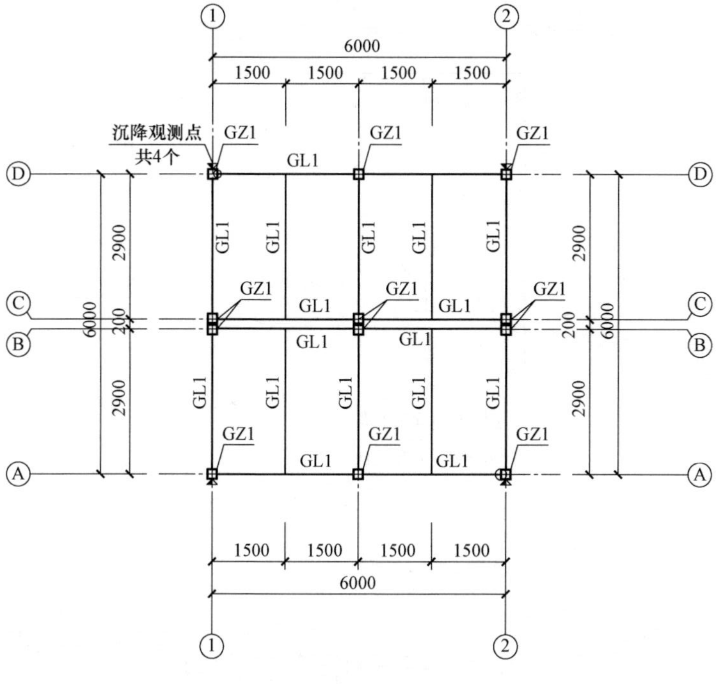

结构平面布置图 1:100

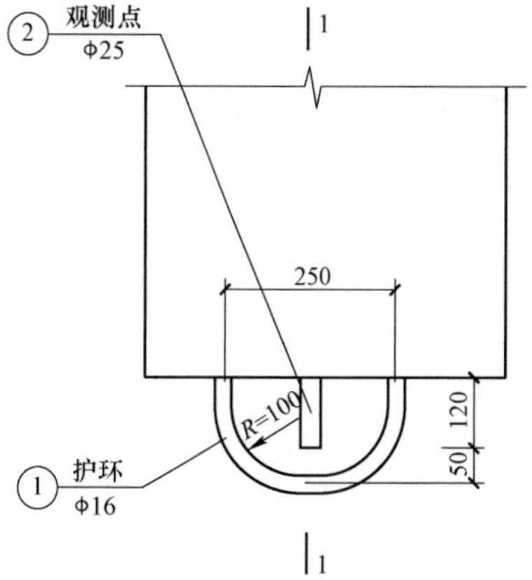

建筑物沉降观测点

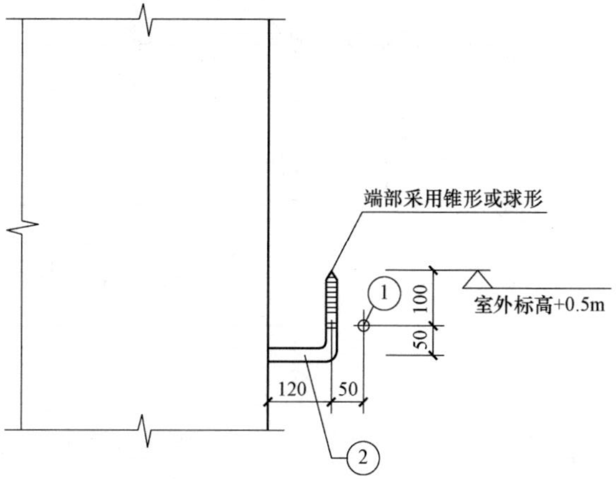

1－1

钢 梁 截 面 表

截面型式	构件名称	编号	规格 $H\times B\times T_w$	材	备注
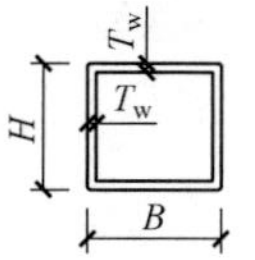	钢柱	GZ1	□200×200×6.0 方钢管	Q355B	国标
	钢梁	GL1	□200×200×6.0 方钢管	Q355B	国标

图 8－35　结构平面布置图（一）

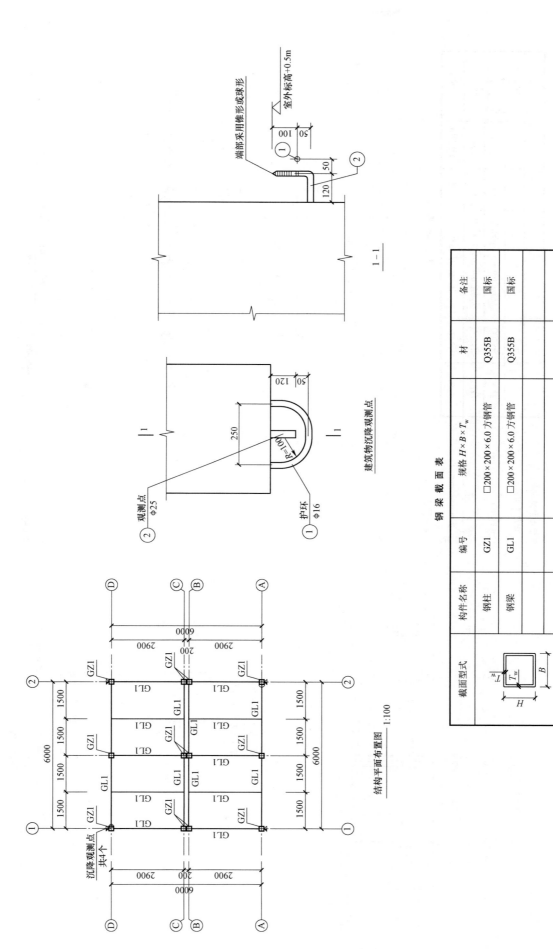

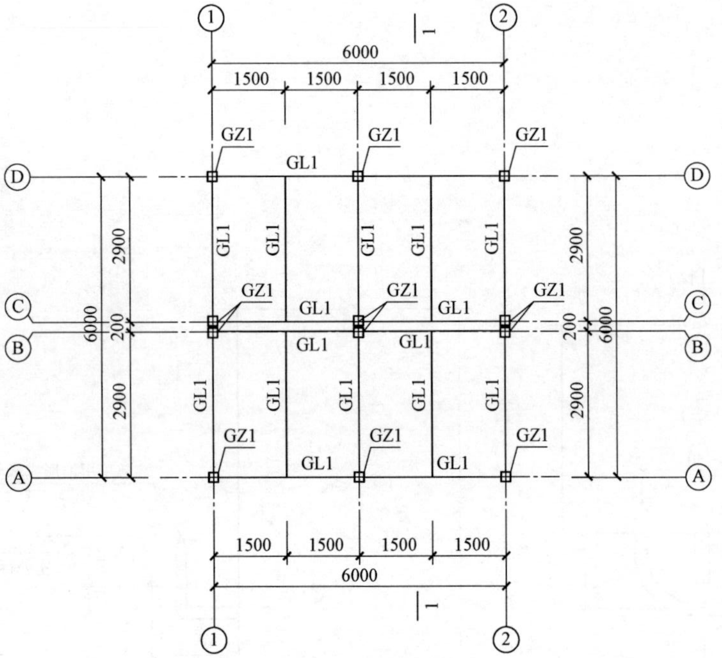

屋面结构平面布置图 1:100

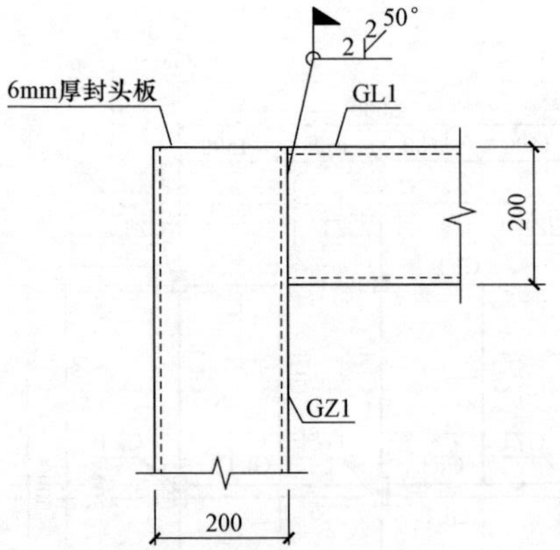

GL1与GZ1连接节点 1:10
焊缝等级不小于二级

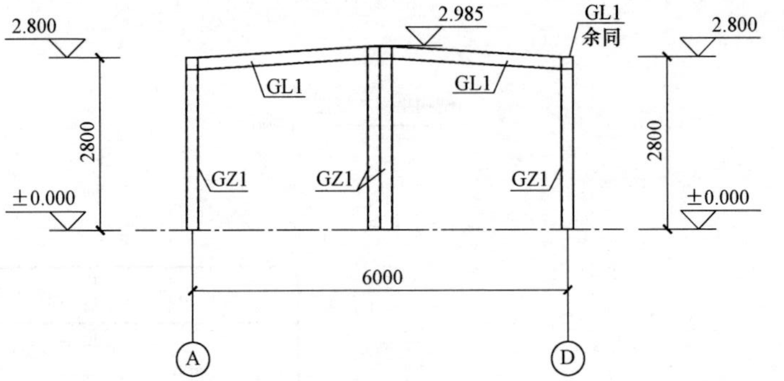

1-1剖面图 1:100

钢梁截面表

截面型式	构件名称	编号	规格 $H\times B\times T_w$	材质	备注
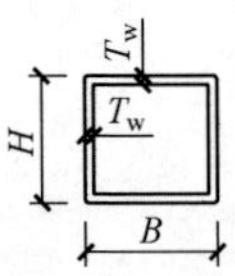	钢柱	GZ1	□200×200×6.0 方钢管	Q355B	国标
	钢梁	GL1	□200×200×6.0 方钢管	Q355B	国标

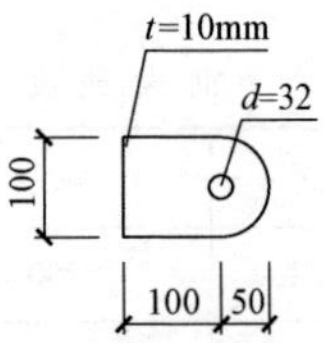

耳板大样图 1:10
具体位置详平面图

图 8-36 结构平面布置图（二）

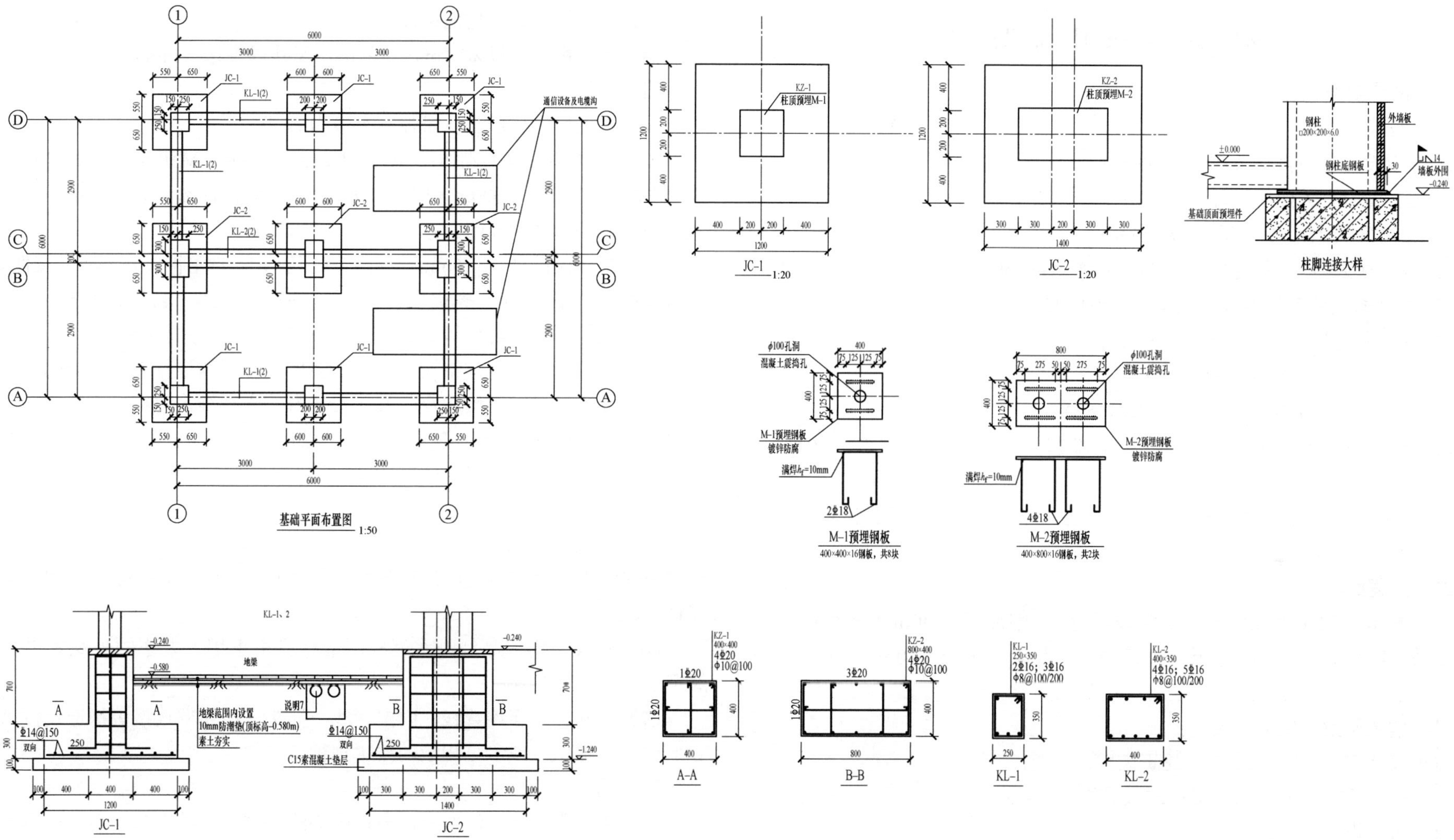

图 8－37　基础平面布置图及基础详图

9 消防泵房技术方案

9.1 建筑设计说明

一、设计依据

1. 工程设计合同

2. 初步设计收口资料及相关专业提资

3. 现行国家有关建筑设计规范、规定、标准图集

（1）《建筑设计防火规范》（GB 50016）；

（2）《火力发电厂与变电站设计防火标准》（GB 50229）；

（3）《12 系列建筑标准设计图集》（DBJT02－81）；

（4）《防火建筑构造一》（07J905－1）；

（5）《地沟及盖板》（02J331）；

（6）《钢筋混凝土结构预埋件》（16G362）；

（7）《国家电网公司输变电工程标准工艺（三）工艺标准库（2016 年版）》；

（8）《国家电网公司输变电工程标准工艺（六）标准工艺设计图集（变电土建工程部分）》（BDTJ）。

二、工程概况

（1）本建筑物东西长 8.0m^2（轴线尺寸），南北长 5.00m（轴线尺寸），建筑高度 4.30m（室外地坪至女儿墙顶），占地面积 57.00m^2，建筑面积 57.00m^2。

（2）建筑层数：地上 1 层；

建筑设计使用年限：50 年；建筑类别：二类；

建筑火灾危险性分类：戊类；耐火等级：二级；

建筑抗震设防烈度：7 度；

建筑屋面防水等级：Ⅰ级。

（3）结构类型：钢框架结构。

三、标高及单位

（1）±0.000m 相当于绝对标高××.×××m。

（2）屋面标高为结构面标高。

（3）本工程标高以米（m）为单位，尺寸以毫米（mm）为单位。

四、墙体

（1）本工程砌体施工质量控制等级为 B 级。

（2）±0.000m 以上砌体：MU15 混凝土实心砖、M10 混合砂浆砌筑。建筑物周圈墙体砌筑至 0.300m（门洞口处除外），砌体顶部设圈梁，圈梁截面尺寸及配筋详见 T0204－06 图。

（3）外墙板：外挂 26mm 厚纤维水泥板＋竖向龙骨（外墙板连接件）（由厂家提供）＋墙梁（由厂家提供）＋自黏性防水隔汽膜（自攻钉加固）＋150mm 厚轻质条板保温层（耐火极限 3h）＋6mm 厚纤维水泥板（室内）。

主要安装流程：主体结构、墙梁安装后，再现场进行安装 150mm 厚轻质条板→预埋管线、预留墙洞及凹槽→安装内外侧纤维水泥板。

（4）钢柱防火做法：先涂非膨胀型防火涂料，耐火极限达到 3.0h，再外包 6mm 厚纤维水泥饰面板，内填满岩棉，详细做法见图 9－1 中“外墙板示意图一”。

（5）钢梁防火做法：涂膨胀型防火涂料，耐火极限达到 1.5h；有墙体处钢梁外包纤维水泥饰面板做法详见图 9－1 中“外墙板示意图二”及“内隔墙示意图一、二”。

（6）外墙采用成品纤维水泥板，最终应根据甲方要求的外观效果定墙板型号。

（7）泛水、电穿墙管线、固定管线、插头、门窗框连接等构造及技术要求由制作厂家提供，或参见相应的技术规程。

五、门窗

（1）本工程无特殊注明时门窗框中心线与墙中心线一致。窗、门由甲方选定厂家制作安装，厂家根据当地基本风压（0.4kPa）进行设计拼装，保证窗的强度及变形满足要求。门、窗性能详见门窗表处，门窗说明。

（2）窗为断桥铝合金内平开窗，所有门窗可根据甲方要求市场购买。

（3）门窗玻璃采用双层中空玻璃。

（4）图中门窗立面所标尺寸均为洞口尺寸，订货及加工时请注意。

（5）所有木门加球形门锁，所有防盗门采用弹子锁，外窗加防盗网，防盗网市场购买。

六、装修

本工程外装修设计详见工程做法一览表。内外装修均应先做试样，征得建设单位同意后方可施工。

七、防水

屋面防水等级 I 级。

八、其他

（1）墙体施工时应准确预留孔洞位置，不得直接在墙体上凿槽打洞。

（2）所有埋件均应镀锌防腐，且所有预埋铁件均须按电气相关卷册要求进行接地。

（3）各专业设备管线如穿钢筋混凝土楼板的需预埋管线，留孔留洞施工时请与电气、水工、暖通、通信各专业图纸核对，不宜临时开凿，预留埋管所注直径均为内径，弯曲半径 R 大于等于 10 倍的管径。所有埋管均镀锌防腐，管内预穿铁丝。

（4）智能辅助系统、火灾报警、安全监视等预埋管线详见二次保护专业图纸。

（5）施工时应与电气、水工、暖通、通信等相关专业配合，以便埋设管线、铁件及预留洞施工。所有电气基坑、沟槽、预留洞等。

（6）图中注明墙体留洞尺寸 $a \times b \times c$，a 代表宽度，b 代表高度，c 代表深度。建议施工前先核实箱体留洞具体尺寸。

（7）预埋件：当为手工电弧焊时，HPB300（Φ）级钢筋用 E43 型，HRB400（Φ）级钢筋用 E50 型。

焊缝高度应大于等于 $0.6d$（d 为钢筋直径），且不小于 6mm；直锚筋与锚板采用 T 型焊。

当锚筋直径 $d \leq 20$mm 时宜采用压力埋弧焊。所有焊缝均应满焊，满足钢筋焊接及验收规程的要求。

（8）除按本说明要求外，本工程施工及验收均应遵守现行国家、地方及行业有关施工及验收规范、规程及规定等。

表 9-1　　工程做法及标准工艺一览表

序号	装修部位	工程做法	标准工艺名称	标准工艺编号	备注
1	内墙	BDTJ 1/7 2/7	内墙涂料墙面	0101010102	
2	踢脚	BDTJ 1/11	踢脚（水泥砂浆踢脚板）	0101010300-1	
3	地面	BDTJ 1/12	细石混凝土地面	0101010301	细石混凝土厚度改为 60mm 厚
4	门		钢板门、防火门	0101010502	
5	顶棚	BDTJ 1/12	涂料顶棚	0101010401	地下室顶棚
6	楼梯面层	BDTJ 1/13	贴通体砖地面	0101010302	防滑地砖
7	外墙	BDTJ 1/24	外墙贴砖墙面	0101010701	0.30m 以下
8	踏步	BDTJ –/32	板材踏步	0101010801	门口台阶
9	散水	BDTJ –/36	预制混凝土散水	0101011001	宽 600mm
10	室外钢梯及护笼	15J401 WT1c-42	室外钢梯及护笼		护笼距地高度改为 2500mm 首级距地改为 300mm
11	屋面	12J1 屋 105-2F1-65B1	卷材防水		65mm 厚挤塑式聚苯乙烯泡沫塑料板，燃烧性能不低于 B1 级
12	雨篷	07J501-1	玻璃雨篷		
13	轴流风机	BDTJ –/68	墙体轴流风机	0101011402	
14	通风百叶窗	BDTJ –/69	通风百叶窗	0101011403	
15	雨水管	12J5-1 6/E2 2,D/E3 1,3/E7 4,5/E7	雨水管道敷设	0101011702	UPVC 管径 110mm（地面以上 1m 范围采用镀锌钢管，卡子采用不锈钢材质）

说明：1. 作法见《国家电网公司输变电工程标准工艺（六）》标准工艺设计图集（变电土建工程部分）。

2. 外墙面砖、颜色以及地面面砖规格、颜色可根据甲方要求进行调整。

3. 本工程采用装配式墙体。

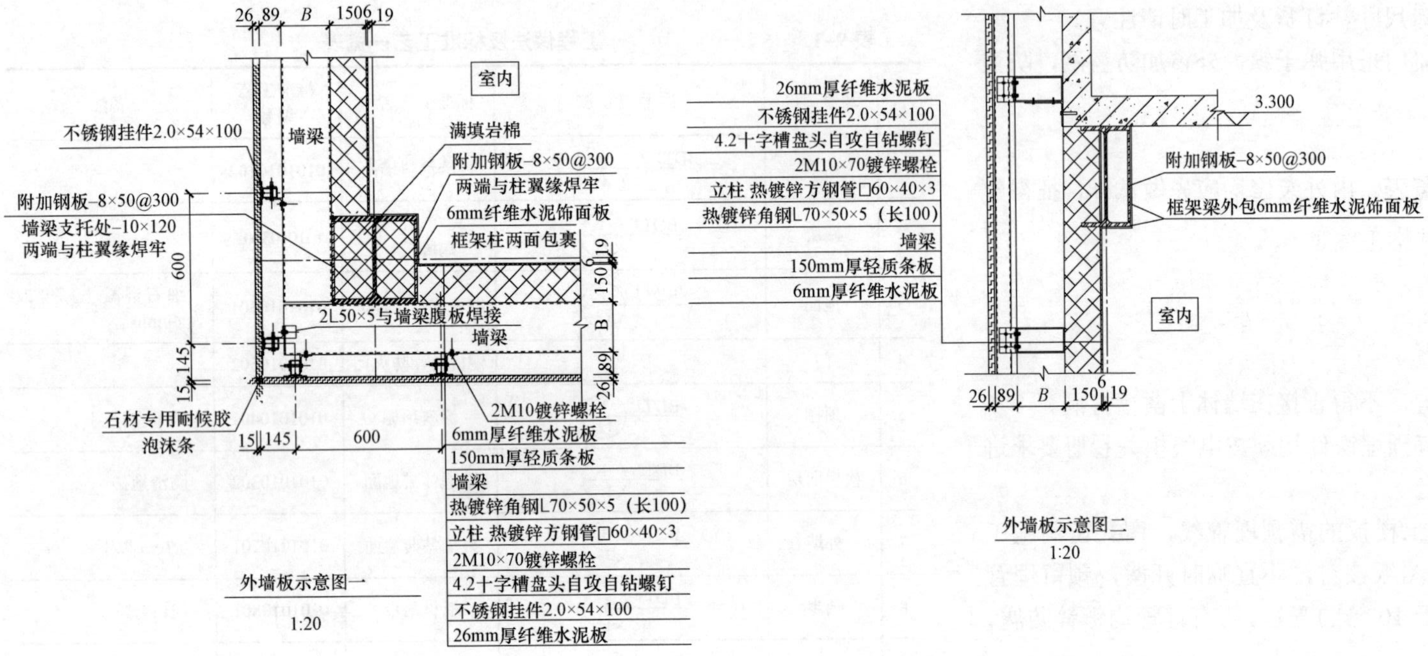

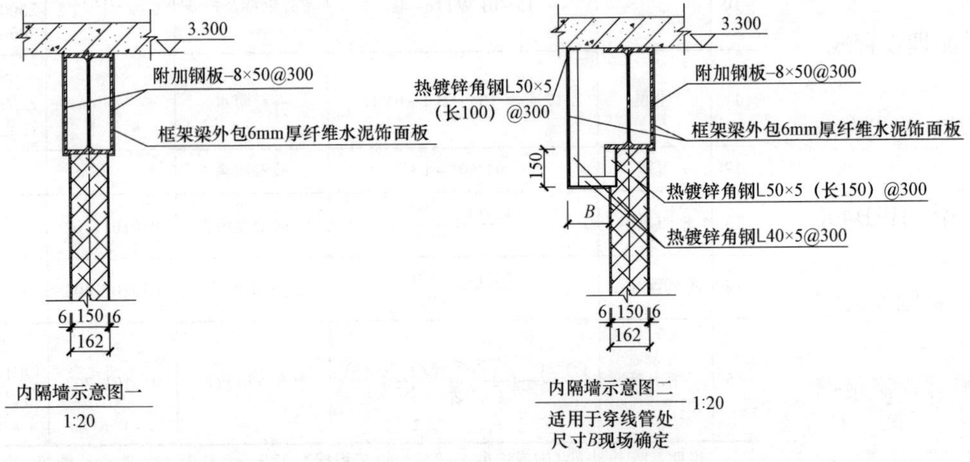

图 9–1　节点大样图

门 窗 一 览 表

门窗类别	设计编号	洞口尺寸（宽×高）（mm×mm）	数量（个）	备注
门	M1524	1500×2400	1	普通门 09J602–2，灰色钢质门由专业厂家制作
百叶窗	BYC	1200×400	1	详见暖通图纸

注：所有门均加闭门器、顺序器。

9.2 结构设计说明

一、一般说明

（1）本卷册全部尺寸均以毫米（mm）为单位，标高以米（m）为单位。

（2）本工程室内地坪±0.000m 相当于 1985 国家高程基准××.×××。

（3）本工程结构安全等级为二级；对应结构重要性系数为 $\gamma_0=1.0$。

（4）本工程的地基基础工程与上部结构主体工程设计使用年限为 50 年。

（5）未经技术鉴定或设计许可，不得改变结构的用途和使用环境。在本钢结构建筑使用周期间，应进行正常的定期检查并进行防锈处理等维护工作。未经设计许可与安全鉴定不得改变、损伤结构主体，不得增设结构设计未考虑的荷载。

二、自然条件

（1）抗震设防有关参数。

1）本工程抗震设计的抗震设防烈度为 7 度，设计地震基本加速度值为 0.15g，地震动峰值加速度为 0.1725g，设计地震分组为第三组。

2）建筑的抗震设防类别为丙类。

3）建筑场地类别为Ⅲ类。

4）本工程混凝土结构抗震等级三级；钢框架抗震等级四级。

（2）基本风压：0.40kN/m^2。

（3）基本雪压：0.35kN/m^2，地面粗糙度类别：B 类。

（4）标准冻结深度：0.55m。

（5）地基基础设计依据：××勘察公司××年×月提供的××110kV 变电站新建工程详细　勘察阶段《岩土工程勘察报告》。

三、本工程设计计算所采用的计算程序

采用中国建筑科学研究院编制的“PKPM 结构设计软件（10 版 V5.1.2）”。

四、执行的现行规范规程、行业标准及标准图集

（一）中华人民共和国国家标准

1.《电弧螺柱焊用圆柱头焊钉》（GB 10433）

2.《钢结构防火涂料》（GB 14907）

3.《建筑地基基础设计规范》（GB 50007）

4.《建筑结构荷载规范》（GB 50009）

5.《混凝土结构设计规范》（GB 50010）

6.《建筑抗震设计规范》（GB 50011）

7.《钢结构设计标准》（GB 50017）

8.《建筑结构可靠性设计统一标准》（GB 50068）

9.《钢结构工程施工质量验收规范》（GB 50205）

10.《建筑工程抗震设防分类标准》（GB 50223）

11.《电力设施抗震设计规范》（GB 50260）

12.《钢结构焊接规范》（GB 50661）

13.《钢结构工程施工规范》（GB 50755）

14.《工程结构通用规范》（GB 55001）

15.《建筑与市政工程抗震通用规范》（GB 55002）

16.《建筑与市政工程地基基础通用规范》（GB 55003）

17.《钢结构通用规范》（GB 55006）

18.《砌体结构通用规范》（GB 55007）

19.《混凝土结构通用规范》（GB 55008）

20.《碳素结构钢》（GB/T 700）

21.《钢结构高强度大六角头螺栓、大六角螺母、垫圈与技术条件》（GB/T 1231）

22.《低合金高强度合金钢》（GB/T 1591）

23.《钢结构用扭剪型高强度螺栓连接副》（GB/T 3632）

24.《非合金钢及细晶粒钢焊条》（GB/T 5117）

25.《热强钢焊条》（GB/T 5118）

26.《厚度方向性能钢板》（GB/T 5313）

27.《六角头螺栓　C 级》（GB/T 5780）

28.《涂覆涂料前钢材表面处理表面清洁度的目视评定　第 1 部分：未涂覆过的钢材表面和全面清除原有涂层后的钢材表面的锈蚀等级和处理等级》（GB/T 8923.1）、《涂覆涂料前钢材表面处理表面清洁度的目视评定　第 2 部分：已涂覆过的钢材表面局部清除原有涂层后的处理等级》（GB/T 8923.2）、《涂覆涂料前钢材表面处理表面清洁度的目视评定　第 3 部分：焊缝、边缘和其他区域的表面缺陷的处理等级》（GB/T 8923.3）

29.《熔化焊用钢丝》（GB/T 14957）

30.《热扎 H 型钢和剖分 T 型钢》（GB/T 11263）

31.《钢结构防护涂装通用技术条件》（GB/T 28699）

（二）中华人民共和国行业标准

1.《轻骨料混凝土应用技术标准》（JGJ/T 12）

2.《钢结构高强度螺栓连接技术规程》（JGJ 82）

3.《型钢混凝土组合结构技术规程》（JGJ 138）

4.《钢结构、管道涂装工程技术规程》（YB/T 9256）

（三）中国工程建设标准化协会标准

《钢结构防火涂料应用技术规范》（CECS 24）

五、材料

（1）本工程中承重钢构件的钢材均采用 Q355B 级钢，地脚螺栓均采用 Q355B 级钢，其质量标准应分别符合《低合金高强度合金钢》（GB/T 1591）的相关要求。当采用其他牌号的钢材时须经设计同意。

（2）本工程承重构件用的钢材应按现行国家标准和规范保证抗拉强度、伸长率、屈服点、冷弯试验和碳、硫、磷含量的限值。

（3）本工程结构钢材的屈服强度实测值与抗拉强度实测值的比值不应大于 0.85；应有明显的屈服台，且伸长率应不小于 20%；应有良好的焊接性和合格的冲击韧性。

（4）当钢板厚大于等于 40mm 时应执行国家标准《厚度方向性能钢板》GB 5313 的规定，附加板厚方向的截面收缩率，并不得小于该标准 Z15 级规定的允许值。

（5）当钢板厚大于等于 40mm 时建议钢材订货时规定硫、磷含量控制在 0.01%；当有可靠的焊接经验时可以放宽这项指标。

（6）焊接材料。

所有的焊条、焊丝、焊剂均应与主体金属相适应，应符合现行《钢结构焊接规范》（GB 50661）规定。

1）手工焊：Q235B 钢之间以及 Q355B 和 Q235B 之间的焊接用焊条选用符合《非合金钢及细晶粒钢焊条》（GB/T 5117）的 E43××型焊条。Q355B 钢之间的焊接用焊条选用符合 GB/T 5117 的 E50××型焊条。

2）自动焊接或半自动焊接：自动焊接或半自动焊接采用的焊丝和焊剂，应与主体金属强度相适应，焊丝应符合《熔化焊用钢丝》（GB/T 14957）及《气体保护电弧焊用碳钢、低合金钢焊丝》（GB/T 8110）的规定。焊剂应符合《埋弧焊用碳钢焊丝和焊剂》（GB/T 5293）、《低合金钢埋弧焊用焊剂》（GB/T 12470）及《碳钢药芯焊丝》（GB/T 10045）、《热强钢药芯焊丝》（GB/T 17493）的规定。自动焊接或半自动焊接采用的焊丝和焊剂，其熔敷金属的抗拉强度不应小于相应手工焊焊条的抗拉强度。

3）焊条、焊剂及焊丝。钢材焊接的焊材选用见表 9－2。

表 9－2　钢材焊接的焊材选用

钢材牌号	手工焊	埋弧自动焊		CO_2 气体保护焊
	焊条型号	焊剂	焊丝	焊丝
Q235B	E43××焊条	F4A×	H08A 或 H08MA	ER49－1
Q355B	E50××焊条	F50××	H10MnSi 或 H10Mn2	ER50－3

（7）安装螺栓采用 Q355BF 钢，应符合《六角头螺栓　C 级》GB 5780。

（8）本工程地脚锚栓采用普通螺栓（配双螺母），螺栓、螺母和垫圈采用《低合金高强度合金钢》（GB/T 1591）规定的 Q355B 钢。

（9）高强度螺栓采用性能等级为 10.9 级的扭剪型高强螺栓，扭剪型螺杆及螺母、垫圈应符合《钢结构用扭剪型高强度螺栓连接副》（GB 3632）中的规定；高强度螺栓的设计预拉力值按《钢结构设计标准》（GB 50017）的规定采用。高强度螺栓连接钢材的摩擦面应进行喷砂处理，抗滑移系数应 0.40。在施工前应做抗滑移系数试验，用于高强螺栓连接的金属表面喷砂处理应该经过专门的工艺评定。构件的加工、运输、存放需保证摩擦面喷砂效果符合设计要求，安装前需检查合格后，方能进行高强螺栓组装。

高强度螺栓连接的孔径按表 9－3 匹配。

表 9－3　高强度螺栓连接的孔型尺寸匹配　mm

螺栓公称直径		M20	M22	M24	M27
标准圆孔	直径	22	24	26	30

高强螺栓的施工及质量验收按照《钢结构高强度螺栓连接技术规程》（JGJ 826）第 7 章相关要求进行。

（10）圆柱头栓钉性能应符合《电弧螺柱焊用圆柱头焊钉》（GB 10433）的规定。

六、制作与安装基本要求

（1）钢结构在制作前，应按本设计要求编制施工详图的深化设计方案，修改设计应取得我院同意；并编制制作工艺和安装施工组织设计，经论证通过后方可正式制作与施工。

（2）钢结构的制作和安装须根据施工详图进行。

（3）钢结构的材料、放样、号料和切割、矫正、弯曲和边缘加工、制作摩擦面的加工、除锈、编号和发运应遵照《钢结构工程施工质量验收标准》（GB 50205）。

（4）钢结构制作、安装和质量检查所用的量具、仪器、仪表等，均应具有相同的精度，并应定期送计量部门检定，合格后方可使用。

（5）高强螺栓连接的施工应遵守《钢结构高强度螺栓连接技术规程》（JGJ 82）的规定，有关焊接连接应遵守《钢结构焊接规范》（GB 50661）的规定。

（6）加工单位所订购的钢材及连接材料必须符合设计的要求，当确有必要代用时应经设计认可。所有材料均应有质量合格证明，必要时尚应提供材质、抗滑系数的复验合格证明。

（7）重要接头或构件，应在出厂前进行自由状态的预拼装，其允许偏差应符合《钢结构工程施工质量验收标准》（GB 50205—2020）附录 D 的规定。

（8）焊接用的焊条、焊丝及焊剂应严格按设计要求匹配选用，对重要结构或新材料的焊接应进行焊接工艺评定，编制专门的焊接工艺指导书。

（9）焊件的坡口尺寸、焊接垫板等应符合设计图纸规定的要求。

（10）全焊透焊缝应进行超声波探伤检查，要求按《钢结构工程施工质量验收标准》（GB 50205—2020）中的第 5.2.4 条。

（11）当焊件厚度较大（大于 36mm）时，宜按接头的约束条件考虑焊接的预热措施，对重要构件手工焊时，不宜在低于 – 5℃的环境温度中施焊。

（12）钢结构的冷矫正和冷弯加工的最小曲率半径（r）及最大弯曲矢高（f）应符合《钢结构工程施工质量验收标准》（GB 50205—2020）中表 7.3.4 的规定。

（13）钢结构构件的运输及存放应有可靠的支垫及定位，包挎捆绑及临时支撑加固等，均不得造成杆件的变形及损伤。已安装就位的钢构件不允许以钢绳捆绑作为起重吊装的附加支点。

（14）当钢梁跨度 $L\geqslant 9$m 时，要求制作时预起拱 $L/500$。

（15）各类钢构件的外形尺寸允许偏差见《钢结构工程施工质量验收标准》（GB 50205—2020）附录 C 的表 C.0.1～C.0.9；安装的允许偏差见附录 E。

（16）对接接头、T 型接头和要求全熔透的角部焊缝，应在焊缝两端配置引弧板和引出板，其材质应与焊件相同。手工焊引板长度不应小于 60mm，埋弧自动焊引板长度不应小于 150mm，引焊到引板上的焊缝不得小于引板长度的 2/3。

（17）对 30mm 以上厚板焊接、为防止在厚度方向出现层状撕裂、建议采取以下措施：

1）对母材焊道中心线两侧各 2 倍板厚加 30mm 的区域内进行超声波探伤检查。母材中不得有裂纹、夹层及分层等缺陷存在。

2）严格控制焊接顺序，尽可能减少板厚方向的约束。

3）采用低氢焊条或超低氢焊条。在满足设计强度要求的前提下，尽可能采用屈服强度低的焊条。

4）根据母材的碳当量及焊接裂纹敏感性系数值选择正确的预热措施和后热处理。

（18）栓钉焊接采用瓷环保护。栓钉在支座的压型钢板凹肋处，穿透压型钢板并将栓钉、钢板均焊牢在钢梁上。

（19）高强度螺栓孔的精度应为 H15 级。

（20）型钢拼接前及栓钉焊接前应将构件焊接面的油、锈清除。

（21）当钢骨梁贯通，其上或梁下有混凝土墙或混凝土柱时，钢骨梁翼缘应根据墙、柱配筋预留穿筋孔。穿筋孔的大小当为螺纹钢时为钢筋直径加 8mm；当为光圆钢筋时为钢筋直径 + 3mm。

（22）制孔。

1）除地脚螺栓外，钢结构构件上螺栓钻孔直径比螺栓直径大 1.5～2.0mm。

2）高强度螺栓应采用钻成孔。

3）若现场需制孔，应优先采用钻孔，也可用火焰割小孔，再扩孔至设计要求，孔径壁需磨光。

（23）钢梁及柱上预留孔洞及附设连接件按照钢结构设计图所示尺寸及位置，在加工厂制孔，并按设计要求补强，在现场不得应任何方面的要求以任何方法制孔或焊接连接件。

（24）墙体与钢结构（梁、柱）连接节点，必须在工厂预先做好，严禁在受力构件上现场施焊。

七、除锈及防锈

（1）钢构件的除锈和涂装应在制作质量检验合格后进行。

（2）构件表面采用喷砂除锈，除锈等级 Sa2.5，其质量要求应符合《涂覆涂料前钢材表面处理　表面清洁度的目视评定　第1部分：未涂覆过的钢材表面和全面清除原有涂层后的钢材表面的锈蚀等级和处理等级》（GB 8923.1）。钢结构防锈涂层由底漆、中间漆和面漆组成，即无机富锌底漆2遍，环氧中间漆2遍（100μm+100μm），脂肪族聚氨酯面漆2遍（50μm）。

八、钢结构防火

（1）钢柱采用非膨胀型防火涂料 GT－NRF－F_t3.0，耐火极限不低于 3h，再外包纤维水泥板，内填岩棉，具体做法见 T0204－01 说明；其他钢梁采用膨胀型防火涂料 GT－NRP－F_t1.5，耐火极限不低于 1.5h；

屋顶承重构件采用膨胀型防火涂料 GT－NRP－F_t1.0，耐火极限不低于 1.0h。

（2）所采用的防火涂料应通过检验并得到当地消防部门的认可。

（3）所采用的防火涂料应与底漆、面漆相适应，并有良好的结合能力。

（4）防火涂料作业的施工、检验与验收必须严格按《钢结构防火涂料应用技术规范》的规定进行。

九、连接节点（详见设计图，设计图未说明时按如下形式连接）

（1）梁柱拼接连接节点采用全栓接头。

（2）梁与梁的连接节点：铰接时，用连接板及 10.9s 高强螺栓与次梁腹板连接；刚接时，梁翼缘采用全溶透等强焊缝连接；腹板采用 10.9s 高强螺栓连接。

（3）焊接：选择的焊丝和焊剂型号应与主体金属强度相匹配：

1）焊接时应选择合理的焊接工艺及焊接顺序，以减小钢结构中产生的焊接应力和焊接变形；

2）组合 H 型钢的腹板与翼缘的焊接应采用自动埋弧焊机焊或气体保护焊；

3）组合 H 型钢因焊接产生的变形应以机械或火焰矫正调直；

4）焊接 H 型钢梁柱如需工厂拼接，须按图 9－2 错缝拼接。

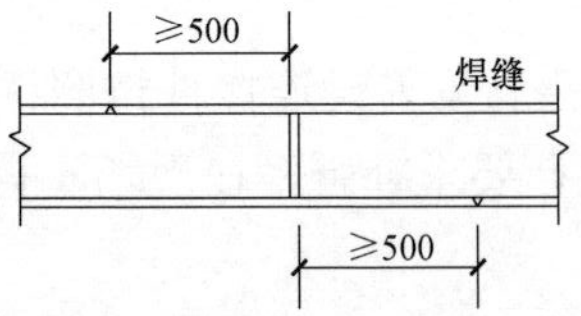

图 9－2　焊接 H 型钢梁柱拼接示意图

（4）角焊缝的尺寸。

除图中注明者外，角焊缝的焊脚尺寸 S 按表 9－4 采用。

表 9－4　角焊缝焊脚的尺寸　mm

T	4	5	6	8	10	12	16	20
S	4	4	5	6	8	10	12	14

注：$T<6$mm，可采用单面角焊缝，焊角尺寸同 T，单面熔深＞3mm。

十、构件连接

（1）框架梁和框架柱之间的连接采用刚接（特殊注明者除外）。

连接时，需预先在工厂进行柱与悬臂钢梁段的焊接，然后在工地进行梁的拼接，梁拼接节点处翼缘为全熔透坡口焊接，而腹板为高强度螺栓连接。

（2）主梁和次梁的连接采用铰接。在工地采用高强度螺栓连接。

（3）连接于框架梁、柱上的支撑，其两端部分在工厂与柱和梁焊接，中段部分在工地与两端部分采用高强度螺栓拼接。详见支撑节点图。

（4）上下翼缘和腹板的拼接缝应错开，并避免与加劲肋板重合，腹板拼接缝与它平行的加劲板至少相距 200mm，腹板拼缝与上下翼缘至少相距 200mm。对接焊缝应符合《钢结构工程施工质量验收标准》（GB 50205）规范要求，且不低于一级。

（5）所有钢梁横向加劲板与上翼缘板连接处，加劲板上端要求刨平顶紧后施焊。

（6）柱脚处柱翼缘、腹板和加劲板，梁支座支承板下端要求刨平顶紧后施焊。

（7）焊缝施工的质量等级应符合设计图纸规定的要求，凡要求与母材等强的对接全熔透焊缝其质量等级为二级；角焊缝质量等级为三级，其外观缺陷的等级检查应符合《钢结构工程施工质量验收标准》（GB 50205—2020）附录 A 二级焊缝外观质量标准。

（8）直角角焊缝的焊角尺寸除注明外不得小于本图第九、4 条设计要求，且不宜大于较薄焊件厚度的 1.2 倍，长度均为满焊。

（9）钢梁预留孔洞，按照设计图纸所示尺寸、位置，在工厂制孔，并按设计要求进行。

十一、焊缝检查及检测

（1）焊接施工单位在施工过程中，必须做好记录，施工结束时，应准备一切必要的资料以备检查。

（2）切焊必缝要表的面资缺料陷以及备焊检缝查内。部缺陷应严格按照现行《钢结构工程施工质量验收标准》（GB 50205—2020）表 5.2.4 及相关要求进行。所有超声波检查方法遵照《钢焊缝手工超声波探伤方法和探伤结构分类》（GB 11345）及有关的规定和要求进行焊接质量检查。

十二、施工安装要求

（1）楼层标高采用设计标高控制，由柱拼接焊接引起钢柱的收缩变形或其他压缩变形，需在构件制作时逐节进行考虑确定柱的实际长度。

（2）柱安装时，每一节柱的定位轴线不应使用下根柱子的定位轴线，应将地面控制轴线引到高空，以保证每节柱安装正确无误。

（3）对于多构件汇交复杂节点，重复安装接头和工地拼装接头，宜在工厂中进行预拼装。

（4）钢柱柱脚锚栓埋设误差要求：每一柱脚锚栓之间埋设误差需小于 2mm。

（5）钢结构施工时，宜设置可靠的支护体系体系以保证结构在各种荷载作用下结构的稳定性和安全性。

（6）钢构件在运输吊装过程中应采取措施防止过大变形和失稳。

十三、施工中应注意的问题

（1）本设计中考虑的施工荷载系指与楼面荷载性质相同的竖向均布荷载，钢框架梁在未浇灌楼板之前，不得施加其他性质方向的荷载，不得用钢梁的下翼缘支撑混凝土模板或其他集中力。柱身上不得施加设计以外的任何侧向荷载。

（2）本工程设计没有考虑冬季、雨雪、高温等特殊的施工措施，施工单位应根据相关施工规程规范采取相应的措施。

十四、荷载取值（钢结构部分）

1. 屋面荷载

（1）恒荷载（含楼承板）：6.5kN/m^2；

（2）活荷载：0.5kN/m^2。

2. 风、雪荷载

（1）基本风压：0.40kN/m^2；

（2）基本雪压：0.35kN/m^2；

（3）女儿墙附近考虑积雪不均匀分布系数雪压：0.70kN/m^2。

十五、构件变形控制值

（1）檩条挠度：$L/200$；

（2）屋面主梁挠度：$L/400$；

（3）屋面次梁挠度：$L/250$。

十六、制图有关说明

（1）未注明长度单位为 mm；未注明标高单位为 m。

（2）图中梁、柱加劲肋均须成对设置。加劲肋未注明尺寸见表 9－5 制作。

表 9－5　加劲肋焊缝设计尺寸　mm

加劲肋厚度	H 构件板厚度	
	6～8	10～12
8	6.0	6.0
10～12	6.0	8.0
14～18	8.0	10.0

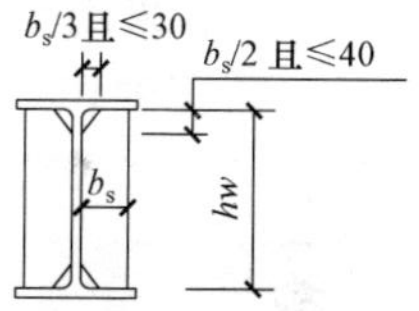

加劲肋外伸宽度 $b_s \geq h_w/30+40$
加劲肋厚度 $t_s \geq b_s/15$ 且≥5

9.3 建筑、结构图纸

施工图图纸目录

110kV 变电站建筑物施工图设计图集

卷册名称 消防泵房施工图

图纸____张　　说明____本　　清册____本

序号	图号	图名	张数	套用原工程名称及卷册检索号，图号
1	HE-110-A3-3-T0204-01	消防泵房平面布置图	1	
2	HE-110-A3-3-T0204-02	消防泵房立、剖面图	1	
3	HE-110-A3-3-T0204-03	消防泵房混凝土结构施工图（一）	3	
4	HE-110-A3-3-T0204-04	消防泵房混凝土结构施工图（二）	1	
5	HE-110-A3-3-T0204-05	消防泵房钢结构施工图	2	
6	HE-110-A3-3-T0204-06	构造详图	1	
7	HE-110-A3-3-T0204-07	结构节点详图	2	

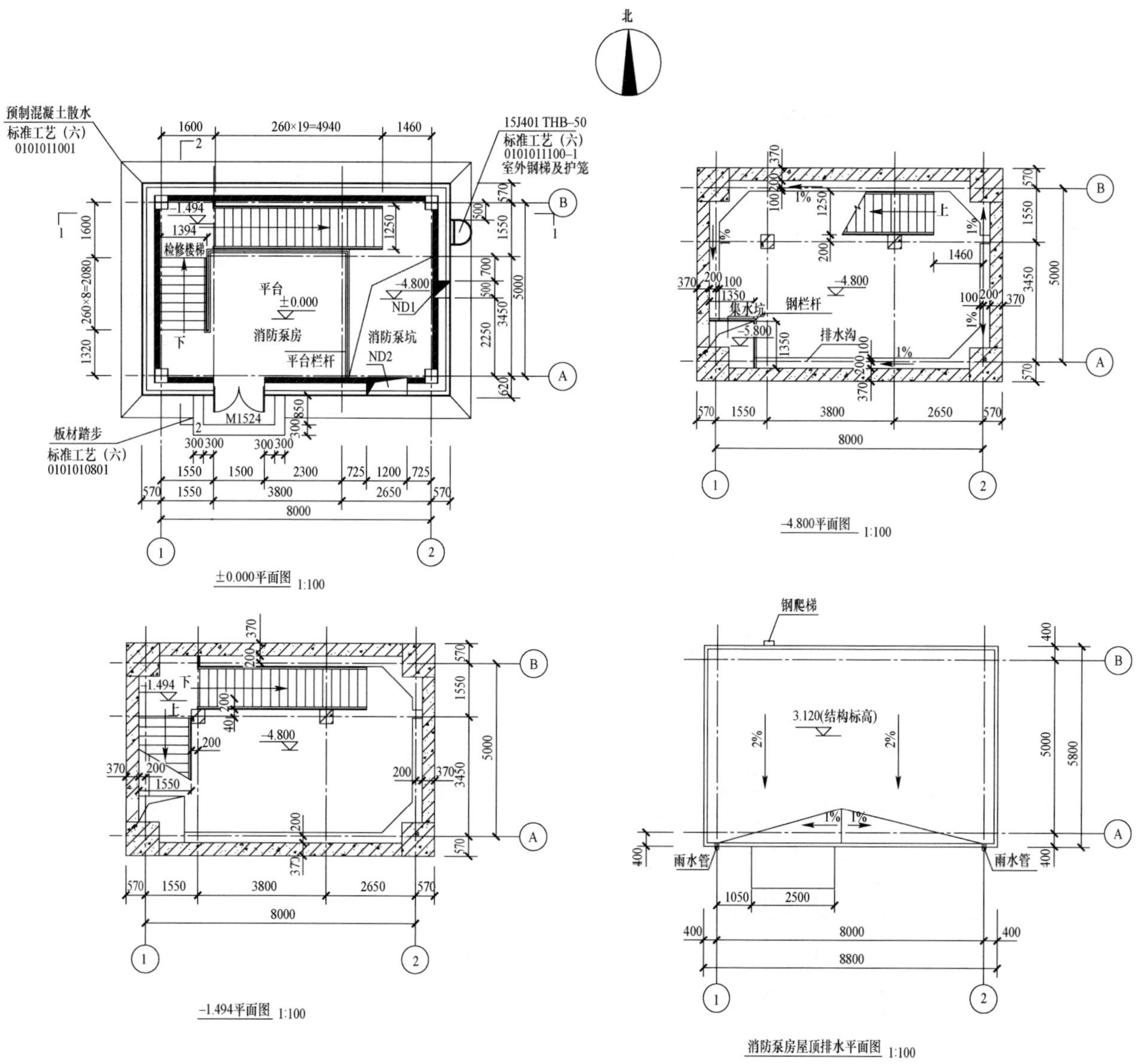

说明：1. 室内地坪为±0.000m，室外地坪为－0.300m。
2. 消防泵房按 7 度抗震设防。
3. 消防泵房火灾危险性分类为戊类，耐火等级为二级。
4. 外墙内墙耐火极限不小于 1h，结合外墙构造一并由厂家做二次设计。
5. 消防泵房要求厂家做二次设计考虑墙体排版及开洞加固等问题。
6. 消防泵房照明埋管等需与墙板供应商提前确定位置，尽量减少现场开洞。
7. 雨落管设置如与外装墙板冲突，请与设计院联系，调整屋顶板宽度及雨落管位置。
8. 消防泵房施工时请与水工、暖通专业密切配合，埋管、留洞切勿遗漏。
9. 本图仅标示纤维水泥复合墙板设计尺寸，未考虑板缝尺寸，请施工过程中注意留设。
10. 所有门窗洞口两侧均需设加强框。具体加强框和预埋件的设置位置与尺寸须与墙板厂家协调确定，墙板安装连接节点做法需满足 8 度抗震设计措施。
11. 本图中尺寸标注表示纤维水泥复合墙板沿建筑物高度方向定位尺寸，实际施工中可由外墙厂家与施工队伍协调确定。
12. 所有风机留孔尺寸≥300mm 时，需厂家二次设计洞口四周加强框。
13. 雨水管位置按图布孔，如遇门窗洞口可适当调整。
14. 女儿墙泛水见 12J5－1 (1/A9)(5/A11)，其中 $H=80$mm，$H_1=60$mm，$H_2=20$mm，$L_3=60$mm。
15. 屋面排水构件组合见 12J5－1 (6/E2) (2/E3) (D/E3)。
16. 雨水管选用 ϕ110 的 UPVC 雨水管。
17. 屋面防水卷材找平层应设置分割缝，分割缝纵向间距不大于 3m，缝宽 20mm，内嵌填密封材料，水泥砂浆强度为 Ms10。
18. 屋顶女儿墙厚度见结构图纸。
19. 楼梯栏杆选用国标图集《楼梯 栏杆 栏板（一）》（15J403－1）第 34 页 (A1/B14)型，首层起步栏杆加强选用第 206 页(2/E13)。楼梯及室内平台栏杆选用图集第 D11724 页(PA5/D17)型，栏杆高度 1050。
20. 集水坑周边钢栏杆及护栏门选自国标图集《钢梯》（15J401），栏杆型号为 LG11a，高度 1050mm。
21. 栏杆等外露铁件均应进行防锈处理，除锈干净后涂红丹二度，调合漆二度，颜色由业主定。

本层设备专业留洞明细表 mm

洞口编号	洞口尺寸（宽×高×厚）	洞底距相应楼地面（或相应楼梯平台）
ND1	圆洞 500×墙厚	中心标高 2.200m
ND2	1200×400×墙厚	底标高 0.300m

图 9－3　HE－110－A3－3－T0204－01　消防泵房平面布置图

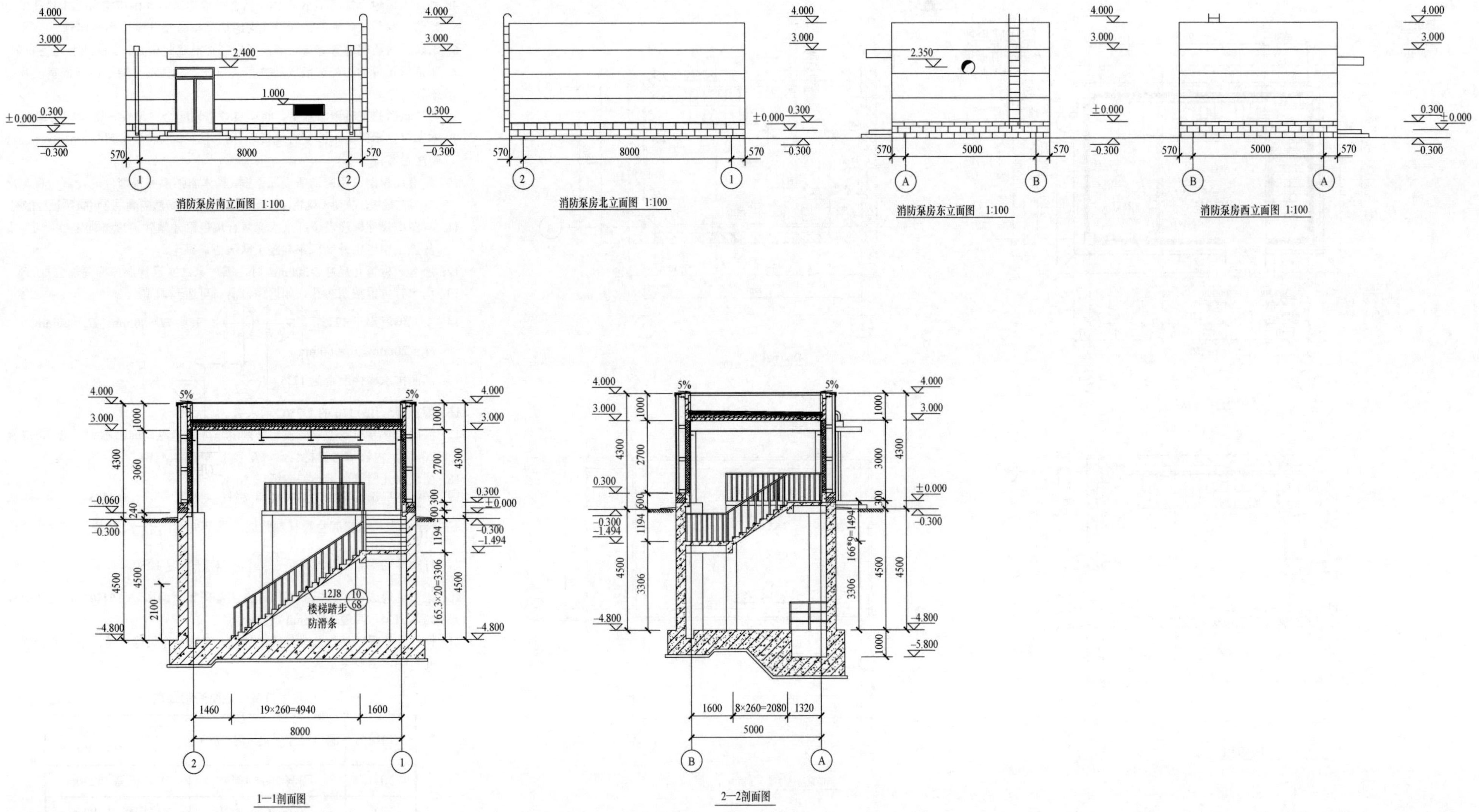

图 9-4 HE-110-A3-3-T0204-02 消防泵房立、剖面图

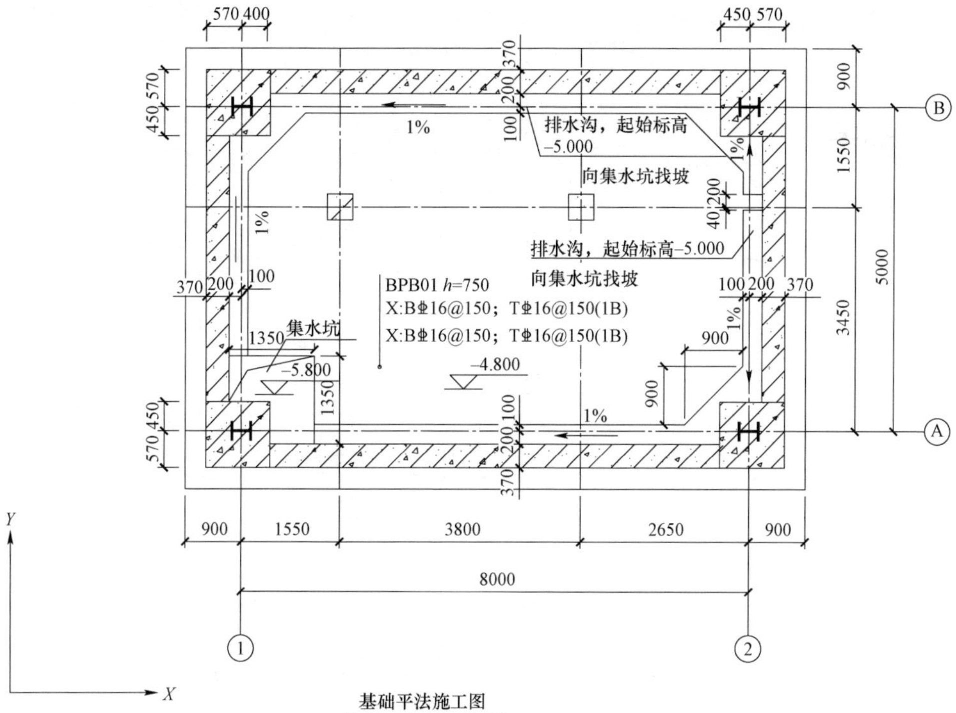

基础平法施工图

基底标高-5.550

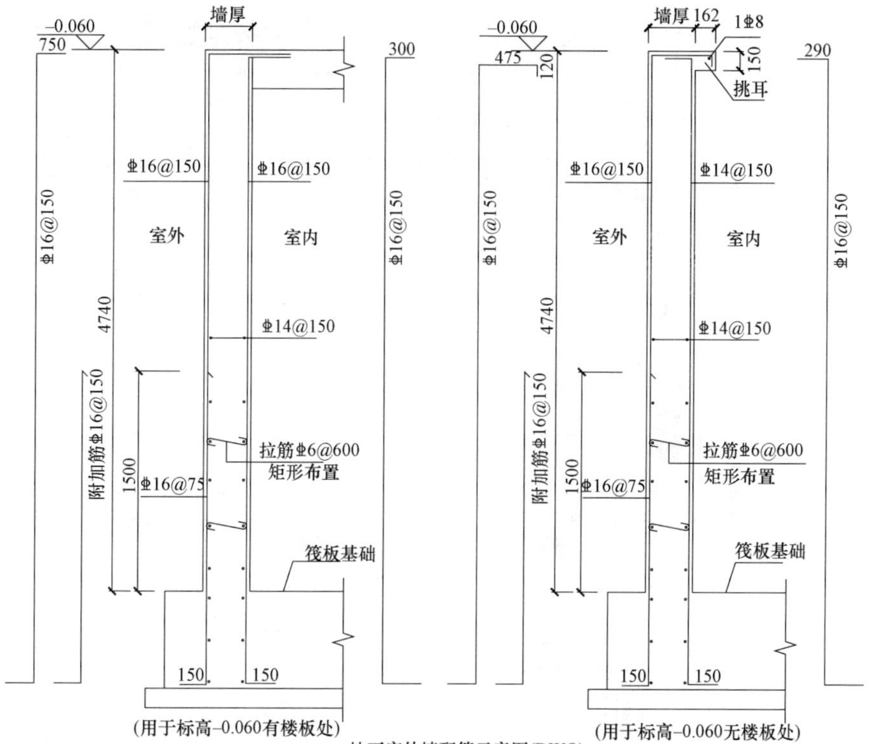

地下室外墙配筋示意图(DWQ)

注：附加筋与通长筋间隔布置；
附加筋在KZ位置同样附加设置。

说明：1. 根据××基础工程有限公司××年××月提供的××110kV 变电站新建工程详细勘察阶段《岩土工程勘察报告》，消防泵房基础座在第⊗层×××土层上，地基承载力特征值 f_{ak} = 110kPa。基槽开挖至设计标高后应进行钎探，并组织相关单位进行验槽，确认满足设计要求后方可进行基础施工的下一道工序。

基坑开挖时，应注意周围环境检测及基坑施工安全。

地下结构施工完成后应进行回填，回填土应分层夯实，每层厚度 200～300mm，回填土应选用最优含水量的黏土或粉土，不得使用淤泥、耕土、冻土以及有机物含量大于 5%的土，分层回填应先深后浅施工，压实系数 $\lambda_c \geqslant 0.94$，干容重不小于 1.8t/m^3。

基坑开挖后，应按相关规范要求进行钎探并及时组织相关单位人员验槽；如有与报告不符或其他问题时，应会同相关参建单位技术人员研究解决。

2. 本卷册基础、地下室外墙 DWQ、混凝土柱及梁配筋均采用平法表示，未注明部分参照图集《平面整体表示方法制图规则和构造详图》（22G101－1、3）施工，DWQ 及柱纵向钢筋在基础中的锚固构造详见图集 22G101－3 第 2－8 至 2－10 页。钢筋混凝土结构抗震等级为三级。

（1）基础底设 100mm 厚垫层，垫层每边超出基础 100mm。

（2）基础平板周边纵向构造钢筋 1⌀16；基础平板中的拉筋为Φ6@600，梅花形布置。

（3）基础平板边缘的封边方式为纵筋弯钩交错封边，详见图集 22G101－3 第 2－37 页。

（4）平板顶部纵筋相交叉时，*Y* 向纵筋在上；平板底部纵筋相交叉时，*Y* 向纵筋在下。

（5）上下钢筋之间的马蹬筋位置及数量由施工单位现场确定。

（6）DWQ、柱、梁钢筋接头采用对接焊接或机械连接；

（7）非框架梁端部按铰接设计，其配筋构造详见图集 22G101－1 第 2－40 页。

3. 混凝土强度等级：垫层 C20；基础底板 C30；其他未注明 C35；C30 及 C35 均采用密实抗渗混凝土，抗渗等级不低于 P6。

4. 钢筋：Φ－HPB300，⌀－HRB400。

5. 钢筋混凝土保护层厚度：板、梯板及女儿墙 15mm；圈梁 25mm；基础底 50mm；其他 40mm。

6. ±0.000 以下砌体墙采用 MU15 混凝土实心砖，M10 水泥砂浆砌筑。

7. 混凝土环境类别：±0.000 以上：一类；±0.000 以下：二 b 类。

图 9－5　HE－110－A3－3－T0204－03　消防泵房混凝土结构施工图（一）（1）

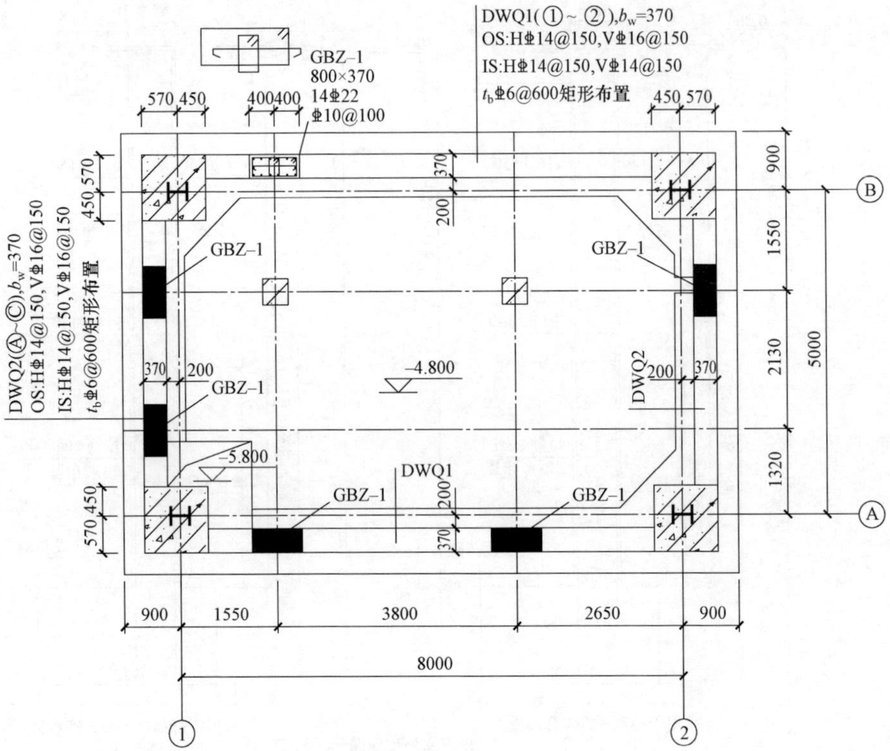

地下室外墙平法施工图

标高-4.800～-0.060

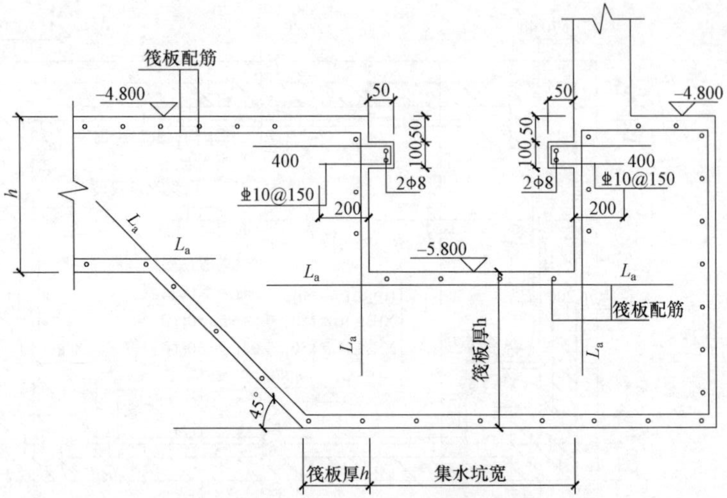

集水坑构造详图

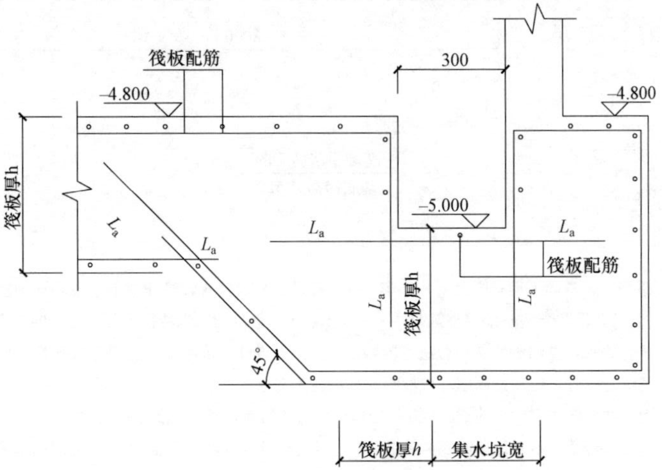

排水沟构造详图

环境类别	最大水胶比	最低强度等级	最大氯离子含量（%）	最大碱含量（kg/m³）
一	0.60	C20	0.30	不限制
二 a（b）	0.55（0.50）	C25（C30）	0.20（0.15）	3.0
三 a（b）	0.45（0.40）	C35（C40）	0.15（0.10）	3.0

8. 地下室外墙及楼板钢筋遇到小于 300mm 的孔洞尽量绕过，必须截断时应与孔洞口加固钢筋焊接牢固。
9. 地下室外墙穿墙管道定位及尺寸见相关专业施工图，电气专业穿外墙预埋阻水钢板位置见电施；地下室外墙需预留给排水防水套管及电缆套管，定位及规格见相关专业施工图，施工时应对照各专业图纸预留预埋，严禁后凿。
10. 防水套管选自《防水套管》（02S404）图集，均选用柔性 A 型。
11. 梁除注明者外梁中线与轴线重合或梁边与柱边齐平。

图 9－5　HE－110－A3－3－T0204－03　消防泵房混凝土结构施工图（一）（2）

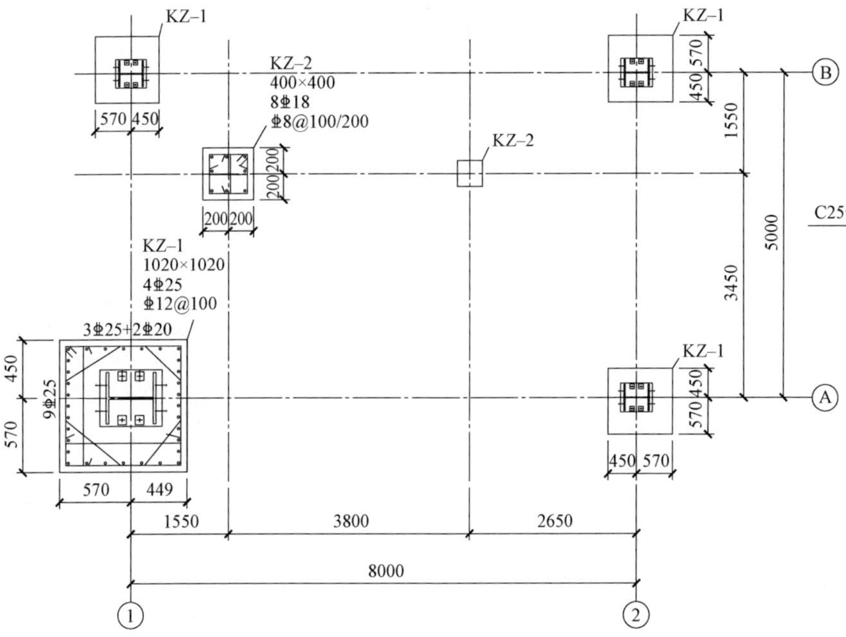

基础顶～-0.060混凝土柱平法施工图

1:100(1:50)

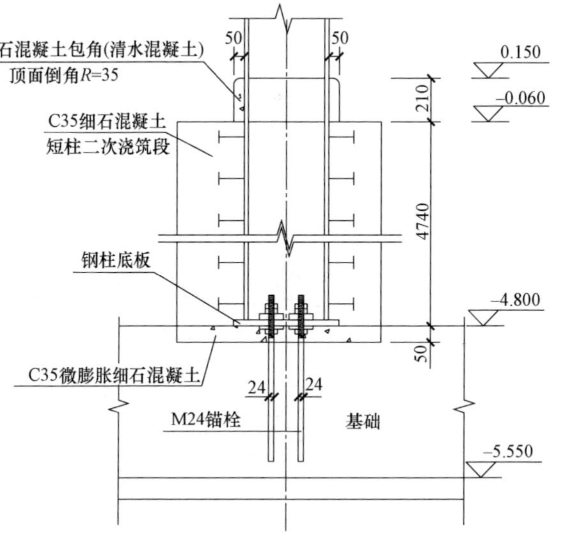

钢柱脚连接示意图

1:30

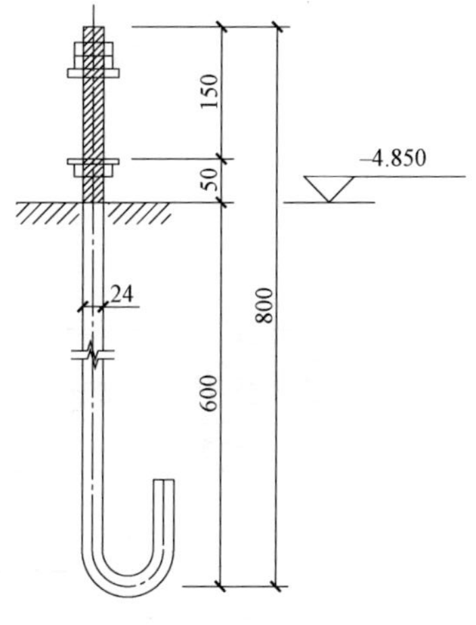

M24 锚栓 1:10

弯钩内径≥2.5d

直段长度≥3.0d

12. 基础平板应尽可能一次性全面浇筑。基础平板与池壁交接处施工缝按下图施工：

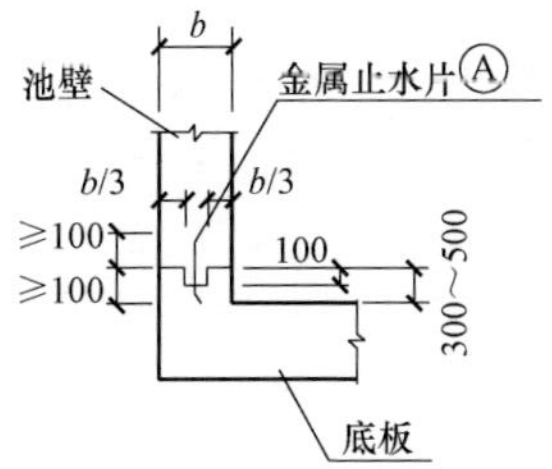

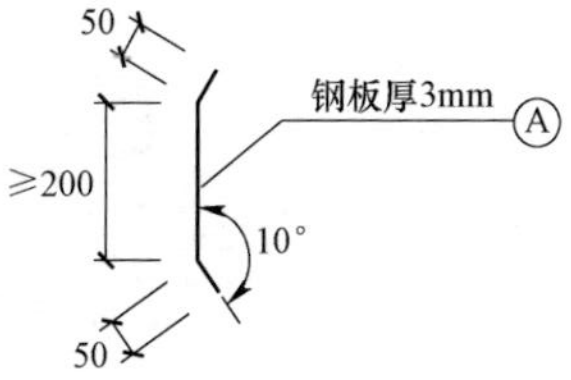

13. 柱脚螺栓说明：
（1）锚栓埋设前应与基础图纸仔细核对；锚栓定位误差应满足设计要求。
（2）锚栓定位后应可靠固定避免浇筑时偏移；浇筑混凝土时锚栓螺纹应包裹避免污染。
（3）锚栓的弯折必须冷弯。
（4）预埋锚栓时须套模施工，以确保锚栓间距和垂直，允许误差不大于 2mm。
（5）锚栓定位后须与基础内钢筋笼焊牢，或按图集《多、高层民用建筑钢结构节点构造详图》。（16G519）中第 41 页要求设置锚栓固定支架。钢柱安装完成后螺母须须与垫板焊接。

14. 除楼梯栏杆埋件外，其余埋件均选自国标图集《钢筋混凝土结构预埋件》（16G362）。锚筋的锚固长度取值详见图集附录 D。
埋件锚筋不能在池壁、混凝土墙内直锚的，须向池壁、混凝土墙内弯折，锚固长度不变。

15. 基坑支护：
（1）由于站址西侧受征地范围限制，导致消防泵房基坑无法正常放坡，因此需采用喷锚支护，支护长度××m，深度××.××m（取集水坑与泵坑平均值，按自然地面计列）。
（2）具体做法：
a. 铺设钢筋网片采用Φ6 钢筋，间距为 80mm × 80mm，边坡上口外延 1m。钢筋网在受喷面喷射一层混凝土后进行铺设，钢筋网保护层厚度不小于 25mm，钢筋使用前先将钢筋调直，按坡形状尺寸取料加工，按要求的规格编织好钢筋网，分布要均匀，绑扎牢固，与锚杆交接处焊接牢固，保证喷射混凝土时不晃动。
b. 坡面采用插筋长 1mΦ12@1m × 1m，梅花布置锤夯进土层 900mm，外露 100mm。
c. 喷射 C25 混凝土厚度为 150mm，边坡上口喷射外延 1m。分三次喷射，二次喷射应在前层混凝土终凝后进行，先用风水对前层表面清洗，分片分段自上而下依次进行喷射，配合比为（水泥：砂子：细石）重量比 1:2:2，细石最大粒径不大于 12mm，上料前初拌，上料后水泥砂石经喷浆机和运输管混合，达到均拌要求。

16. 其他未尽事宜应按现行的相关规范、标准施工。

图 9–5　HE – 110 – A3 – 3 – T0204 – 03　消防泵房混凝土结构施工图（一）（3）

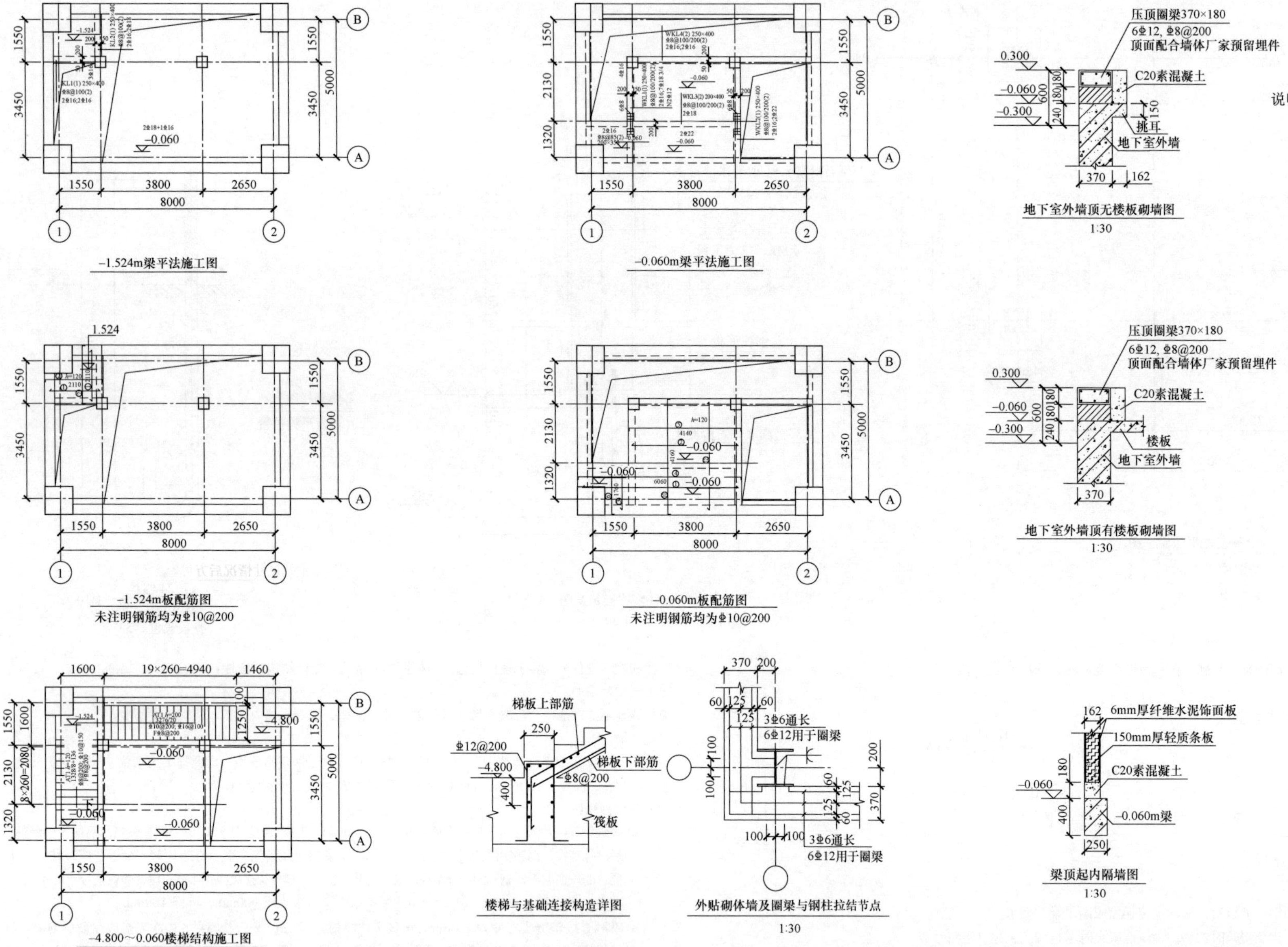

说明：1. 楼梯平面图与国家标准图集《22G101－1》《22G101－2》配合使用，并将图集中的 la、lab 变更为 laE、labE。

梯板上部钢筋通长设置，即采用双层双向配筋，梯板上部钢筋直接伸入平台板内锚固，AT 型楼梯低端梯梁处梯板上部纵筋的锚固采用铰接，具体见图集 16G101－2 第 24 页 AT 型楼梯板配筋构造。

2. 楼梯间所处的环境类别为二类 b。

3. 楼梯符号、楼梯配筋构造见《22G101－2》，楼梯栏杆埋件，配合建筑图在相应位置预留，切勿漏埋。

4. 未注明的平台板分布筋均为⏀8@250。

5. 其他说明见－05 图说明。

图 9－6 HE－110－A3－3－T0204－04 消防泵房混凝土结构施工图（二）

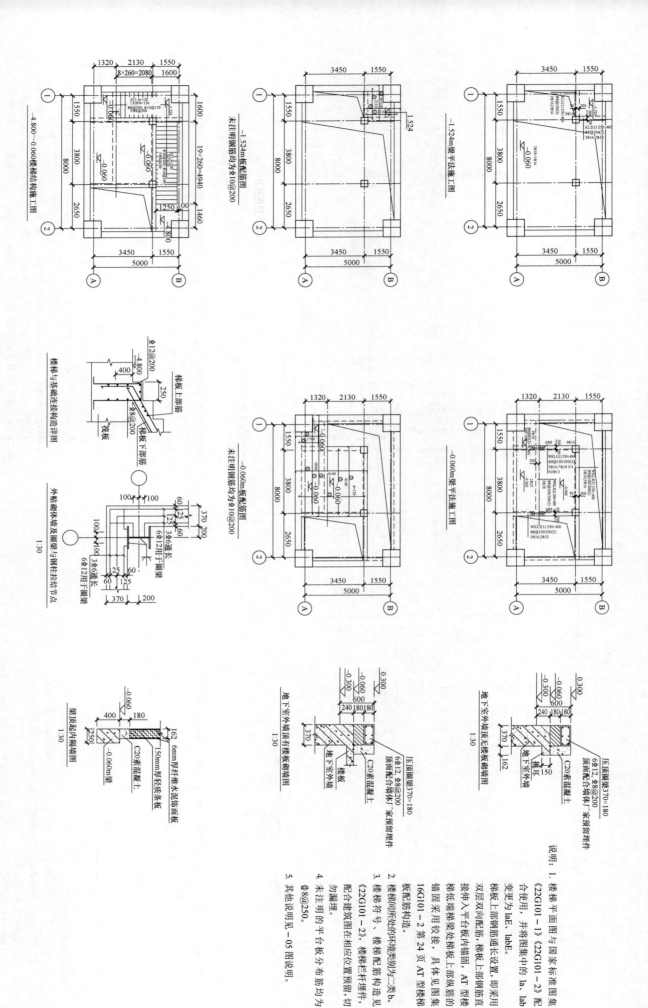

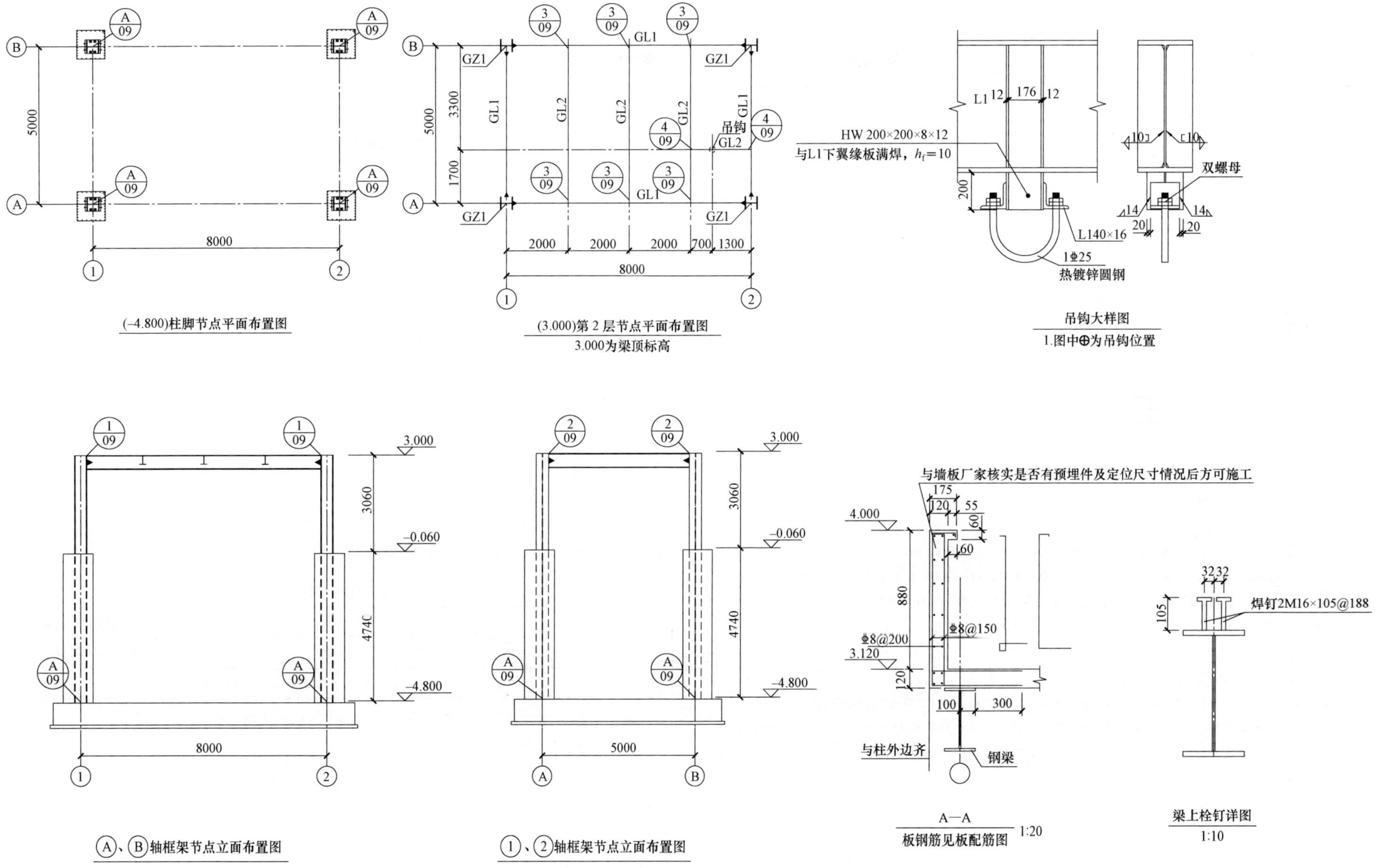

图 9-7　HE-110-A3-3-T0204-05　消防泵房钢结构施工图（一）

截 面 表

构件号	名称	截面	材质	备注
GZ1	框架柱	HW400×400×13×21	Q355B	
GL1	框架梁	HN450×200×9×14	Q355B	
GL2	框架梁	HM294×200×8×12	Q355B	

说明：1. 楼承板选自《钢筋桁架楼承板》(JG/T 368—2012)，图中↕表示楼板的铺设方向。楼板采用 HB1－90 钢模板自承式楼板：楼板总厚度 120mm，底板采用 1mm 厚镀锌钢板，楼板浇筑混凝土前，本层楼板钢筋必须全部绑扎完毕，检查无误后方可浇筑。施工时楼板的混凝土不可堆积，楼板施工荷载不可大于 1.5kN/m^2。上下弦钢筋采用 HRB400 级，腹杆钢筋采用性能等同 CRB550 冷轧钢筋；底模钢板采用镀锌板，屈服强度不低于 260N/mm，镀锌 2 层两面总计不小于 120g/m^2。

2. 栓钉应采用《电弧螺柱焊用圆柱头焊钉》(GB/T 10433) 规定的 M15 或 M15AL 钢制作，梁上栓钉均为焊钉 2M16×105@188。

3. 楼承板施工应满足《组合楼板设计与施工规范》(CECS 273) 的要求。

4. 楼板施工时所有楼面上层钢筋布置于钢筋桁架上层钢筋之下；楼层下层钢筋布置于钢筋桁架下层筋之上。钢筋支座处楼板搭接、连接详图见图 9－12。

5. 楼承板混凝土强度等级 C30，混凝土保护层厚度 15mm，搭接长度 35d，并不小于 300mm。

6. 楼板混凝土强度未达到 100%设计强度前，不得在楼层上附加任何其他荷载，也不得拆除临时支撑。

（1）施工阶段为简支或两跨连续的钢筋桁架模板，跨度超过一定范围时，需在跨中设置临时支撑。

（2）遇边梁有悬挑板时，悬挑板距离超过 150mm 时，均应设置临时支撑。

（3）楼承板边无梁或其他可靠支撑点时，应设置临时支撑，且临时支撑宜支撑在下层楼面上。

（4）所有临时支撑的设置，需保证其刚度及稳定可靠，临时支撑间距不得超过 3m。

（5）模板的临时支撑如支撑在下层楼面上，需下层楼面的混凝土强度达到设计值的 100%后方能设置。

7. 钢承板在边梁上最小支承长度为 100mm。

8. 除特殊标注外，钢梁均沿轴线居中布置。

9. 钢框架梁与柱接头采用刚性连接，节点区域梁翼缘及腹板均采用 10.9 级摩擦型高强螺栓连接。

10. 梁柱连接节点宜按先焊后栓的方式进行施工：在工厂将拼接短梁与框架柱按节点详图焊好，现场进行钢梁翼缘及腹板的栓接。运输过程中应采取有效的保护措施，防止短梁与柱的焊接部位不会变形或损伤。

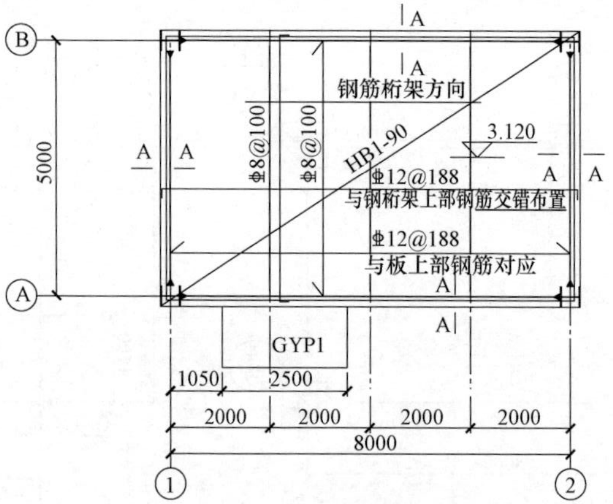

(3.120)第 1 层屋面板配筋图

图中所注标高为板面标高

11. 梁与柱（强轴）刚接时，水平加劲肋应设置于柱上相连的梁上下翼缘的位置上，且水平加劲肋的水平中心线应与梁翼缘的水平中心线重合；加劲肋需在柱腹板两侧对称设置，加劲肋厚度同梁翼缘厚度（两边梁规格不同时，取厚度较大者，且不小于 10mm）。水平加劲肋的自由外伸宽度与加劲肋厚度之比需小于 14，图中外伸宽度仅为示意。

12. 与柱翼缘连接之短梁翼缘和腹板板厚和其所刚接的框架梁一致；与柱腹板连接之短梁翼缘作为水平加劲肋用，见说明 11，短梁腹板厚度与其所刚接的框架梁一致。

13. 梁梁连接时所用连接板厚度同腹板厚度。

14. GYP1～GYP2 详见图 9－12。

15. 屋面混凝土女儿墙预留建筑排水孔，位置详见“－02 消防泵房屋顶平面图”。

钢筋桁架楼承板材料表

材料 / 楼承板型号	上弦钢筋	下弦钢筋	腹杆钢筋	楼板厚度	底模钢板	施工阶段最大无支撑跨度	
						简支板	连续板
HB1－90	8mm	8mm	4.5mm	120mm	1.0mm	2.1m	2.8m

注：1. 上、下弦钢筋采用热轧钢筋 HRB400 级，腹杆钢筋采用性能等同 CRB550 的冷轧钢筋。

2. 底模板屈服强度不低于 260N/mm^2，镀锌层两面总计不小于 120g/m^2。

3. 当板跨超过楼承板施工阶段最大无支撑跨度时需在跨中加设一道临时支撑。

图 9－8　HE－110－A3－3－T0204－05　消防泵房钢结构施工图（二）

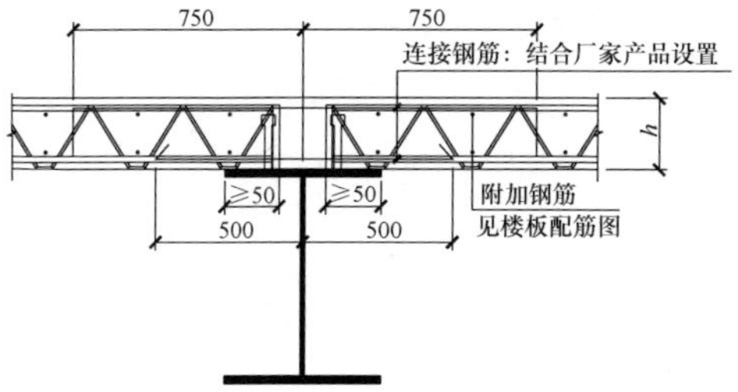

楼承板中间节点一（板断开处）

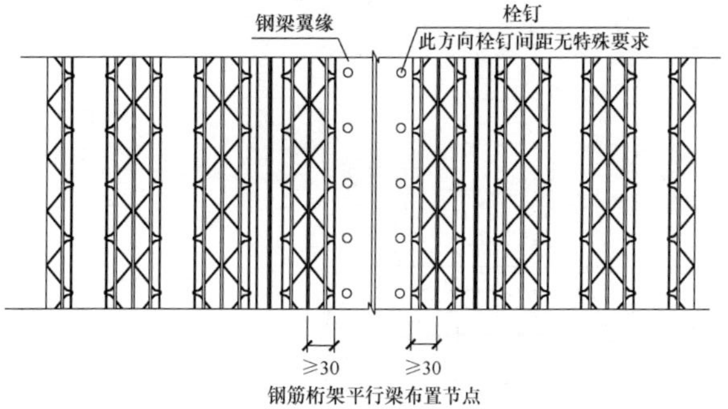

钢筋桁架平行梁布置节点

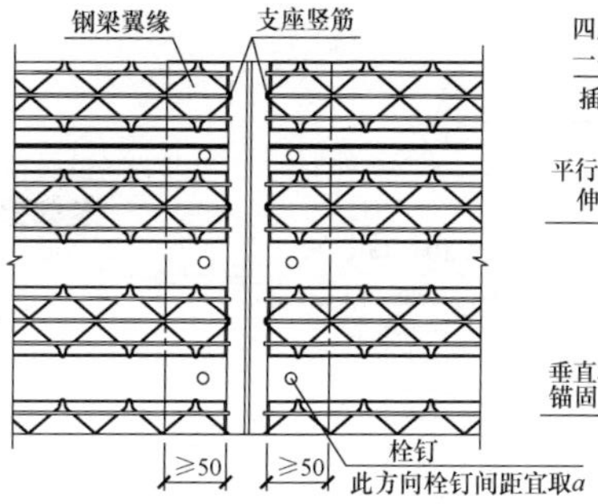

钢筋桁架垂直梁布置节点

保证桁架竖筋焊接在梁的翼缘上

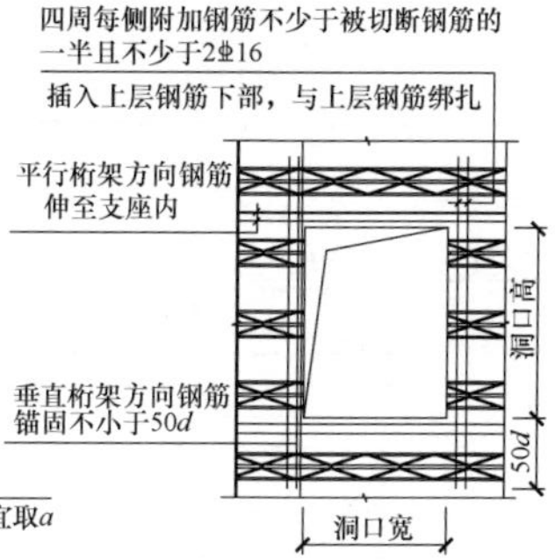

楼板洞口加强示意图

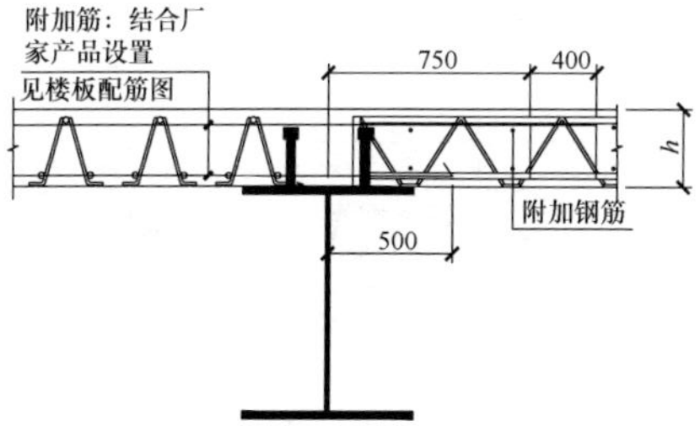

楼承板中间节点二（板断开处）

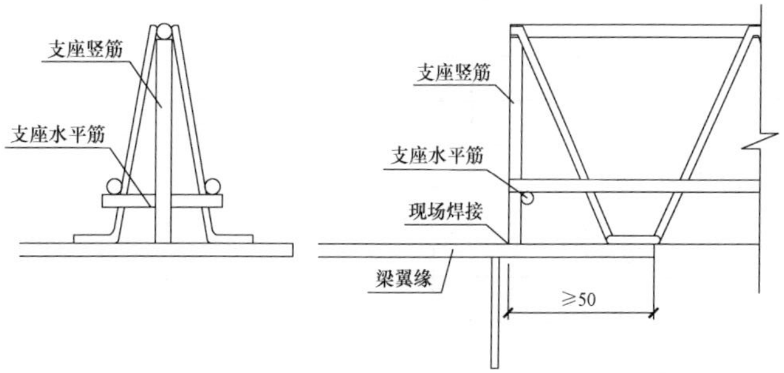

支座钢筋示意图

现场切割后，支座竖筋与支座水平筋需现场焊接

钢筋桁架式楼承板说明：

1. 现场附加钢筋详见平面图。
2. l_a 为钢筋最小锚固长度，L 为楼板短跨计算长度。
3. 钢筋桁架楼承板遇柱时，现场切割多余部分板。切割后应现场焊接支座竖筋。
4. 楼层板施工应满足《组合楼板设计与施工规范》（CECS 273）要求。

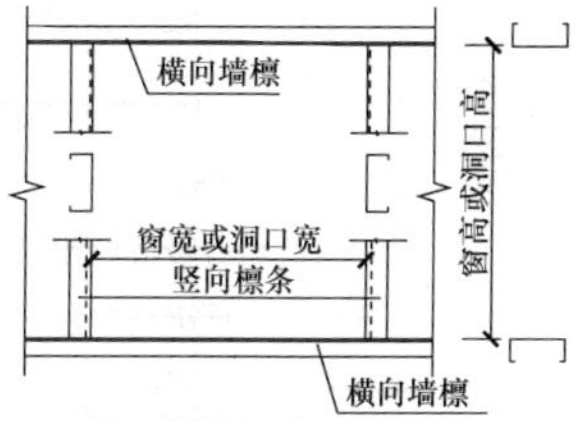

窗洞(穿墙洞口)加固图

(定位详建筑)

墙檩规格按厂家图纸确定

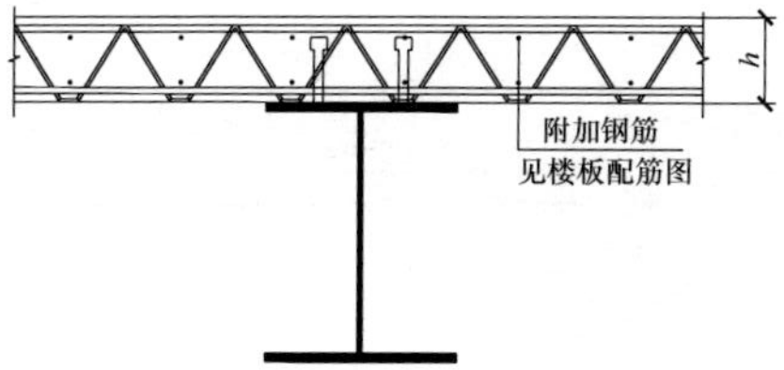

楼承板中间节点三（板连续）

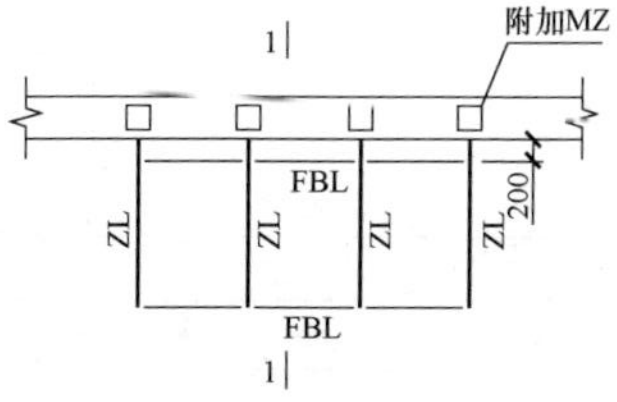

钢雨篷GYP结构示意图

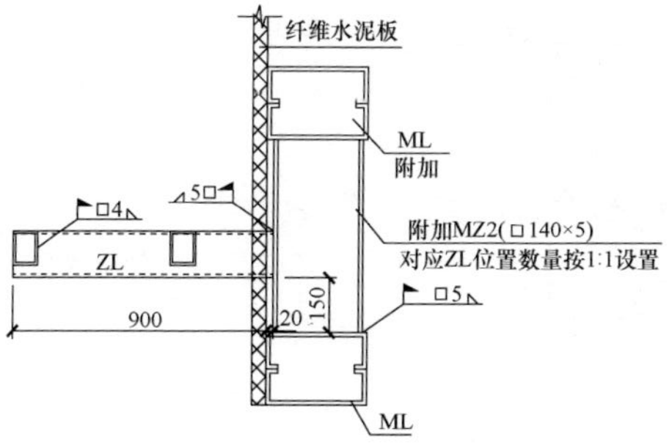

1—1

钢雨篷	构件	截面	数量
GYP1	ZL	□110×5	4
	FBL	□60×4	2

注：钢雨篷所用钢材为 Q235B。

图 9-9　HE-110-A3-3-T0204-06　构造详图

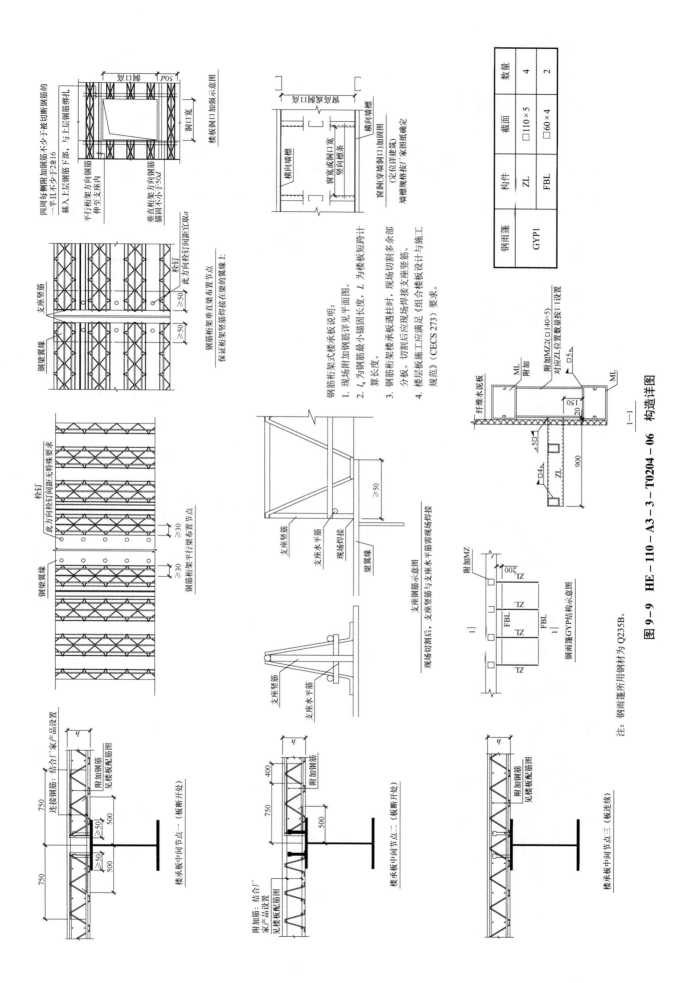

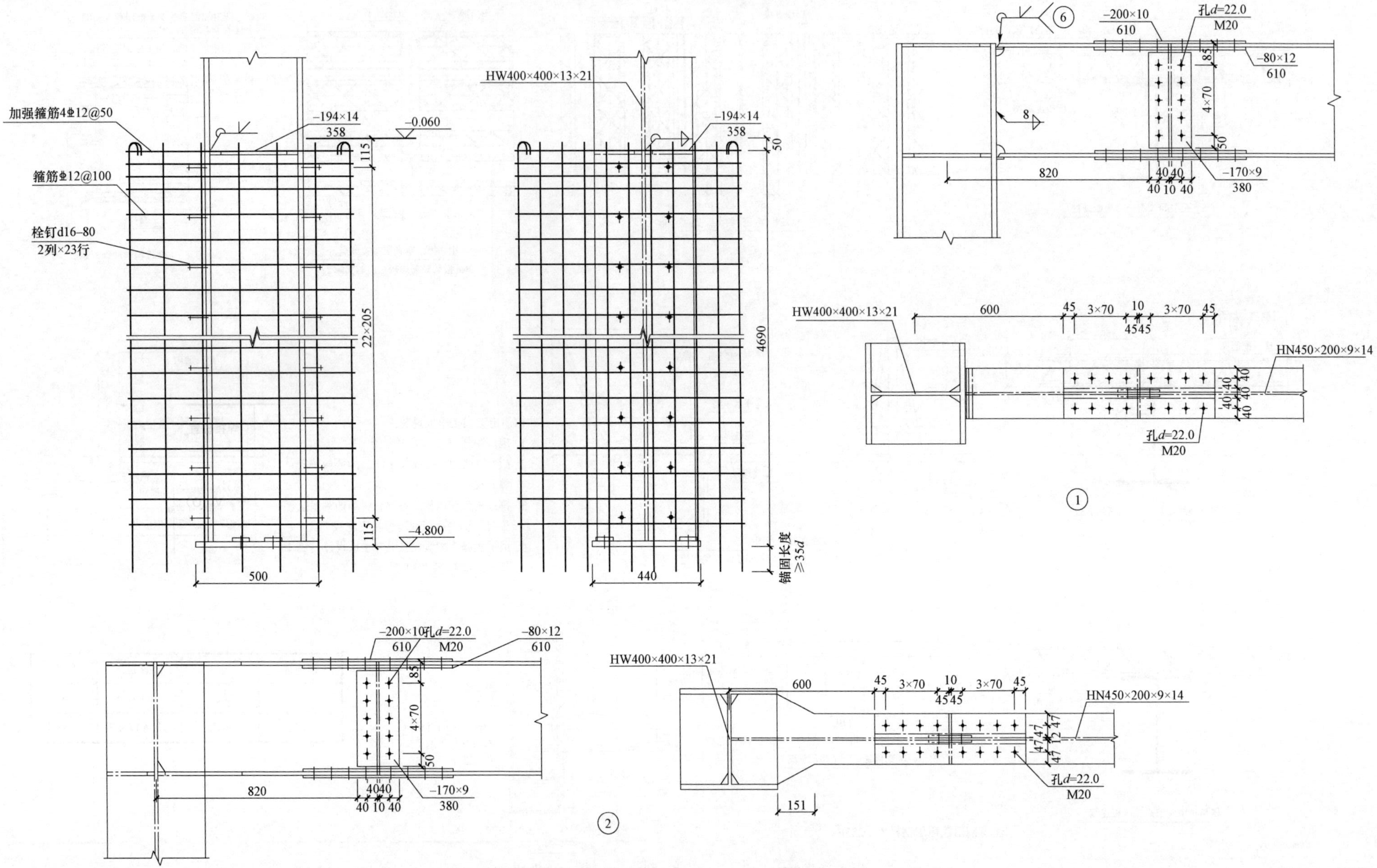

图 9–10　HE–110–A3–3–T0204–07　结构节点详图（一）

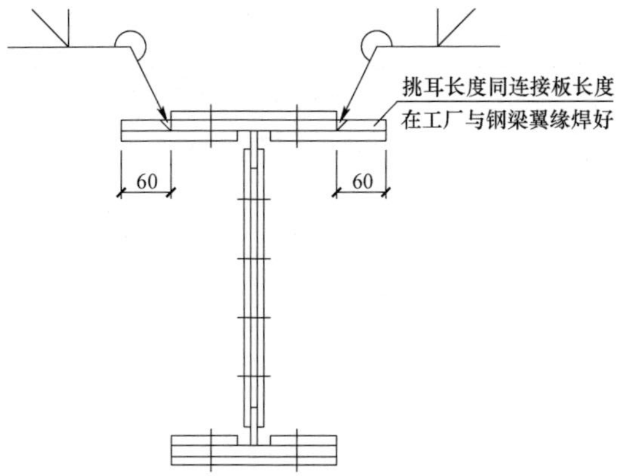

短梁拼接处附加挑耳图

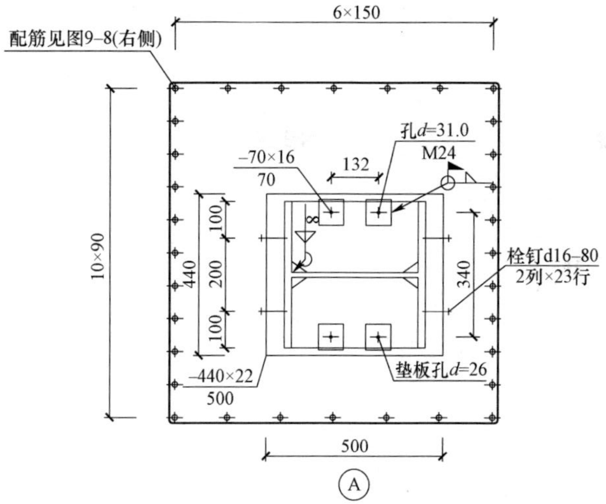

Ⓐ

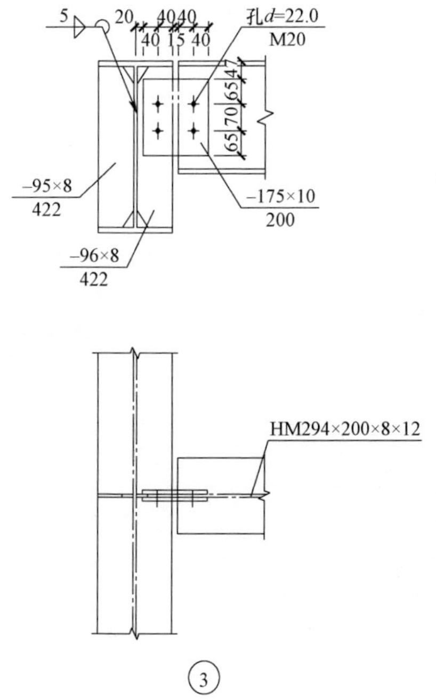

③

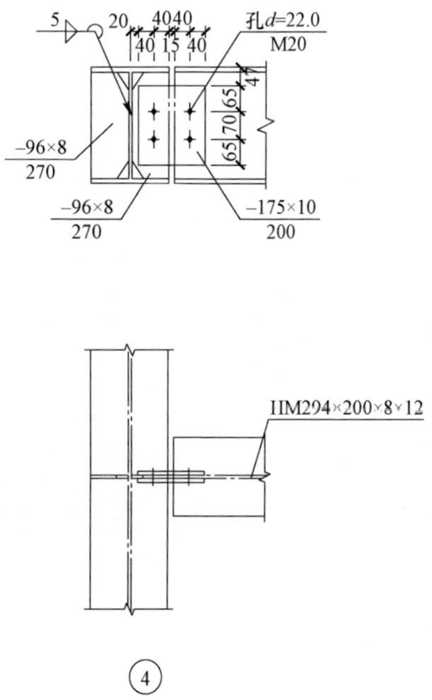

④

标准焊接大样图

连接类型	焊缝代号	坡口形状示意图	标注样式	焊透种类	焊接方法	板厚 t（mm）	焊接位置	坡口尺寸（mm）			备注
主要用于构件节点区及肋板焊接	⑥	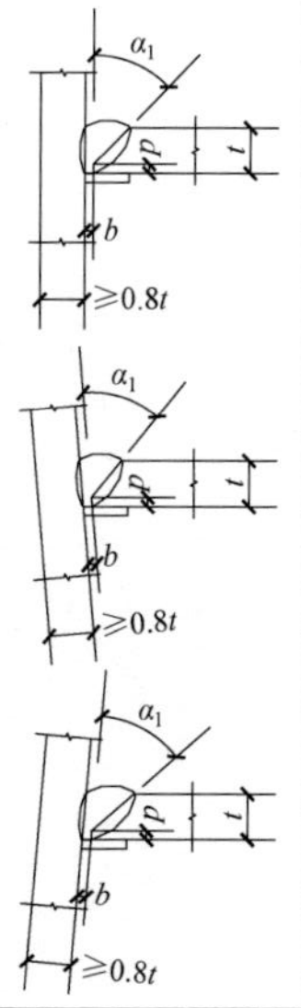		全焊透焊接	焊条手工电弧焊	≥6	F，H，V，O（F，V，O）	b	α_1	p	T形
								6	45°	0～2	
								10	30°		
					气体保护焊自保护焊		F，H，V，O	b	α_1	p	
								6	45°	0～2	
							F	10	30°		
					埋弧焊	≥10	F	b	α_1	p	
								6	45°	2	
								10	30°		

注：外包柱四角主筋应加设 180° 弯钩，下弯长度不小于 150mm，且下弯段与钢柱焊接。

图 9－11　HE－110－A3－3－T0204－07　结构节点详图（二）

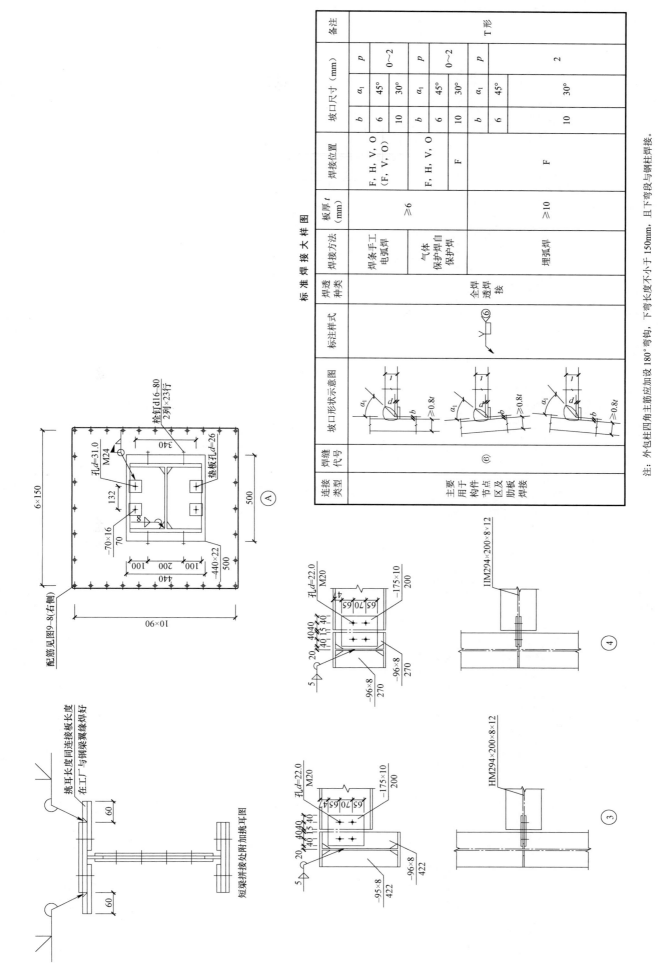